JN235005

機械材料・材料加工学
教科書シリーズ：1

基礎機械材料

鈴村暁男・浅川基男 ［編著］

培風館

執 筆 者

鈴村　暁男	東京工業大学大学院　理工学研究科 機械宇宙システム専攻	(1, 3, 11 章)
浅川　基男	早稲田大学　理工学部　機械工学科	(1, 2, 4, 5 章，10～12 章)
芝山　孝男	ホンダエンジニアリング㈱ 栃木技術センター	(1 章)
落合　征雄	早稲田大学　理工学部　機械工学科	(1～7 章，11, 12 章)
大見　泰明	トヨタ自動車㈱　第1車両技術部	(2 章)
鈴木　孝政	トヨタ自動車㈱　第2材料技術部	(2 章)
西田　和彦	住友金属工業㈱　小倉製鉄所	(5～7 章，12 章)
江藤武比古	㈱神戸製鋼所　アルミ銅カンパニー 技術部	(8, 9 章)
伊藤　喜昌	㈱神戸製鋼所　チタン本部 チタン技術部	(9 章)
馬渕　守	独産業技術総合研究所 機能材料研究室	(9 章)
松尾陽太郎	東京工業大学大学院　理工学研究科 材料工学専攻	(10 章)
松岡　信一	富山県立大学　工学部 機械システム工学科	(10 章)
川田　宏之	早稲田大学　理工学部　機械工学科	(10 章)
一柳　裕	ソニー㈱　企画管理部	(11 章)
岡田　義夫	日産自動車㈱　材料技術部	(12 章)
大庭　敏之	日産自動車㈱　材料技術部	(12 章)
坂田　勲	トヨタ自動車㈱　第2材料技術部	(12 章)

＊所属は執筆当時

本書の無断複写は，著作権法上での例外を除き，禁じられています。
本書を複写される場合は，その都度当社の許諾を得てください。

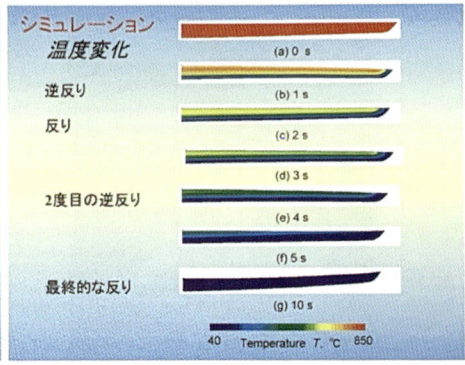

口絵1　日本刀の焼入冷却温度変化と刀身のそり
（井上達雄氏提供）

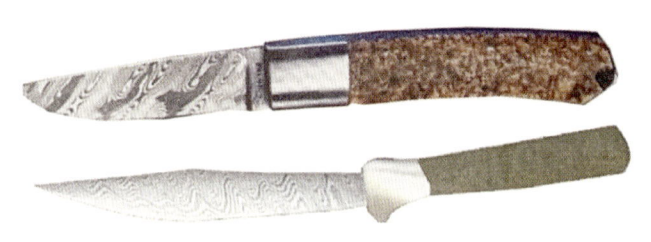

口絵2　ダマスカス鋼の模様

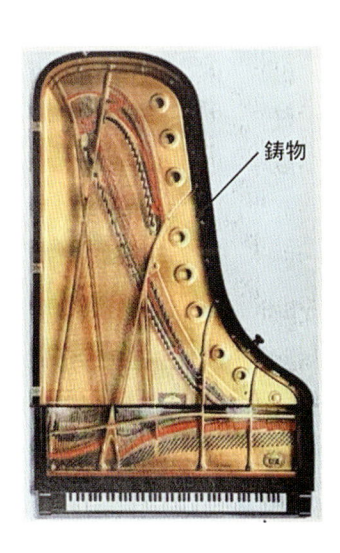

口絵3
ねずみ鋳鉄製のピアノフレーム
（ふぇらむ：vol. 3, 1998, No. 11, p. 778）

口絵4　クライスラービル
建設1930年完成，高さ319 m，尖塔はクライスラー車のホイールからイメージ，4,500枚のオーステナイト系ステンレス鋼板を使用

口絵6　リニアモーターカー

口絵5　陽極酸化発色チタンを利用した装飾品
（ふぇらむ：vol. 2, 1997, No. 4, p. 56）

機械材料・材料加工学教科書シリーズ
刊行にあたって

　機械工学は言うまでもなく機械を作るための学問である。その機械とは航空機・自動車・鉄道車両などの交通機械，パソコンや携帯電話などの電子機械，原子炉や発電機などのエネルギー機械，ペットボトルや織物など種々の製品を生み出す産業機械などである。これらのいずれをとっても現代社会に不可欠の「もの」であり，これらを生み出す基礎学問として，機械工学は人間社会に密接に関与し貢献してきた。機械が製造される過程を振り返ると，まず「ニーズ」がある。どのような目的のため，どのような性能が必要とされるか？　さらに許容されるコストは？　それらの要求のもとに，材料力学，熱流体力学，機械力学，制御理論を駆使して設計が進められる。

　設計に基づいて「材料」を「加工」し，部品を作製する。その部品を組み立てて機械が製作される。機械を製作するに当たっては必ず「材料」の「加工」が必要となるのである。鉄鋼材料をはじめとする金属材料，あるいはセラミックス，プラスチックなど各種工業材料は，それぞれ強度・延性・耐熱・耐食性など特有の性質を有している。各々の性質を最大限に生かして，機械部品は設計される。一方，これらの材料は設計図に従った形状を付与するために加工される。その際，材料の性質が大きな制約を与える。高強度・高硬度材料はそのままでは切削や変形加工が難しい場合が多い。また，溶接による加熱は材料の性質を変化させ，機械の性能や寿命を著しく低下させる場合もある。

　すなわち機械設計に当たっては，単に「力学」的観点から設計したのでは甚だ不十分であり，「材料」および「加工」の性質を十分に理解した上で設計を行うことが必要にして不可欠となる。ロケットの打ち上げ失敗や原子炉の破損など，機械・装置の破壊事故の多くが材料選択および溶接をはじめとする加工

法の不適切に起因するものであることを認識すれば，おのずとこの分野の勉強がおろそかにできないことが理解されよう．にもかかわらず，機械設計の立場からこの分野を学習しようとすると，適当な教科書が不足しているのが実情であった．

　培風館「機械材料・材料加工学教科書」シリーズは，以上のような観点から日本機械学会に集う同志の方々が意見交換を行い，鋭意執筆されたものである．大学学部および大学院で機械工学を学ぶ学生諸君，ならびに社会人となられた方々に対しても，最大限の効果が得られるよう最新の情報を組み入れ，実践的で分かりやすく，また興味を持ちやすいよう創意工夫されている．本シリーズをもとに，次代を担う優秀な機械技術者がたくましく育成され，また活躍されることを切に期待する．

監修者　鈴村暁男

まえがき

　私は機械工学科出身であり，ご多分にもれず学生時代の関心事は航空機であり，鉄道や自動車であった。これらに関連のある講義は，それなりの関心をもって受講したことを覚えている。しかし，当時の「金属材料学（現在の機械材料学）」は我慢ができないほど退屈で，無味乾燥な授業であった。機械系エンジニアになぜこのような学問が必要なのかわからぬまま，結晶構造，転位論，空孔，拡散，平衡状態図と，金属物理学で埋め尽くされた講義が延々と続くのである。力学系の機械を設計・製造したいと意気込んで機械工学科に入った私には「一体この学問は自分にとって何の役に立つのだろうか？」と疑問がわき，次第に教室から遠ざかり，一夜漬けで単位をとったぐらいの印象しかなかった。
　卒業後，産業界に入ってみると，鉄鋼はもちろんアルミニウム，プラスチック，セラミックなど，あらゆる機械部品の構造材料と日常の業務で接することになる。その基礎である「機械材料学」が，機械エンジニアとして生きて行くための機械系4力学と同様に，常識であり必須であったことに愕然とするのである。先輩にも，もちろん同僚にも恥ずかしくて聞けず，会社が終わり寮に帰ってから人知れず勉強せざるを得ない状況になった。学生時代に用意されていた科目であったのにもかかわらず…。
　現在でも，いろいろな「機械材料学」の教科書はあるが，材料の専門家が材料を専門とする学生に執筆した内容が多い。もともと材料を専門としていない機械系の学生や初学者向けに，材料への興味を増し勉強を深めたいとの動機付けを加味した教科書が少ないとの不満が私にはあった。今回，大学で主として機械系学生に材料学の教鞭を執っている機械系の先生方が，このような気持ちを共有し産業界で活躍している現役の研究者・エンジニアとともに一同に集ま

り，協議してこの教科書を執筆する機会に恵まれた。その意味で今までにない意欲的な教科書になったと執筆者一同，自負している。

　このようなねらいから本書では，身近な機械製品に利用されているいろいろな材料を，数多くの写真や図とともに例に取りあげ，材料に関する話題をコラムとして挿入するなど，工夫して解説した。また，機械設計になぜ材料の知識が必要なのか，機械設計にさいしてどのような観点から材料を選択すればよいかなど，機械工学の立場から材料を見直した斬新な構成でまとめてみた。機械材料の基礎を学びつつ，つねにその材料が実際の機械の中でどのように使われるのか，自分が機械を設計する際，どのように取り組む必要があるのかを念頭に置いて勉強し，実力を付けていただきたい。

　もちろんこのような企画は初めてのことでもあり，誤解や消化不良な内容については，読者の厳しいご指摘・ご意見を賜り，今後の糧としたいと心より願っている。

　　　　　　　　　　　　　　　　　　　　執筆者を代表して　浅川基男

目　次

1　材料と機械設計・ものづくり　――――――――――――――――1
　1.1　なぜ機械工学に材料が必要なのか　……………………………1
　1.2　自然の教えと先人の知恵に学ぶ　………………………………4
　　　　　自然の教え/先人の知恵：日本刀の不思議
　1.3　機械設計と材料技術　……………………………………………7
　　　　　物質から材料へ/材料から機械部品・装置へ/
　　　　　機械技術者としての心構え
　1.4　ま と め　………………………………………………………10

2　材料の基本特性　――――――――――――――――――――12
　2.1　材料の機械的性質と評価法　……………………………………12
　　　　　弾性係数とポアソン比/強度と延性・脆性/靱性/硬さ/疲労
　2.2　材料強度・剛性と機械設計　……………………………………18
　　　　　降伏条件と破損/延性破壊および脆性破壊とエネルギー吸収/
　　　　　軽量化材料と剛性強度設計/負荷-強度モデルと安全率
　2.3　疲労，破壊，腐食と材料の信頼・安全設計　…………………21
　　　　　S-N曲線/疲労限度線図/疲労限度と引張強さ/
　　　　　疲労限度におよぼす各種効果/許容応力と安全率
　2.4　ま と め　………………………………………………………27

3　金属材料の基礎　――――――――――――――――――――29
　3.1　金属の特色とその結合方式　……………………………………32
　　　　　自由電子による金属結合/金属結合によるその特性
　3.2　金属の結晶構造　…………………………………………………31
　　　　　代表的結晶構造/結晶内の面および方向の表示法/

単結晶と多結晶/合金の結晶構造
　3.3　結晶の格子欠陥 ……………………………………………36
　　　　格子欠陥/空孔/すべりとせん断応力/転位の種類と働き/
　　　　金属の強化機構
　3.4　結晶中の原子の拡散 …………………………………………47
　　　　金属材料の焼きなまし/拡散/拡散機構
　3.5　状　態　図 ……………………………………………………50
　　　　平衡状態図/相律/てこの法則/ミクロ組織/
　　　　理論状態図の作成法（共通接線作図法）/
　　　　自由エネルギー計算による2元系状態図の作成
　3.6　状態図と組織の関係 …………………………………………55
　　　　全率固溶系/共晶系/包晶系/共析および包析/
　　　　金属間化合物が出現する場合の状態図
　3.7　ま　と　め ……………………………………………………61

4　鉄鋼材料Ⅰ：鉄鋼基礎 ────────────────── 64

　4.1　鉄鋼材料の製造法：鉄と鋼およびその違い ………………64
　　　　鉄鋼製造工程/銑鉄と高炉製造法/鋼の製造：錬鉄時代/
　　　　鋼の製造：転炉・平炉製鋼法/現代の製鋼法
　4.2　鉄鋼の性質と熱処理：柔らかく，硬く ……………………75
　　　　純鉄の性質/鉄の塑性挙動/鉄の降伏現象/ひずみ時効
　4.3　鉄鋼の熱処理：変態の秘密 …………………………………80
　　　　Fe-C系平衡状態図/恒温変態線図（TTT線図）/
　　　　パーライト変態/ベイナイト変態/マルテンサイト変態/
　　　　連続冷却変態線図（CCT線図）/
　　　　鉄鋼材料の強化/変態と日本刀の金属組織
　4.4　ま　と　め ……………………………………………………91

5　鉄鋼材料Ⅱ：構造用鋼 ───────────────── 94

　5.1　一般構造用鋼：やすくて丈夫 ………………………………94
　　　　一般構造用圧延鋼材（SS材）/溶接構造用圧延鋼材（SM材）/
　　　　高強度構造用鋼/薄鋼板
　5.2　機構構造用炭素鋼・合金鋼：重要な自動車部品 ………100
　　　　いろいろな機械構造用鋼/機械構造用炭素鋼/
　　　　機械構造用合金鋼/ボロン（添加）鋼/冷間鍛造用鋼/
　　　　快削鋼/非調質鋼

目　次　　　　　　　　　　　　　　　　　　　　　　　　vii

　　5.3　表面改質 …………………………………………108
　　　　　高周波焼入れ/浸炭焼入れ/窒化
　　5.4　まとめ …………………………………………110

6　鉄鋼材料III：軸受鋼・工具鋼および鋳鋼・鋳鉄 ——————113
　　6.1　軸受鋼：機械のかなめ …………………………113
　　6.2　工具鋼：金属を削る鋼 …………………………115
　　　　　炭素工具鋼/合金工具鋼/高速度工具鋼/工具鋼と炭化物/
　　　　　工具鋼のコーティング
　　6.3　鋳鉄：古くて新しい鉄 …………………………119
　　　　　鋳鉄の特徴/ねずみ鋳鉄（片状黒鉛鋳鉄）/白鋳鉄/
　　　　　球状黒鉛鋳鉄
　　6.4　鋳鋼：機械部品の横綱 …………………………124
　　6.4　まとめ …………………………………………125

7　鉄鋼材料IV：ステンレス鋼・高合金鋼 ——————————127
　　7.1　ステンレス鋼：錆びず美しい …………………127
　　　　　ステンレス鋼の種類/ステンレス鋼の耐食性/
　　　　　マルテンサイト系/フェライト系/オーステナイト系/
　　　　　オーステナイト・フェライト系（二相）ステンレス鋼/
　　　　　析出硬化型ステンレス鋼
　　7.2　耐食・耐熱鋼：腐食や熱に強い ………………133
　　　　　耐熱鋼/フェライト系耐熱鋼/オーステナイト系耐熱鋼/
　　　　　シェフラーの組織図
　　7.3　高合金鋼：航空宇宙から半導体まで …………137
　　　　　NiおよびNiを含む合金/
　　　　　高強度化を実現するための合金
　　7.4　まとめ …………………………………………141

8　非鉄金属材料I：アルミニウム ——————————————143
　　8.1　アルミニウムの概要：アルミ缶から航空機・自動車へ …143
　　　　　アルミニウムの誕生/アルミニウムの性質/
　　　　　アルミニウム需要量の推移
　　8.2　アルミニウム合金の種類 ………………………145
　　　　　展伸用アルミニウム合金/鋳造用アルミニウム合金
　　8.3　アルミニウム合金の代表的使われ方 ……………151

　　　　　住宅用サッシ/アルミニウム缶/
　　　　　航空機用アルミニウム合金/
　　　　　鉄道車両用アルミニウム合金/自動車用アルミニウム合金
　　8.4　まとめ ……………………………………………………158

9　非鉄金属材料II：チタン，マグネシウムほか ─────160

　　9.1　チタン：航空・宇宙材料の主役 ……………………160
　　　　　チタンの概要/用途と材料/純チタン/構造用チタン合金/
　　　　　機能性チタン合金
　　9.2　マグネシウム：21世紀の新材料 ……………………167
　　　　　マグネシウムの概要/化学的特性/力学的特性/
　　　　　マグネシウム合金の用途
　　9.3　金，銀，銅，特殊金属 ………………………………170
　　　　　貴金属とその合金/金およびその合金/銀およびその合金/
　　　　　白金属およびその合金/銅およびその合金/特殊金属
　　9.4　まとめ ……………………………………………………175

10　非金属材料 ──────────────────────177

　　10.1　セラミック材料 …………………………………………177
　　　　　セラミックスおよびファインセラミックス/
　　　　　セラミックスの特徴/製造法/
　　　　　機械構造用セラミックス/機械的・熱的性質
　　10.2　プラスチック材料 ………………………………………185
　　　　　プラスチックの発展と経緯/
　　　　　プラスチックと金属：材料の科学/
　　　　　構造の違う多彩なプラスチック/
　　　　　代表的な熱可塑性プラスチックの性質/
　　　　　各種プラスチック材料の力学的強度と耐熱性/
　　　　　製品と加工法
　　10.3　複合材料 …………………………………………………193
　　　　　複合材料の概要/繊維強化プラスチック材料の分類/
　　　　　強化理論/繊維強化プラスチック材料の成形/
　　　　　繊維強化プラスチック材料のこれからの課題
　　10.4　基礎材料 …………………………………………………201
　　　　　石材/セメント/ガラス/皮・ゴム・木材
　　10.5　まとめ ……………………………………………………205

目　次　　　　　　　　　　　　　　　　　　　　　　　　ix

11　機能性材料 ──────────────────────── 208

11.1　金属間化合物と非晶質合金 ················ 208
金属間化合物/非晶質合金

11.2　力学系機能材料 ························ 210
形状記憶合金/超塑性合金/制振材料

11.3　電気系機能材料 ························ 213
超伝導材料/半導体/導電性ポリマー

11.4　磁気系機能材料 ························ 214
軟磁性材料/硬磁性材料/磁気センサー

11.5　熱・光電系機能材料 ···················· 217
温度センサー/光センサー

11.6　力学・電気系機能材料・圧電素子 ·········· 217

11.7　化学系機能材料・水素吸蔵合金 ············ 218

11.8　まとめ ······························ 219

12　機械材料の選び方 ────────────────────── 220

12.1　機械設計における材料選び ················ 220
機械材料選定の基本/材料とその加工法を考えた機械設計

12.2　鉄鋼材料の選び方 ······················ 224
SS材とSC材はどこが違うのか/
鋼材の焼入焼戻しの注意点/表面改質の活用/
焼ならし/焼なまし/
溶接による鋼材の靱性低下・割れ/遅れ破壊の危険性/
部品機能に対応した鋼材特性の生かし方

12.3　鋳鉄の選び方 ·························· 230

12.4　焼結合金の選び方 ······················ 231

12.5　非金属の選び方 ························ 231
セラミックスの選び方/プラスチックの選び方

12.6　環境・リサイクルからの材料の選び方 ······ 232
自動車材料の環境・リサイクルへの取組み/
リサイクルが容易な設計/環境負荷物質の低減

12.7　まとめ ······························ 235

演習問題略解 ─────────────────────────── 237

索　　引 ──────────────────────────── 241

1
材料と機械設計・ものづくり

1.1 なぜ機械工学に材料が必要なのか

　機械工学を学ぼうとする人は，まずロボットに興味があり，自動車を中心とした環境・エネルギー関係，ロケットや人工衛星，あるいは航空機体などの空力特性に興味がある学生が大半であろう．しかし，機械系の学科に入り「機械材料を勉強しに来た」学生は皆無に近い．確かに，材料を勉強したければ最初から材料系の学科に進学するであろう．実際，機械材料の授業に出席する機械系学生の多くは，卒業に必要な単位を揃えるための一つの科目との気持ちが実情であろう．

　ここで，諸君にぜひ理解して欲しいことは，どのような種類の機械であれ，「材料」を「加工」して作られるという事実である．そのためには，材料の特性を理解し，最適な材料を選択し，設計図通りの形状寸法に加工しなければならない．材料も加工も「ものづくり」には必要不可欠である．しかも，材料・加工技術も日進月歩の進化を遂げていて，最新の情報を的確に吸収しなくてはならない．したがって「機械材料学」も「材料加工学」も，機械系課程に欠くことのできない授業の一つとなっている．

　ロボットを作るにしろ，ロケットや人工衛星を作るにしろ，将来それらを設計する立場になる諸君自身が，その機械構造について十分な知識を持った上で材料や加工法を選択し，設計図に指示しなければならない．「熱・流体力学」や，「機械力学」，「材料力学」を駆使してロボット，ロケットや自動車を設計できたとしても，その設計図通りの形状に加工できなければ機械は作れない．

また，材料の特性を理解せずに形だけ作れたとしても，高温に耐えられず，あるいは振動による疲労により使用中に破壊してしまう危険性も残る。「材料や加工特性のすべてを理解した上でなければ機械の設計はできない」ことを十分に理解して欲しい。図1.1に機械工学の成り立ち，機械工学に含まれるさまざまな学問の位置づけを図解で示す。「素材」，「加工」なしには機械工学が成り立たないことが理解できよう。

材料選択の一例として，図1.2にロケットの全体像と各部分に使用されている材料を示す。このようなロケットを設計製造するには，図1.3に示すような学問や知識が不可欠となる。Ti合金やセラミックスはどのような性質を有するのか？　なぜその材料がその部分に使われているのか？　転位とは何か？　拡散とは何のことか？　自動車や電子部品をつくる場合でも同様であり，剛性・強度など材料そのものの知識や性質を知った上での加工技術の理解が是非とも必要となるのである。

機械材料として最も重要な鉄鋼材料の場合，準備され規格化されている材料は数百種類を下らない。なぜ，それだけの種類を用意する必要があるのか？　それぞれの材料は，どこがどのように異なるのか？　何が原因で，性質が異なるのか？　その性質は，後で熱が加わったり，力が加わったりしても，決して変化しないものなのか？　銅やアルミニウム，チタンなどの非鉄材料は鉄鋼材料とどう違うのか？　機械技術者としては，それらの性質，その原因，理由を十分理解した上で，設計中の部品にとって最適の材料を選択する能力を身に付けなければならない。

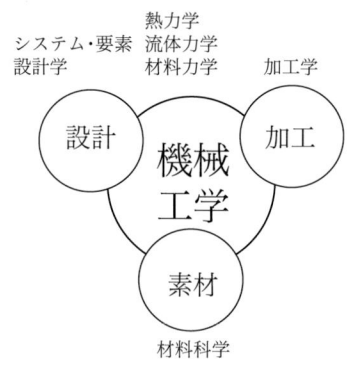

図1.1　機械工学の位置づけ

1.1 なぜ機械工学に材料が必要なのか

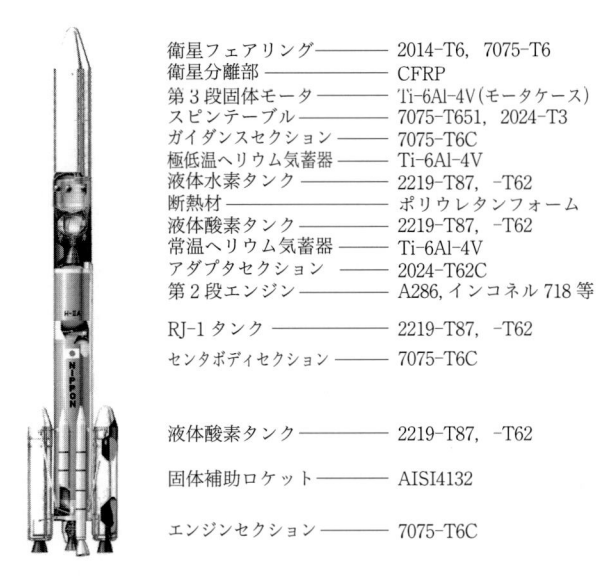

衛星フェアリング	2014-T6, 7075-T6
衛星分離部	CFRP
第3段固体モータ	Ti-6Al-4V（モータケース）
スピンテーブル	7075-T651, 2024-T3
ガイダンスセクション	7075-T6C
極低温ヘリウム気蓄器	Ti-6Al-4V
液体水素タンク	2219-T87, -T62
断熱材	ポリウレタンフォーム
液体酸素タンク	2219-T87, -T62
常温ヘリウム気蓄器	Ti-6Al-4V
アダプタセクション	2024-T62C
第2段エンジン	A286, インコネル718 等
RJ-1タンク	2219-T87, -T62
センタボディセクション	7075-T6C
液体酸素タンク	2219-T87, -T62
固体補助ロケット	AISI4132
エンジンセクション	7075-T6C

図1.2 ロケットの各部に使用される材料（JAXA，三菱重工業(株)）

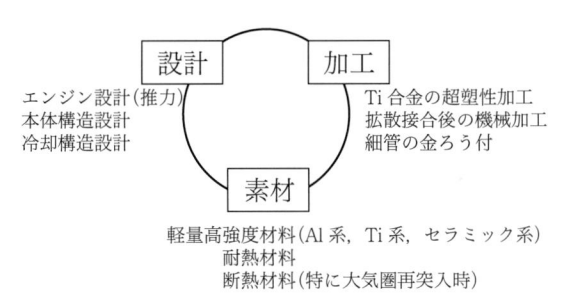

設計
- エンジン設計（推力）
- 本体構造設計
- 冷却構造設計

加工
- Ti合金の超塑性加工
- 拡散接合後の機械加工
- 細管の金ろう付

素材
- 軽量高強度材料（Al系, Ti系, セラミック系）
- 耐熱材料
- 断熱材料（特に大気圏再突入時）

図1.3 ロケットの設計に必要な学問，知識の一端

　本書では，前半に金属，そして後半にセラミック，高分子・複合材料の順に配置した．この分類にしたのは，おのおのの材料の基礎となる原子の配列・相互の結合力がよく似ており，その機械的性質を理解しやすいからである．機械材料を使いこなすためには，材料の表面的な性質を知っただけでははなはだ不十分であり，いわゆる原子構造とその結合，材料物性，材料科学の基本を理解し共通の「ものの考え方」を習得しておく必要がある．途中の金属材料に関する第3章は難しく感じる部分もあるかもしれない．しかし，「さまざまな条件によって材料の性質が変化する」ことを基礎的・統一的に理解し，深めるもの

であることを附言しておく。

1.2 自然の教えと先人の知恵に学ぶ

1.2.1 自然の教え
（1） 竹は理想的な軽量化構造材料

　竹は自然界の優れた軽量化構造材料である。自らの重さを支えるため，根元が太く先端へ行くほど細くなる"平等強さ（応力がどこでも同じ）の形状"となっている。また，はりの曲げ理論によると円管はりは同一の断面積の中実はりよりもはるかに大きな曲げ剛性をもっている。図1.4(a)は竹の横断面部材料組織を示している。内皮部は維管束がまばらとなっているが，表皮部に近づくにつれ密に分布している。曲げモーメントによる応力の強い外側に維管束を密に，応力の弱い内側を疎にしたまことに巧妙な自然の複合構造になっている。一方，竹は長手方向に維管束が並んでいるため，縦に割れやすい弱点がある。しかし，一定間隔にある節の部分で維管束が複雑に交差する構造をとり（図1.4(b)(c)），き裂の伝ぱが節間でうまく遮断されるようにもなっている。まさに最少材料で軽量化をはかり，最大の剛性と強度を発揮している模範的に設計さ

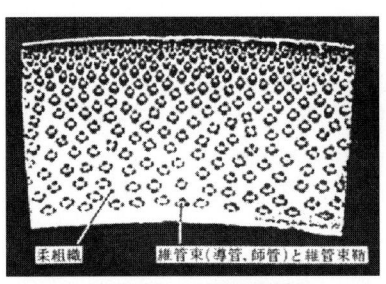

(a) 孟宗竹の断面組織状態

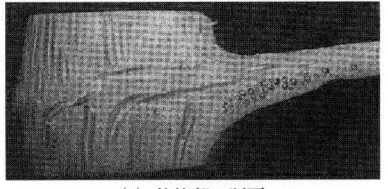

(b) 竹節部の断面

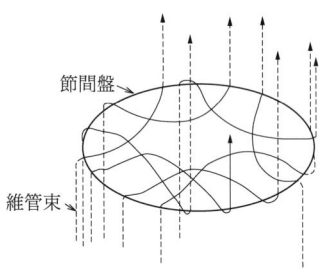

(c) 竹節部維管束配列の模式図

図1.4　竹は理想的な軽量化構造材料

1.2　自然の教えと先人の知恵に学ぶ　　　　　　　　　　　　　　　5

れた材料といえよう。

(2)　卵の強さと弱さの秘密

　卵は，殻を強固にして雛となる生命を外敵から保護すること，雛が成長してから，殻が容易に壊れて外に出やすいこと，の二つの相反する役割が求められている。図1.5に示すように，卵殻は主成分である炭酸カルシウム（$CaCO_3$）主体の結晶配向が殻の厚さ方向に並び，かつアーチ状に配置されている。圧縮力に強い炭酸カルシウムは半径方向から荷重が加わった場合，周方向に圧縮応力として分散されるので卵殻が壊れにくい。一方，アーチ状配置のため内部からの半径方向力に対しては無力であり容易に卵殻は破壊してしまう。内側の卵殻膜は延性材料のたんぱく質で作られ，炭酸カルシウムを引張強さで補強するとともに，雛を柔らかい膜で保護する役割を担っている。脆性材料の卵殻と，延性材料の卵殻膜で組み合わされた絶妙な設計といえる。

(3)　拡縮を考えた小腸壁の構造

　人間の小腸は内径約30 mm，長さ約6 mの管が腹部に曲がりくねりながらまとまりよく収まっている。内壁は襞や突起をもち，内表面積はなんとテニスコート2面ほどの広さになるという。図1.6(a)に示すように，小腸の外側は

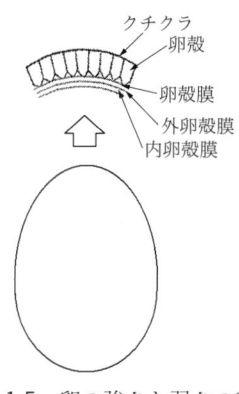

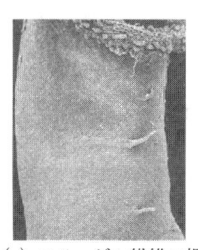

(a) コラーゲン繊維で螺旋状に編まれた小腸の壁

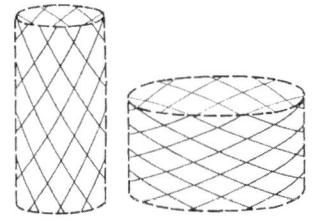

(b) 繊維の角度変化によって径が太くなったり細くなったりする構造

図1.5　卵の強さと弱さの秘密

図1.6　小腸の拡縮構造
（小室輝昌：新鐘（早稲田大学学園誌），No. 62, p 17）

内部の粘膜を支え筋肉層とつなげる骨格的役割を担っている。この結合組織は，伸縮性の少ないコラーゲンを繊維束材料とし，管長手方向に対して一定の角度で螺旋配列になっていることが同図(b)に観察される。コラーゲン繊維は足の腱と同じ材質で，大きな伸びに対しては弱く，たかだか数％の伸び率に過ぎない。そこで小腸の伸縮は繊維そのものの伸縮性に頼らず，繊維のなす角度変化によって内腔の大きさを変え，伸縮する仕組みをとっている。何と材料の特性を熟知した驚嘆すべき仕掛けではないだろうか！　同じように大鳥のペリカンの羽，骨格なども適切な材料と最適な力学的構造で成り立っていることを各自検証してみてほしい。

1.2.2　先人の知恵：日本刀の不思議

　日本刀は武器としての鋭い切れ味と強靱性に加え，美しい刃紋や反りがかもしだす気品にあふれた芸術性のため世界的に注目されてきた。日本刀は，砂鉄を原料とするわが国固有の「たたら製鉄法」で精錬された鉄から，鍛造，焼入れ，研磨の工程を経て製造される。その製法は，平安時代(10世紀頃)にはほぼ完成し，鎌倉および室町時代(13～14世紀)が最盛期であった。明治に入りその科学的研究が進むにつれて，往古の人々が経験と試行錯誤に基づいて完成した高度な鉄鋼技術の世界が次第に明らかになった。

　日本刀の断面を図1.7に示す。断面構造は一様でなく複合構造となってい

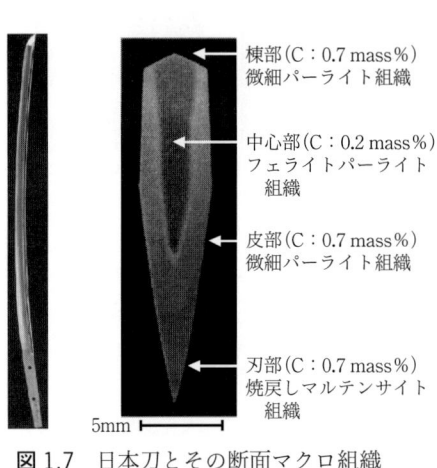

図1.7　日本刀とその断面マクロ組織
(鈴木卓夫：たたら製鉄と日本刀の科学，雄山閣出版，1990)

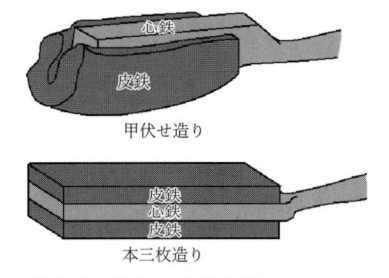

棟部(C：0.7 mass％) 微細パーライト組織
中心部(C：0.2 mass％) フェライトパーライト組織
皮部(C：0.7 mass％) 微細パーライト組織
刃部(C：0.7 mass％) 焼戻しマルテンサイト組織

図1.8　組合わせ鍛え法
(俵国一：日本刀の科学的研究，日立評論社，1953)

甲伏せ造り
本三枚造り

る．刃部は切れ味が第一であるため硬い組織，皮部(側面)および棟部は曲がったり折れたりしないように適度な強度に調整されている．日本刀は図1.8に示すようにいわゆる「組合せ鍛え法」で製造されている．異なる成分のたたら鉄(鋼)を組合せて加熱・鍛造し，その後，熱処理する．最終研磨工程で，表面硬さの差の影響で研磨面の光沢が変化することにより，刀匠が狙った美しい刃紋が浮き出てくる．以上の複雑で精緻な技術は，その後の鉄鋼技術の進歩により理屈がわかってきたのであるが(4.3.8項および口絵1参照)，先人は経験で体得し，知恵として伝承して行ったのである．

1.3 機械設計と材料技術

1.3.1 物質から材料へ

物質(matter)を何らかの目的で人間が使用するとき，これを**材料**(material)という．材料は人間の思い入れを込めた温かみのある言葉といえよう．有史以前から，人類は木材，骨材，皮材，石材などを利用し，そのうち粘土を焼き固めて陶器や磁器を作った．すなわち全てが身の回りにある動・植物や鉱物などの天然材料であった．古代エジプトに始まった錬金術は，化学反応を利用して金属，合金，およびその他の無機物質を作り出した．この流れを近代科学が引き継いで，さまざまな金属，合金，無機物質，有機物質が合成され，材料の種類は飛躍的に増加した．

さて，材料を選択する場合，その物質がこの地球上に大量に存在し資源枯渇の心配がないこと，また資源に偏在が無く供給不安の恐れのないことが大きな要因としてあげられる．元素の存在量を重量比で表した指標である**クラーク数**(Clarke number)がある．これは地表下10マイル(約16 km)までの地球表層(気圏，水圏を含む)の元素存在度をその全体の質量%(mass%)で表した値である．最も多いのは酸素(O)：49.5%，ついでシリコン(Si)：25.8%，アルミニウム(Al)：7.5%，鉄(Fe)：4.7%，この後はカルシウム(Ca)，ナトリウム(Na)，カリウム(K)，マグネシウム(Mg)，水素(H)，マンガン(Mn)，チタン(Ti)とそれぞれ数%となっている．シリコンは大量にあるとはいうものの岩石の主成分であるシリカ(SiO_2)として存在し，これらを単体として取り出すには電気炉で還元する必要があるため大電力を要し，コスト高を招く要因ともなっている．クラーク数だけでなく，単体として取り出すためのコストすな

わち製造に要するエネルギーも，地球にある「**物質**」から人間に役に立つ「**材料**」とするために重要なファクターである．

1.3.2　材料から機械部品・装置へ

材料設計の事例として，ガソリンを燃料に使うレシプロエンジンを構成する各部品の要求性能と材料選択の事例を紹介しよう．

（1）シリンダーブロック

エンジン本体の土台であるシリンダーブロック(8章の図8.10右上図)は，燃焼室で発生させた運動エネルギーを取り出す空間を構成する構造体である．当然，爆発力や慣性力などを受けても変形せず，かつ振動や騒音を発生させない剛体であることが求められる．また内部には潤滑油や冷却水の通路も確保しなければならない．適用する材料には高い強度と剛性，耐熱性などを備え，しかも複雑な形状に成形できる生産・加工技術が必要である．この性能を満たすにはねずみ鋳鉄(6.3.2項参照)が最適であった．しかし，最近では軽量化に重点が置かれはじめ，アルミ鋳造合金(8.2.2項参照)が用いられるようになった．このように材料の選択は要求性能と環境の変化とともに目まぐるしく変転・進化して行くので，常に最新の技術トレンドを把握しておかなければならない．

（2）オイルパン

エンジン各部に供給される潤滑油を溜めておく皿形状の容器である．最近はエンジンの高出力化にともなって用いる潤滑油の量が増加している．したがって，材料を金型で深く絞りながら一体成形できる深絞り用鋼板(5.1.4項参照)が使用される．このさい，鋼板が成形中に割れたりしわが発生しないような材料選択と加工法が重要になってくる．最近では，エンジンの振動や騒音を低減させるため，2枚の鋼板の間に樹脂をサンドイッチした特殊な制振鋼板がディーゼルエンジンの一部に採用されている(11章の図11.6右上図)．

（3）クランクシャフト

その形状を図1.9に示す．クランクシャフトは爆発力によって生じたピストン・コネクティングロッドの往復運動を回転力として取り出す働きをする．近年のエンジンの高出力・高回転・低振動・低燃費に対応して，高強度，高剛性および低摩擦が要求されている．使用される材料は鋼と鋳鉄に大きく分けられる．鋼の場合は中炭素鋼(炭素量が0.5%程度，5.2.2項参照)素材を900℃前

1.3 機械設計と材料技術

図 1.9　クランクシャフト外観
(住友金属工業(株))

後の熱間鍛造後，熱処理して強度を上げている．疲労強度向上のため表面処理や塑性加工をさらに加えているケースもある．鋳鉄の場合，加工性のよい球状黒鉛鋳鉄(6.3.4項参照)が用いられている．鋳鉄は強度を特に必要としない低出力の乗用車や鋳造の利点である複雑形状に対応しやすく，V6エンジンに用いられてきた．しかし，さらなる高強度化指向により鋳鉄から鋼への移行が進んでいる．

(4) エンジンバルブ

吸気用と排気用がある．図1.10に示すように排気用の場合600～800℃までの高温にさらされるため，Ni，Crを多く含んだオーステナイト系の耐熱鋼(7.2.3項参照)で，かつ加工性の良い材料を使用しなければならない．エンジンの高回転を実現するには動弁系の慣性質量を低減することが重要である．軽くする手段として，軸部の中空化，チタン合金(9.1節参照)やセラミックス(10.1節参照)などの軽量材料の適用が検討されている．しかし，材料・加工

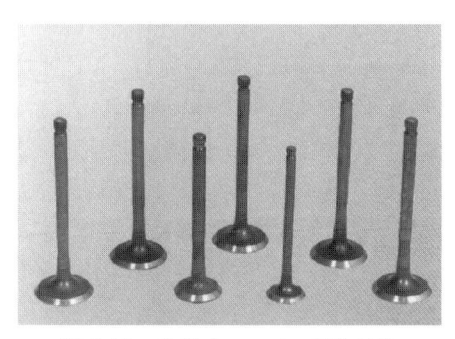

図 1.10　自動車エンジン用排気弁

費が高価になり，スポーツカーやレーシングカーで試用される程度で一般にはまだ普及していない。

1.3.3 機械技術者としての心構え

　以上，説明してきたように，各部品の要件にあわせて材料を慎重に選択し，あるいは開発し，加工・生産方法を決定することになる。これを最終的に判断し，決定するのは他ならぬ機械技術者である諸君自身である。上述の材料選定について，「なぜこの部分にこの材料を選ぶのか」という疑問も多くあろう。それは，材料選定の基本的な方法以外に，経験，ノウハウ，各産業界の置かれた環境（この場合は，使用頻度の高い材料，安定供給）などの理由によっている。数ある選択肢の中から最適な材料を選ぶという素養を培うためには，「機械設計」をベースとして「材料力学」「機械材料学」の基礎知識の修得が絶対必要条件であり，これを土壌とし，各産業界を取り巻く環境，社内の規格・慣習，過去の事例などを考慮しながら設計する必要がある。さらにさまざまな経験を通して知識を積み上げ，一人前の設計者となることができるのである。基礎学問と実践が揃ってはじめて，最短時間，最小コストで必要な要件を満たす設計ができるのである。

　機械技術者は技術のGeneral Managerである。すべての仕事の流れを把握し，全体を統括する立場にいる。またそれができないと仕事にならない。技術開発が飽和点に達したとみられるときは，多くの場合，材料性能の壁に直面した場合である。そしてもう一度，材料に新しい目が注がれ，材料とその生産技術の限界を突き破ることによって，革新的な技術が生まれるといっても過言ではない。

1.4　ま と め

1. 自然界の「物質」を人間に役に立つようにした素材が「材料」である。
2. 機械工学は具体的な「ものづくり」をするための学問である。その道具である「材料学」と「加工学」は機械工学には必須である。
3. 自然界の植物・動物は，最少の材料で最大の剛性・強度および機能を発揮している。

参 考 書

1) 平川賢爾ほか：機械材料学，朝倉書店(1999)
2) 堀内良ほか訳：材料工学，内田老鶴圃(1992)
3) 堀内良ほか訳：材料工学入門，内田老鶴圃(1992)
4) 鈴木秀人：よくわかる工業材料，Ohmsha(1996)
5) 打越二弥：機械材料，東京電機大学出版局(1996)
6) 宮川大海・吉葉正行：よくわかる材料学，森北出版(1996)
7) 宗孝：一歩先をいく機械材料えらび，技術評論社(1998)
8) 増本健ほか：金属なんでも小辞典，講談社(2001)
9) 日本塑性加工学会編：もの作り不思議百科(注射針からアルミ箔まで)，コロナ社(1996)
10) 湯浅栄二：新版機械材料の基礎，日新出版(2000)
11) 坂本卓：金属材料入門，日刊工業新聞社(2003)
12) 桜井弘：元素111の新知識，講談社(2001)

演習問題

1.1 天然の軽量強化材と言われる「竹」の構造を描き，その特徴を力学的・材料学的に説明せよ．その他さまざまな生物をあげその強度・機能の特徴を説明せよ．
1.2 レシプロエンジンの中から一つの部品を選んで，1) 材質，2) 製造方法，3) 部品に要求される性能を考えてみよ．
1.3 以下の身近な製品から5つを選択し，その材質，造り方を説明せよ．1) 住宅のサッシ，2) 釘，3) パチンコの玉，4) 金属バット，5) プラスチックボトル(ペットボトル)，6) 10円硬貨，7) 注射針，8) ホッチキスの針
1.4 オートバイ(2輪車)を構成する部品を3つ挙げ，1) 部品名，2) 材質，3) 材料に要求される性能を記せ．
1.5 ロケット打ち上げ事故の多くは機材を構成する材料損傷によることが多い．その事例を一つ以上挙げ，説明せよ．

2

材料の基本特性

2.1 材料の機械的性質と評価法

2.1.1 弾性係数とポアソン比

図 2.1 に示すように，**引張試験**(tensile test)により，**公称応力**(nominal stress)-**公称ひずみ**(nominal strain)すなわち σ-ε 線図を描くと，**フックの法則**(Hooke's law)に従う材料はどれでも，ある範囲内でグラフの傾きが一定であることに気付く。この傾きの度合いが**縦弾性係数**(modulus of longitudinal elasticity) $E=\sigma/\varepsilon$ で材料固有の値である。縦弾性係数は**ヤング率**(Young's modulus)ともよばれる。また，**ねじり試験**(torsion test)により，せん断応力(τ)-せん断ひずみ(γ)線図を作成すると，グラフの傾きより**横弾性係数**

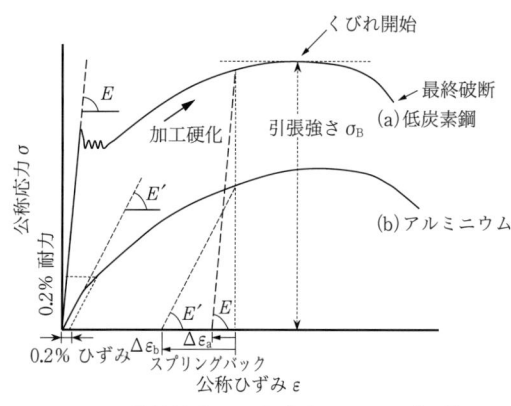

図 2.1 引張試験の公称応力-公称ひずみ線図

2.1 材料の機械的性質と評価法

> ☕ **フックの法則** 🍰
>
> 固体の弾力性に最初に気付いたのはフック(R. Hooke, 英)である。フックは, 1678 年, 論文「ばねについて」を上梓した。その中で, 彼は, いろいろな材質と断面形状のばねやワイヤに錘を吊るして荷重と変形を測定し, 両者間に比例関係が存在することを示した(フックの法則)。それは, 材料の弾性に関する初めての論文であり, その後の弾性力学発展の出発点となった。しかし, 材料の性質としての弾性と幾何学的形状や大きさの関数としての弾性は未だはっきり区別されていなかった。1800 年頃, ヤング(T. Young, 英)は応力とひずみで考えれば両者は区別できると考えたが, 彼の論文は余りに難解であったため世の人に受け入れられなかった。フックの法則の有用性が理解され, 構造計算の実際的な武器となったのは, 1822 年, 数学者コーシー(A. Cauchy, 仏)が応力とひずみの概念を確立したのちのことである。

(modulus of transverse elasticity) $G=\tau/\gamma$ が得られる。本教科書の最終章の表 12.1 に各種工業材料の強度, 弾性係数を一覧にして示す。さらに, 引張試験で縦方向ひずみ ε_1(伸び)と横方向ひずみ ε_2(縮み)を測定すると, 両者の比は材料によりほぼ一定となる。これを**ポアソン比**(Poisson's ratio) $\nu = -\varepsilon_2/\varepsilon_1$ と定義する。弾性係数は金属などの場合, 本来の格子の原子間力に依存し, 微量添加元素により内部構造がわずかに違っても, また, 空孔, 転位, 結晶粒度が違っても大きく変化することはない。同様にポアソン比も材料本来の物性で決まる。たとえば金属のポアソン比 ν は約 0.3 であるが, ポリマーは 0.4 以上である。

2.1.2 強度と延性・脆性

引張試験において, **弾性**(elasticity)から**弾性限**(elastic limit)を越えて荷重を加えると, 除荷後の試験片には**永久ひずみ**(permanent strain)が残る。弾性限は**低炭素鋼**(low carbon steel)のような場合は, **降伏点**(yield point)または**降伏応力**(yield stress) σ_Y で定めるが, アルミニウムのような**非鉄金属**(nonferrous metal)の場合鋭い降伏点を示さないため, 一定の永久ひずみ(通常は 0.2%)に対する応力をもって**降伏強さ**(yield strength)とみなし, これを**耐力**(proof stress)とよぶ。機械設計においては少なくとも降伏応力を越える負荷を与えて永久変形させるような設計をしてはならない。

材料は, 降伏点を過ぎ**塑性**(plasticity)の領域では**加工硬化**(work hardening)しながら変形し，ついには試験片に**くびれ**(necking)が発生し最終的な**破断**(breaking)に至る(図2.1)．くびれが発生する直前の荷重(最大荷重)を試験片の原断面積で除した値を**引張強さ**(tensile strength) σ_B という．**伸び率**(percent elongation) ϕ_L は試験片が破断したときの伸び量 Δl を最初の**標点間距離**(gage length) l で除した値(％)である．**絞り率**(percent reduction of area) ϕ_A は，試験片の原断面積を A_0，破断時のくびれ部の断面積を A_f とすると，ϕ_A (％) ＝ $(A_0 - A_f)/A_0 \times 100$ で表される．伸びや絞りは材料の**延性**(ductility)や**脆性**(brittleness)の尺度とされる．

2.1.3 靱　性

　き裂(crack)の進展に対する材料の抵抗性を**靱性**(toughness)という．通常の引張試験では延性的に破壊する鉄鋼材料でも，負荷条件によっては降伏強さ以下の低い応力レベルで事前に塑性変形をともなわず，ほとんど瞬間的に破壊，すなわち**脆性破壊**(brittle fracture)することがある．脆性破壊を助長する負荷条件は低温，高速度，および**三軸引張応力**(triaxial tensile stress)である．構造物設計や材料開発の過程で，対象材料の靱性を迅速簡便に評価する方法が衝撃試験で，一般的には**シャルピー衝撃試験**(Charpy impact test)が行われる．シャルピー衝撃試験では，図2.3に示すように，振り子型ハンマを落下させてVノッチ(切欠き)またはUノッチの付いた試験片を衝撃的に折り，破断

☕ **タイタニック号の悲劇** ☕

　1912年英国豪華客船タイタニック号は大西洋航海中，氷山に衝突し，1500名余の乗客を乗せたまま冷たい海底深く消えた．当時の鋼板は低温での靱性が低く，脆くも破壊したものと考えられている．第二次世界大戦中にアメリカの全溶接構造輸送船(リバティー船)は4694隻中10隻の船体が真二つ(図2.2)，233隻が重大な破壊事故，1289隻に破損が生じた．これは，当時溶接部の脆性破壊が十分認識されていなかったために生じた悲劇である．現在の安全航海は先達の多くの犠牲のもとに築かれていることを忘れてはならない．

図2.2　リバティー船の破壊事故
(M. L. Williams et al., Welding J. Vol. 10, 1953, 508s)

2.1 材料の機械的性質と評価法 15

に要するエネルギー，すなわち**吸収エネルギー**(absorbed energy)を測定する。図2.4のように，試験温度を横軸，吸収エネルギーを縦軸にとってプロットしたグラフを**遷移曲線**(transition diagram)という。鉄鋼材料を始めとする体心立方金属の吸収エネルギーは，試験温度が低くなると，ある温度範囲で急激に低下する。これは，破壊モードが**延性破壊**(ductile fracture)から**脆性破壊**(brittle fracture)に遷移することに対応する。この温度範囲を遷移温度という。一方，銅やアルミニウム，あるいはオーステナイト系ステンレス鋼(SUS 304)(7.1.5項参照)などの面心立方金属(3.3節参照)には遷移温度は存

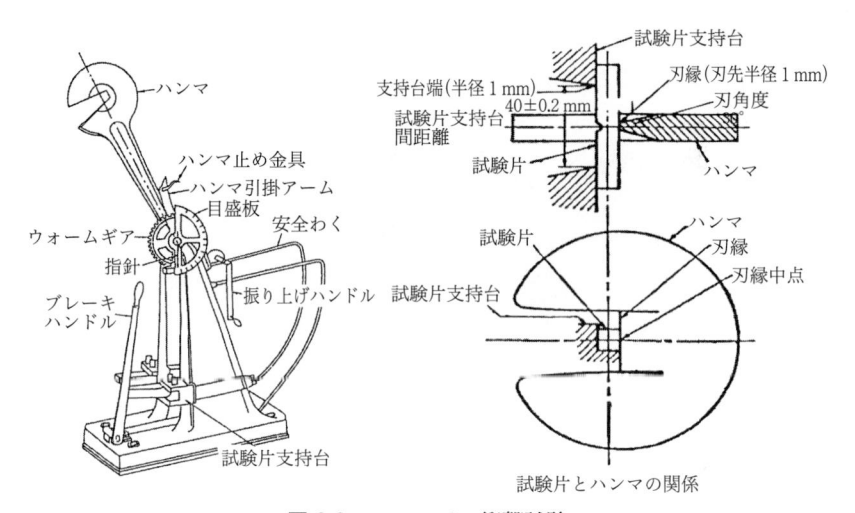

図 2.3 シャルピー衝撃試験

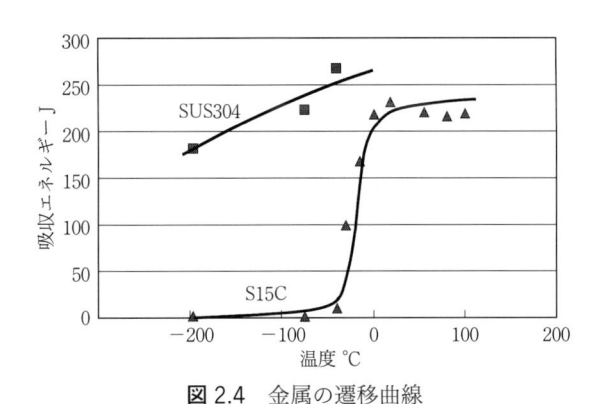

図 2.4 金属の遷移曲線

在せず，これらの材料は低温まで高い靭性を有する．シャルピー衝撃試験は，衝撃値自体が直接設計に使用されることはないが，材料選択の基準として，あるいは製造条件のチェックなどに使われる．たとえば，自動車のクランクシャフトのシャルピー衝撃値(深さ5mm，幅2mmUノッチ)は，0.4C-1Cr-0.2Mo-0.1V鋼($\sigma_B \geqq 780$ MPa，mass%)の場合60 J/cm^2 以上と規定されている．

2.1.4 硬　さ

硬さ(hardness)は，変形に対する材料の抵抗性を表す尺度の一つであり，強度との相関が強い．工業的な硬さ試験法は，**ブリネル硬さ**(Brinell hardness)，**ビッカース硬さ**(Vickers hardness)，**ロックウエル硬さ**(Rockwell hardness)，**ショア硬さ**(Shore hardness)の4種類である．前三者はいずれも

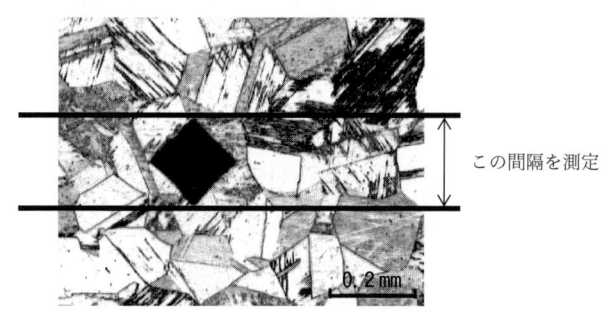

図 2.5　ビッカース硬さの測定法

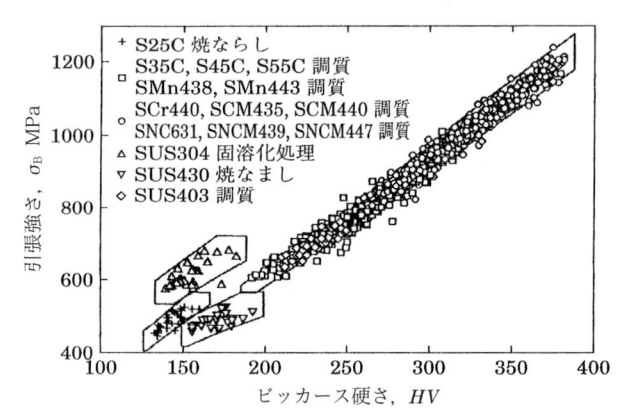

図 2.6　鉄鋼材料における引張強さとビッカース硬さの関係
(まてりあ，Vol. 38, No. 9, 1999, p. 706)

2.1　材料の機械的性質と評価法

一定荷重のもとで圧子を押し込み，くぼみの深さや表面積を測定する（押しこみ硬さ）。図2.5にビッカース硬さのくぼみの事例を示す。一方，ショア硬さは自由落下した小ハンマの跳ね上がる高さを測定する（反発硬さ）。ビッカース硬さは，広い硬さ範囲で引張強さとほぼ比例関係を有するため（図2.6），硬さから近似的な引張強さを下式から求めることができる。

$$\text{ビッカース硬さ}(HV) ≒ 0.3 \times \text{引張強さ } \sigma_B (MPa) \qquad (2.1)$$

2.1.5　疲　労

金属材料に変動荷重が繰り返し加えられた結果，き裂が発生し伝播する現象を**疲労**(fatigue)という。疲労による破壊の特徴は，静的破壊応力（引張強さ）よりかなり低い応力で発生すること，また巨視的塑性変形をともなわないことである。自動車，航空機，橋梁，コンプレッサ，タービンなど繰り返し荷重や振動を発生する構造物の破壊事故原因を調査すると，ほとんどの場合，疲労がなんらかの形で関与している。疲労の本質は材料の中で繰返されるミクロ的なすべり変形（転位運動，3.3.4項参照）である。変動のない一様応力の場合図2.7(a)のように段状にずれるだけである。一方変動応力を与えると，塑性ひずみは局所的なすべり帯域に集中し，表面には図2.7(b)に示すような突き出し(extrusion)や落ち込み(intrusion)が生ずる。これら表面形状の変化は切欠きとして働き，これが疲労き裂を発生させる。したがって，材料強度を高めることにより疲労限度を向上させることができる。しかし，高強度化は靱性の低下につながるため，鋼材についていえば，約1.5 GPa以上では強度を上げる

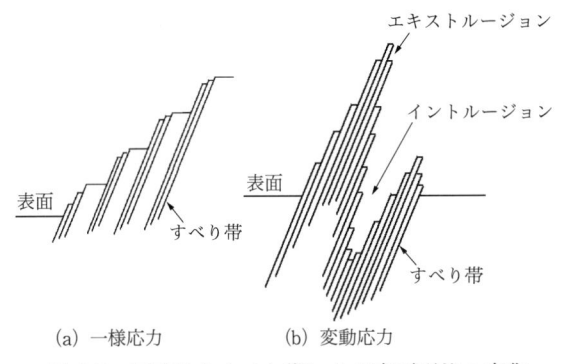

図2.7　局所的なすべり帯による表面形状の変化
(a) 一様応力　(b) 変動応力

と疲労限度は逆に低下(2.3節参照)する場合がある。

2.2 材料強度・剛性と機械設計

2.1節の材料基本特性を踏まえ，ここでは静的な強度・剛性設計において考慮すべき材料の基本特性と機械設計の基本概念について述べる。

機械構造物の機能低下や故障には，剛性不足，塑性変形，破断，疲労，摩耗などがある。それぞれの破壊形態は，材料の弾性特性，降伏応力，引張強さ，延性，靱性，疲労強度などの材料特性と関係する。これらの現象の多くは，応力やひずみの大きさに強く依存しており，機械の設計は，これらをベースとしたパラメータを用いて進められる。

2.2.1 降伏条件と破損

金属材料の多くは，弾性範囲を超えて負荷を加えると塑性変形に至る。塑性変形の開始を**降伏**，そのときの材料の状態を**破壊**(二つ以上に分離)に対して**破損**と区分してよぶ。その応力的状態を**降伏条件**(yield criterion)と定義し，この値を設計基準とする場合がある。一般的には，単軸負荷よりも複数の応力成分が作用するため，組合せ負荷状態での降伏条件が必要で，**最大せん断ひずみエネルギー**(maximum shear strain energy)説すなわち**ミーゼスの降伏条件**(von Mises yield criterion)が広く使われている。

$$f=\sqrt{\frac{1}{2}\{(\sigma_x-\sigma_y)^2+(\sigma_y-\sigma_z)^2+(\sigma_z-\sigma_x)^2+3(\tau_{xy}^2+\tau_{yz}^2+\tau_{zx}^2)\}}=\sigma_Y \quad (2.2)$$

ここで，σ_Y は単軸負荷試験での降伏応力である。

このような組合せ負荷での降伏条件は，いろいろな設計場面で利用される。例えば，ボルトをトルクレンチにより締めると，軸部には締結力による引張応力 σ とねじりトルクによるせん断応力 τ が生ずる。この組合せ負荷条件の下で，ボルトが降伏しないよう締付けトルクを定めることが求められる。この場合には，作用する応力が σ と τ のみで，von Mises の降伏条件は下式となる。

$$f=\sqrt{\sigma^2+3\tau^2}=\sigma_Y \quad (2.3)$$

締付トルクにより生ずる σ と τ は，ボルト締結理論から計算されるので，それらを上式に代入することにより，ボルトの降伏を判定することができる。

2.2 材料強度・剛性と機械設計

2.2.2 延性破壊および脆性破壊とエネルギー吸収

材料に弾性限度を越えて応力を加え続けると，大きな塑性変形を生じた後に破断に至ることもあれば，ほとんど塑性変形をともなわずに破断することもある。2.1.2項でもふれたように前者を延性破壊，後者を脆性破壊とよぶ。

脆性破壊は，前触れとなる外観的異常が見られない場合にも発生する。例えば，通常は延性を示す鋼材が，地震のように高速に変形が進展すると突然破壊が生じ，悲惨な災害の原因となる場合がある。低温下では脆性破壊を示すことがあるので，設計にさいしては細心の注意が必要である。なお，エネルギー吸収が必要な構造物では，材料的な配慮のほかに構造の工夫が重要となることも少なくない。一般的に乗用車の車体設計では車両前部および後部での変形によりエネルギーを吸収し，その一方で客室は変形しないよう構造設計されている。図2.8は，自動車フレームを想定した衝撃圧縮の実験とシュミュレーション結果を示す。圧縮変形しやすくすることにより衝突による衝撃を吸収している様子が観察される。

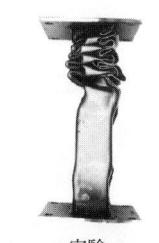

実験

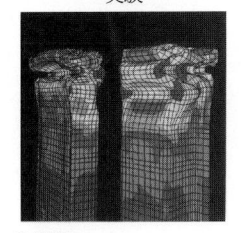

計算機シュミュレーション

図2.8 フレームの衝撃圧縮試験
(住友金属工業(株))

2.2.3 軽量化材料と剛性強度設計

近年，地球温暖化問題への対応として，輸送用機器を中心に構造物の軽量化の重要性が増しており，構造の簡素化と軽量化材料への転換が活発に検討されている。軽量化のための材料選定には2つのアプローチがある。一つは，高強度材料の採用である。鉄鋼材料では，各種の高張力鋼板が開発され自動車の車体に多く使われるようになっている。1999年には，図2.9(a)に示すように国際鉄鋼協会による超軽量鋼製車体コンセプトULSAB(Ultra-Light Steel Auto Body Project)が提案されている。また，もう一つのアプローチは，比重の小さな材料を採用することである。鉄道車両や航空機では，以前よりアルミニウム材の採用が進んでいたが，近年，自動車でもアルミニウム車体を採用した量産車両(同図(b)，(c))が登場しつつある。

(a) ULSAB の鋼構造

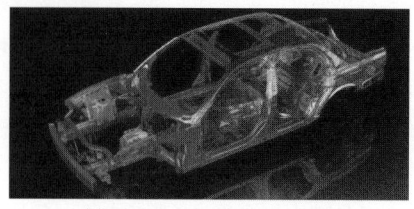

(b) スペースフレーム型のアルミ構造　　(c) モノコック型のアルミ構造

図 2.9　自動車における軽量車体例
(ふぇらむ, Vol.1, No.3, 1996, p.170 ほか)

　これら二つのアプローチからわかるように，軽くて強い材料が軽量化ポテンシャルのある材料ということになる。これを表す指標として**比強度**(specific strength)という概念がある。比強度は，材料の引張強さ σ_B を密度 ρ で除した σ_B/ρ で表される。同様の考え方により，**比弾性率**(specific elasticity) E/ρ が定義される。表 12.1 には，代表的な工業材料の比強度と比弾性率などを示す。比強度，比弾性率の観点からすると金属同士はさほど大きな相違は見られないが，金属と繊維強化複合材料を比較すると圧倒的に複合材料が高い数値を示している。

　軽量化設計においては，比重の小さな軽量化材料を用いると，弾性係数が低下することに注意する必要がある。例えば，基本構造を変更せず材料置換し，機械特性の違いを部材厚さで補う場合を考える。アルミニウムは比重が鋼の 1/3 であるが，弾性係数も 1/3 となるために，剛性確保が重要な部位では軽量化効果は得られない。これは，高張力鋼とアルミニウム合金の比弾性率がほぼ同等となっていることからもわかる。すなわち，剛性設計が要求される構造物では，比弾性係数の高い材料を採用する。**伸び剛性**(tensile rigidity)：EA，**曲げ剛性**(flexural rigidity)：EI，（ここで，A：断面積，I：断面二次モーメント）でわかるように，材料特性と材料力学の視点から A，I の形状による剛性確保が必要となる。

2.3 疲労，破壊，腐食と材料の信頼・安全設計

軽量化のために高強度材を用いる場合には，**破壊靱性**(fracture toughness)の低下や遅れ破壊への注意が必要である．破壊靱性の低下により，小さな欠陥を原因として脆性破壊を示すようになり，あるいは，繰返し荷重よるき裂進展速度が速くなる．また，**遅れ破壊**(delayed fracture)は，鋼中水素の存在により，高強度材料が静荷重のもとで一定時間経過後に脆性破壊する現象(12.2.7項参照)であり，設計に際しては特に注意が必要である．例えば，高強度ボルトは，常時応力が作用することから遅れ破壊に敏感であり，引張強さ σ_B が 1,200 MPa 以上の高強度鋼の締結ボルトは，ごく限られた環境下以外では用いられていない．近年，このような高強度材でも遅れ破壊に強い材料も開発されつつある．このように，材料置換による軽量化にさいしては，狙いとする強度特性だけでなく，その他の特性が機械構造に与える影響をよく検討する必要がある．

2.2.4 負荷-強度モデルと安全率

機械構造は多くの場合，作用応力が降伏応力を越えたときに破損(永久に元に戻らない塑性変形)を生ずるとして扱うことができる．そこで，機械設計では，一般に構造部材に作用する最大応力を**許容応力**(allowable stress)以下に抑えるように設計する．このとき，許容応力は，材料強度，作用応力，材料破壊形態，環境条件に考慮して設定する．**安全率**(safety factor) f_c は，材料の降伏応力すなわち基準強さと許容応力の比として定義される．

$$f_c = \frac{基準強さ}{許容応力} \tag{2.4}$$

機械設計の強度保証には，負荷推定の不確かさや材料強度のばらつきにも配慮する必要がある．

2.3 疲労，破壊，腐食と材料の信頼・安全設計

2.3.1 S-N 曲線

2.1.5項で述べたように**疲労**(fatigue)とは，静的破壊を引き起こす荷重よりはるかに低い荷重が繰り返し部材に加わった場合に生じる現象である．延性的な兆候なしに破壊につながるため，機械部材の耐疲労設計には材料の**疲労強度**(fatigue strength)を知ることが必要である．この目的で行われる材料試験が

☕ **疲労による事故** 🍰

　疲労破壊は馬車交通の時代から経験的に知られていたが，本格的に注目されるようになったのは鉄道の建設が進み機関車の車軸の破壊が頻発した19世紀中頃である．その頃，ドイツの鉄道会社の技師だったヴェーラー(A. Wöhler)は，金属疲労に関する基礎的研究を行い，その後の疲労研究の基礎を築いた．金属の疲労破壊が身近かな問題であることを人々に実感させた事件がコメット機(英)の墜落事故である．コメット機は初のジェット旅客機として登場したが，就航1年後の1953年から翌1954年にかけて3回空中分解して墜落した．当時英国のチャーチル首相は英国の威信をかけた原因究明を命じ，図2.10(a)のような水槽で実機サイズの繰り返し水圧試験を行った．その結果，原因はプロペラ機に比べて飛行高度が大幅に上がったため，離着陸のたびに機内を与圧するようになったことによる機体の疲労破

(a) 水槽で繰り返し水圧による実体疲労試験中のコメット機 (Aircraft Engineering, Vol. 28, Bunhill Pub., 1956)

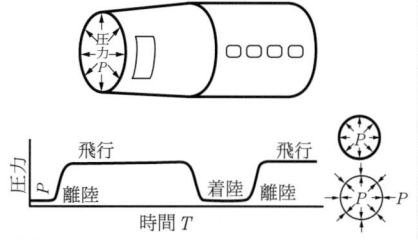

(b) 地上離陸と成層圏飛行のたびに繰り返される胴体への圧力変動が金属疲労に発展・破壊

図2.10　旅客機コメットの飛行機事故

壊であったことを突き止めた(同図(b))．同様な事故が32年後に繰返された．1985年，ボーイング747SR機が，機内の与圧を支える後部圧力隔壁のしりもち事故後の修理ミスのため，リベット穴にかかる応力が増大し，隔壁の疲労破壊により後尾の方向舵ごと破壊，墜落し520名の犠牲者を出した．その隔壁のアルミニウム合金2024における疲労破面を図2.11に示す．

図2.11　隔壁破面(アルミニウム合金2024)に観察される疲労に特有な縞模様(ストライエーション)

2.3 疲労, 破壊, 腐食と材料の信頼・安全設計

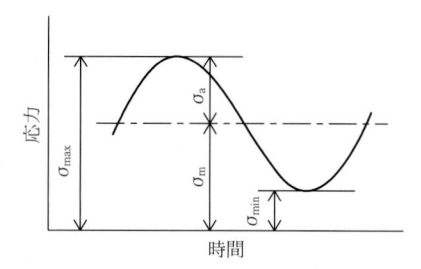

図 2.12　繰返し負荷時の応力定義

疲労試験(fatigue test)である。一定振幅の正弦波応力の下で破壊までの繰返し数を求める試験が, 標準試験として行なわれる。

材料のある部分について, 応力が図 2.12 のように繰返し負荷される場合に, σ_{max} を**最大応力**(maximum stress), σ_{min} を**最小応力**(minimum stress), $\sigma_m=(\sigma_{max}+\sigma_{min})/2$ を**平均応力**(mean stress), $\sigma_a=(\sigma_{max}-\sigma_{min})/2$ を**応力振幅**(stress amplitude)という。図 2.13 に示すように平均応力を一定として, 応力振幅を縦軸に, その応力振幅のもとで材料が破壊するまでの応力繰返し数を横軸にとった線図を **S-N 曲線**(S-N curve)という。S-N 曲線は鋼では, ある一定の平均応力のもとでは, 応力振幅が小さいほど破壊までの応力繰返し数が増すため, 始め曲線は傾斜する。しかし, 応力振幅がある値以下になるといくら繰返しても破断を生じないので, 曲線は水平になる。この下限界の応力振幅を**疲労限度**(strength for finite life)または**耐久限度**(endurance limit)という。また, 破断繰返し数 N を指定したときに S-N 曲線から決まる応力を, その繰返し数 N における**時間強度**(endurance limit)という。曲線が水平になり始める繰返し数は 10^6〜10^7 回の間が多く, 10^7 回繰返して破断しない応力の上限をもって疲労限度とするのが古くからの習慣とされている。非鉄金属においては

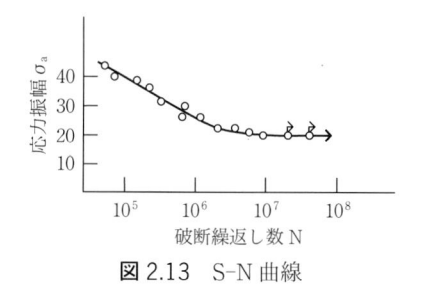

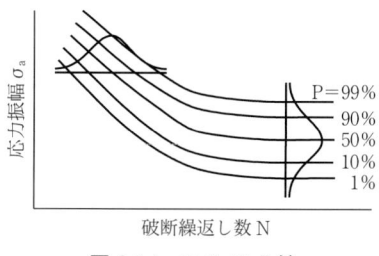

図 2.13　S-N 曲線

図 2.14　P-S-N 曲線

曲線に水平部分がなく,疲労限度が存在しない.この場合には,ある破断繰返し数(普通10^7または10^8回)を指定して,これに対する応力振幅を**疲労強度**(fatigue strength)とする.また,鋼でも高温や腐食環境下では疲労限度は存在しなくなる.

疲労試験において通常得られる S–N 曲線は,それぞれの応力における破壊確率 50% の繰返し数を与えるものである.疲労強度のばらつきを考慮し,それ以外の破壊確率に対する応力と寿命の関係を求めたものが,図 2.14 に示すように P–S–N 曲線である.必要とする確率の精度に応じて多くの試験片を用意し,結果を統計的に処理しなければならない.

2.3.2 疲労限度線図

平均応力が加わっている場合の疲労限度および S–N 線図の推定には図 2.15 に示す**疲労限度線図**(fatigue limit diagram)が用いられる.これは縦軸に応力振幅 σ_a,横軸に平均応力 σ_m をとって,疲労限度(または時間強度)を図示したものである.日常よく用いられる線図は,平均応力 0 の場合(完全両振り)の疲労限度 σ_w と引張強さ σ_B を結んだ修正 Goodman 線図(より安全側)である.横軸の降伏応力 σ_Y を通り横軸と 45° をなす線は最大応力 $\sigma_{max}=\sigma_Y$ の線で,この線より上では降伏が起こるから使えない.したがって,σ_w–Q–σ_Y より下の斜線範囲が安全に材料が使用できる範囲となる.圧縮の場合も同様であるが,$-\sigma_m$ が増大すると疲労限度が向上する.原点を通る直線上では**応力比**(stress ratio)$R=\sigma_{min}/\sigma_{max}$ が一定である.例えば,原点を通り横軸と 45° をなす線上では,$R=0$ で片振り疲労限度(または時間強度)を与える.縦軸(両振り)は $R=-1$,横軸(静荷重)は $R=1$ である.各自検証してみて欲しい.

2.3.3 疲労限度と引張強さ

疲労限度 σ_w と引張強さ σ_B(および硬度)とはほぼ比例関係にあるが,かなりばらつきがある.疲労限度を考えるときは,両振り応力が基本となる.多くの実験データが各種の合金鋼で求められている.平均的には,回転曲げ疲労限度 $\sigma_{wb}=0.5\sigma_B$,引張圧縮疲労限度 $\sigma_w=0.48\sigma_B$,ねじり疲労限度 $\tau_w=0.29\sigma_B$,回転曲げ疲労限度 $\sigma_{wb}=1.52$ HV,引張圧縮疲労限度 $\sigma_w=1.46$ HV,ねじり疲労限度 $\tau_w=0.88$ HV のような関係となっている.ここで応力の単位は MPa である.HV はビッカース硬さを表す.

2.3 疲労，破壊，腐食と材料の信頼・安全設計

図 2.15 疲労限度線図

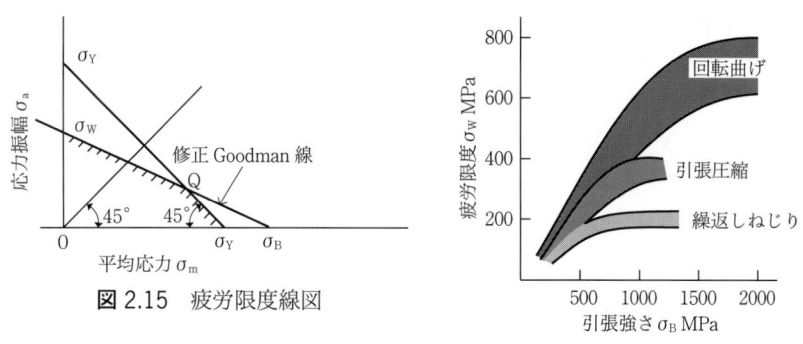

図 2.16 鋼の引張強さと疲労限度の関係

　鋼の引張強さと疲労限度の関係をグラフにすると図2.16のようになる。疲労限度は引張強さに比例して増加するが，引張強さが高くなると疲労限度は飽和する傾向を示す。これは高強度材料では切欠感度が高くなり，微小な欠陥や介在物の影響が現れてくるためといわれている。

2.3.4 疲労限度におよぼす各種効果
(1) 切欠効果

　切欠効果(notch effect)によって切欠部には応力集中が起こり，疲労限度が低下する。たとえば円周切欠を有する丸棒を引張った場合，図2.17に示すように切欠部における応力は，公称応力 σ_n の α 倍となり，この α を**応力集中係数**(stress concentration factor)または**形状係数**(form factor)とよぶ(応力集中係数 α =切欠部の実応力 σ_{max}/切欠部の公称応力 σ_n)。また，切欠のない平滑材の疲労限度と応力集中係数 α の切欠をもった場合の疲労限度の比を**切欠係数**(fatigue strength reduction factor)とよぶ。ここで，切欠係数 β =切欠のない場合の疲労限度/切欠のある場合の疲労限度である。弾性変形する範囲内

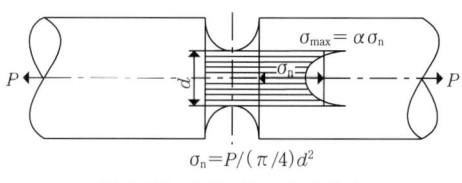

図 2.17 切欠部の応力分布

ではαは部品の寸法，荷重の大きさなどに無関係に形状のみで定まり，切欠係数βはαと異なり部材の寸法，材質によって異なる．切欠係数βと応力集中係数との関係は，切欠感度係数η(factor of notch sensitivity)を用いてη＝$(\beta-1)/(\alpha-1)$と表せる．ηをあらかじめ実験で求めておけば，形状で決まってくるαを式に代入することによって切欠係数βが求められる．ηは硬質材料ほど，また材料寸法が大きいほど，1に近づくが通常は1にならない．すなわち式で示すようにβがαより小さくなるのは，切欠先端部で塑性変形を起こして応力を緩和させることと，加工硬化や残留応力が影響してくることが原因と考えられる．

（2） 寸法効果

同じ材料でも試験材の寸法が大きくなると，疲労強度は低下する．このことを**寸法効果**(size effect)とよび，曲げ，ねじりの疲労限度に大きく現れる．寸法効果の生じる第一の原因は，図 2.18 に示すような応力勾配である．試験材の径が小さいと応力勾配が急で，高い応力を受ける部分が少なく，その分疲労強度は増加する．よって小型試験材のデータを寸法の大きい部材へ適用することは疲労強度を過大評価することになり，危険側の設計となるので注意が必要である．

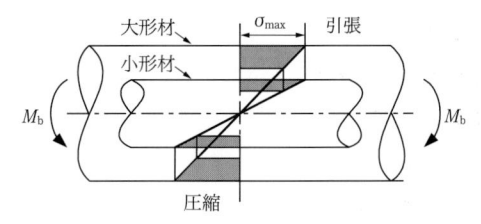

図 2.18 試験材の大きさと曲げ応力勾配の関係

（3） 表面効果

表面粗さは疲労限度に対して，切欠による応力集中と同様に作用し疲労限度は低下する．これを**表面効果**(surface effect)という．しかもその低下の度合いは引張強さの高い材料ほど大きい．また，窒化，浸炭，高周波焼入れ，表面ロール，ショットピーニングなどの表面処理を施すと，表面の硬さが増大し圧縮残留応力が発生するので，一般に疲労限度は増大する．めっきは腐食疲労を防ぐのに効果があるが，かえって疲労限度が低下する場合もある．

(4) 腐　　食

腐食疲労(corrosion fatigue)は金属が繰返し応力を受けたさい発生する表面の局部的なすべり線(すべり帯)上に優先的に作用する。例えば海水中の炭素鋼の場合，このすべりによって金属の新生面が現れ，この部分がアノードとなり，すべりを受けない部分がカソードとなって電気化学的な局部電池が形成されて，腐食ピットが生成する。腐食ピット先端の応力集中のためさらに優先的な金属溶解が起こりピットの成長が促進される。このピットがある程度の深さになったとき，き裂が発生，進展する。

2.3.5　許容応力と安全率

繰返し荷重を受ける材料は疲労限度を基準にして設計しなければならないが，その繰返し数が限界繰返し数に達しないような場合は時間強度が対象となる。しかし，これらの疲労強度や時間強度には多くの不確定因子が含まれているので，繰返し荷重時の許容応力 σ_{al} と安全率(不確定係数)の関係を次のように考える場合もある。

$$\sigma_{al} = (1/f_m f_s)(K_1 K_2 \sigma_{w0}/\beta) \tag{2.4}$$

ここで，σ_{w0}：材料の疲労限度，β：切欠係数，K_1：寸法効果による疲労限度の低下率，K_2：表面仕上効果(これに類似の効果)による疲労強度の低下率，f_m：材料の疲労限度に対する安全率(ばらつき率)，f_s：使用応力に対する安全率(応力推定，設計，計算などの不確定によるもの)である。

$\sigma_w \equiv \sigma_{w0}(K_1 K_2/\beta)$ とすると，安全率 $f = f_m f_s = \sigma_w/\sigma_{al}$ となり，自動車，車両などでは，$f = f_m f_s = (1.1 \sim 1.2) \times (1.1 \sim 1.2) \fallingdotseq 1.2 \sim 1.4$ となる場合が多い。

2.4　まとめ

1. 縦弾性係数は $E = \sigma/\varepsilon$，横弾性係数は $G = \tau/\gamma$ で定義する。縦方向ひずみ ε_1(伸び)と横方向ひずみ ε_2(縮み)の比はポアソン比 $\nu = -\varepsilon_2/\varepsilon_1$ と定義され，金属のポアソン比 ν は約 0.3 である。弾性限を越えて永久ひずみが残る応力を降伏応力(鋼など)あるいは耐力(銅・アルミなど)とよび，多軸応力状態の降伏応力の計算には von Mises の降伏条件が広く使用されている。
2. くびれが発生する直前の荷重(最大荷重)を試験片の原断面積で除した値を

引張強さ σ_B という.
3. き裂の進展に対する材料の抵抗性を靱性という.靱性は材料固有の性質だけでなく温度・負荷条件によって変化し,その値はシャルピー衝撃試験で評価する.
4. 変形に対する材料の抵抗性を表す尺度が硬さで,ビッカース硬さ $HV \fallingdotseq 0.3 \times$ 引張強さ $\sigma_B \mathrm{(MPa)}$ となる.
5. 軽くて強い材料を表す指標として比強度を σ_B/ρ,比弾性率を E/ρ で定義する.
6. 疲労とは金属材料に繰り返し変動荷重が加えられた結果,き裂が発生し伝播する現象で,静的破壊応力(引張強さ)よりかなり低い.S-N 曲線で,いくら繰返しても破断を生じない応力振幅を疲労限度と定義する.疲労限度が存在しない場合(非鉄金属など)は,10^7 回応力を繰返し破断しない応力の上限をもって疲労限度とする.疲労限度は切り欠き,寸法,表面状態,腐食環境などに影響される.

参 考 書

1) 野田直剛,中村保:基礎塑性力学,日新出版
2) 砂田久吉:演習材料試験学入門,大河出版(1987)
3) 砂田久吉:演習材料強度学入門,大河出版(1990)

演習問題

2.1 自動車には軽量化の目的から「剛性」と「強度」が要求されている.金属の組成を大幅に変えずに剛性(縦弾性係数 E)を 30% 向上させる場合と,強度(引張強さ σ_B)を 30% 高める場合と①いずれが難しいか,②その理由について説明せよ.

2.2 機械部品の表面に圧縮残留応力があるとなぜ疲労強度が向上するのか説明せよ.

2.3 延性破壊とぜい性破壊の相違を説明せよ.また「ぜい性は材料固有の性質」,および「必ずしも材料固有の性質ではない」とする具体的現象をそれぞれ1例以上挙げて説明せよ.

2.4 アルミニウム合金と炭素鋼のS-N曲線における相違・特徴について述べよ.

2.5 疲労強度を向上させるためには部品表面に小さな硬球をエアーとともに高速で衝突させるショットブラストが有効とされている.その理由を述べよ.

3

金属材料の基礎

　前章では，機械材料としての金属材料に要求される基本的な特性に関して力学的ならびにマクロ的な観点から述べた．本章では，金属材料の諸特性を金属の結晶構造に立脚して考えてみよう．多くの機械は金属材料から構成されている．したがってその性質を熟知しておくことが必要不可欠である．単に，便覧に掲載されている数値のみを知っていても対応できない．便覧に掲載されている性質は，あくまで標準的な状態の場合であって，機械装置の製造工程や使用環境による材料の変化の詳細までは，とても掲載できないのが実情である．したがって，材料の性質変化の本質を理解しておくことが必要である．自動車，原子炉，ロケットなどの破壊事故の多くが，製造過程や使用環境による材料の性質の変化に起因していることを忘れてはならない．

　機械工学を学ぶ諸君にとって，金属材料の詳細もさることながら，金属材料の原理原則とその筋道を知っておくことは，大いなる手助けとなるはずである．本章は機械工学の学生にはやや難解ではあるが，あらゆる学問に基礎が大切であることを認識して，取り組んで欲しい．

☕ 夢のある金属水素 ☕

　水素は常温・常圧では，2つの原子が結合した気体分子であるが，20K以下で液体，14K以下で固体(金属)になる．一方水素に極めて高い圧力をかけることでも金属水素になると予想されている．金属水素が実現した場合は1cm^{3}あたり0.7g，すなわちアルミニウムの1/3，鉄の1/10の超軽量金属となる．また金属水素は多量のエネルギーが蓄えられクリーンで安全な燃料としてロケットや自動車燃料としても使用でき，文字通り夢の金属となるであろう．

3.1 金属の特色とその結合方式

3.1.1 自由電子による金属結合

　金属結晶は，原子内にあった電子が**自由電子**(free electron)として離脱した陽イオンと，陽イオン間を埋めるこれらの自由電子から構成されている。すなわち**金属結合**(metallic bond)とは，規則的に配列された原子イオンの間を自由電子が高速で飛び交う電子雲で満たされた状態をいう。**共有結合**(covalent bond)のセラミックスでは，互いに隣り合う原子でもその位置を容易に交換することはできない。このことは，その材料が容易には変形しないことを意味している。また金属結合は共有結合や**イオン結合**(ionic bond)と異なり，方向性の小さいほぼ等方的な結合である。そのため，どの金属の結晶構造も高い空間充填率を示す。

3.1.2 金属結合によるその特性

　上記の金属結合を踏まえ金属の一般的な特徴として以下の点が挙げられる。
① 電気伝導度および熱伝導度が高い：金属結晶内では電荷や熱は主に自由電子が運ぶ。このため，金属は他の材料に比べ電気伝導度も熱伝導度も高い。
② 金属光沢を有す(高反射率)：金属表面で入射光(可視光線)は自由電子により遮断される。このため，入射光は金属表面で全部反射され金属光沢が生まれる。有色金属(銅や金)では，自由電子が特定波長の入射光を吸収するため，われわれの眼には吸収光の補色が見えるようになる。
③ 塑性変形能が大きい(高展延性)：金属結合は，周囲の原子と位置を交換しても，あるいは相対的に位置をずらしたとしても，結晶として成り立っている。したがって原子の移動すなわち金属材料の変形が容易になる。

3.2 金属の結晶構造

3.2.1 代表的結晶構造

（1） 面心立方格子

　図3.1(a)に示すように，立方体の8つの角隅と6つの面の中心に1個ずつ原子が位置している構造を**面心立方格子**(face-centered cubic lattice) fcc と

3.2 金属の結晶構造

いう。室温で fcc 構造をとる金属は Al, Cu, Ni, Pb, Au, Ag, Pt などである。fcc 構造の原子充塡率は 74.1% である。これは，空間内に同一直径の球形原子を最も密に配列した場合に該当する。

(2) 体心立方格子

図 3.1(b)に示すように，立方体の 8 つの角隅に各 1 個ずつの原子，また，立方体の中心に 1 個の原子が位置する構造を**体心立方格子**(body-centered cubic lattice)bcc という。室温で bcc 構造をとる代表的金属は Fe, Cr, W, V, Nb, Mo などである。bcc 構造の原子充塡率は fcc 構造より小さく 68.0% である。

(3) 六方最密格子

図 3.1(c)に示すように，正六角柱を 6 つの正三角柱に分けるとき，各正三角柱の 6 つの隅に 1 個ずつの原子，また，一つおきの正三角柱の中心に 1 個ずつの原子が位置する構造を**六方最密格子**(hexagonal close-packed lattice) hcp という[1]。室温で hcp 構造をとる身近な金属としては Mg, Ti, Zn, Cd な

結晶格子	(a)面心立方格子	(b)体心立方格子	(c)六方最密格子
粒子配列	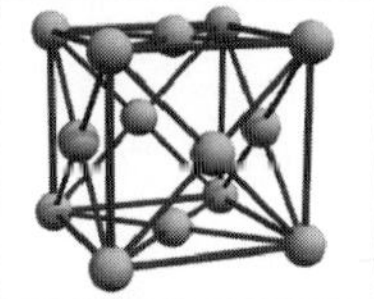	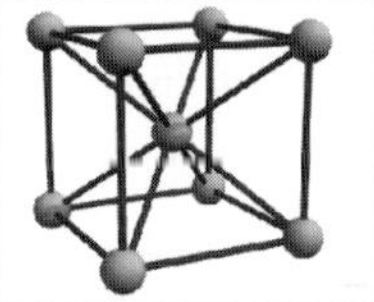	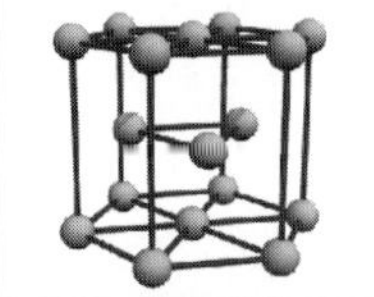
配位数	 12	 8	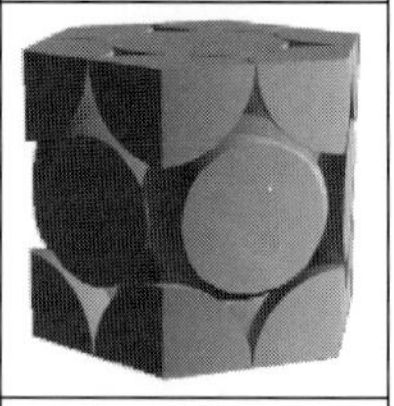 12
含まれる原子の数	$\frac{1}{8} \times 8 + \frac{1}{2} \times 6 = 4$	$\frac{1}{8} \times 8 + 1 = 2$	$\frac{1}{6} \times 12 + \frac{1}{2} \times 2 + 3 = 6$
原子の占める割合	74.1%	68.0%	74.1%
金属の例	Al, Ni, Au, Ag	Fe, Cr, Nb, Mo	Mg, Ti, Zn, Cd

図 3.1 金属の代表的原子配列と単位胞。配位数：中心となる原子と結びつく原子の数

---

[1] 最密六方格子(close-packed hexagonal lattice ; cph)ともよばれる。最密を稠密とも表す。

どが挙げられる．

　fcc および bcc において一つの稜の長さを**格子定数**(lattice constant)といい a で表す．hcp においては正三角形の 1 辺の長さ a と，正三角柱の高さ c を格子定数とする．c/a を**軸比**(axial ratio)という．金属結合が完全に等方的であれば hcp 構造の c/a は 1.633 となるはずであるが，実在結晶はこれより若干ずれている．hcp 構造の原子充填率は fcc 構造と同じ 74.1% である．

3.2.2　結晶内の面および方向の表示法
（1）　結晶内の面の表示法

　図 3.2(a) に示すように結晶の座標軸を x, y, z とし，その 3 軸を A，B，C で交わる平面を考える．3 軸に沿って配列する原子の間隔を a, b, c とし，

$$OA = \alpha a, \quad OB = \beta b, \quad OC = \gamma c$$

であるとする．ただし，α, β, γ は整数である．それらの逆数の比は通常簡単な整数の比となる．

$$\frac{1}{\alpha} : \frac{1}{\beta} : \frac{1}{\gamma} = h : k : l$$

この h, k, l で結晶内の面 ABC を表すこととし，$(h\,k\,l)$ という符号を用いる．これを**ミラー指数**(Miller index)という．また，等価な $(h\,k\,l)$ を $\{h\,k\,l\}$ で表す．なお，マイナス符号は指数の上に付ける．立方晶の場合，a を格子定数とすると，面間間隔 d は次のようになる．

$$d = \frac{a}{\sqrt{h^2 + k^2 + l^2}} \tag{3.1}$$

　六方晶の場合は同一平面上にあって，互いに 120° の角度で交わる 3 つの a 軸とこれに垂直な c 軸とで表す．この場合，ミラー指数は 3 つの軸に対する h, k, i と c 軸に対する l を用いて $(h\,k\,i\,l)$ のように表す．

（2）　結晶内の方向

　結晶内の方向を示すには，座標の原点を通るベクトルの先端の座標を簡単な整数比になおし，$[u\,v\,w]$ という符号によって表す．また，等価な $[u\,v\,w]$ の集合を $\langle u\,v\,w \rangle$ で表す．なお，マイナス符号は指数の上に付ける．立方晶の場合に限りつぎの関係がある．

$$(h\,k\,l) \perp [h\,k\,l] \tag{3.2}$$

　図 3.2(b) に，面心立方格子，六方最密格子における主要な面と方向のミラ

3.2　金属の結晶構造

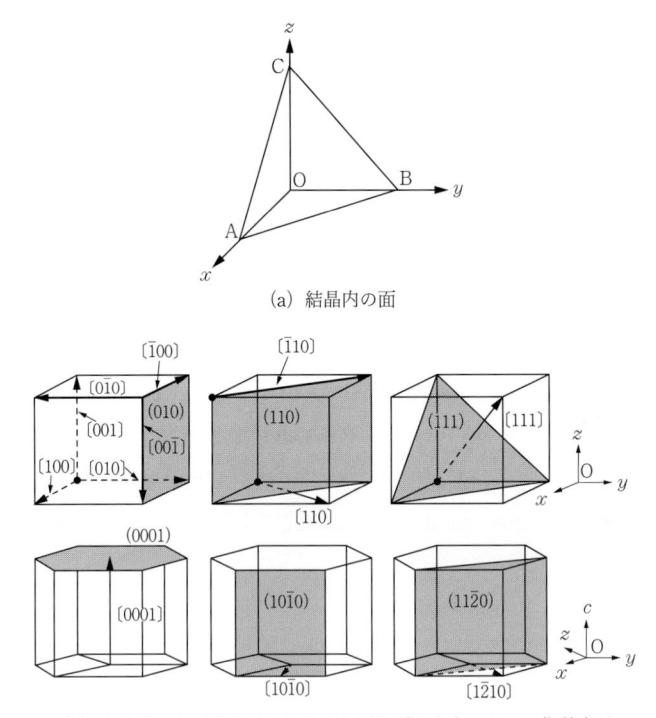

(a) 結晶内の面

(b) 立方晶および六方晶における主要な面と方向のミラー指数表示

図 3.2　立方晶および六方晶における主要な面と方向のミラー指数

一指数を示す.

☕ **ミクロの世界を覗く** 🍰

　ミクロの世界を初めて覗いたのは弾性の法則で有名なフック(R. Hook，英)である．彼はさまざまな微小物の顕微鏡によるスケッチを"Micrographia"として1665年に発刊した．その200年後ソルビー(H. C. Sorby)によってノッペラボーに見える鉄にもミクロ組織が存在することが発表された．しかし当時の人は容易にこれを信用せず，英国鉄鋼協会に顕微鏡写真が掲載されたのは，口頭発表から20年後の1885年であった．

(ふぇらむ，Vol.1，No.2，1996，p.32.より)

3.2.3 単結晶と多結晶

実際の金属材料は全体が一つの結晶からできているわけではなく，多くの微細な**単結晶**(single crystal)の集合からなる**多結晶**(polycrystal)である。多結晶を構成する単結晶どうしの境界を結晶粒界あるいは**粒界**(grain boundary)とよぶ。金属表面を鏡面に仕上げた後，薬品によって表面をわずかに腐食させると図3.3(a)に示すように，粒界が現れ金属は多数の粒子の集合体であることがわかる。図3.3(b)に示す泡モデルにより結晶粒の並びをシミュレーションしてみると，それぞれの結晶粒の中では金属原子が整然と並んでいるが，隣り合う結晶粒どうしではその並び方の方向が異なっている。その結果，粒界と粒内あるいは結晶粒ごとの腐食のされ方の相異により，結晶粒および結晶粒界として観察されている。結晶粒の大きさを表示する方法として，ASTM粒度番号[2]が広く用いられている(JISもこの表示法を採用している)。これによれば，**粒度番号**(grain size number) N は次式で定義される。

$$n = 2^{N-1} \tag{3.3}$$

これより

$$N = \frac{\log n}{\log 2} + 1 \tag{3.4}$$

n は，100倍の顕微鏡写真上で1平方インチ(25.4 mm×25.4 mm)の中に含まれる結晶粒の数である。

粒界では，隣接する結晶粒は互いに異なる方位を持っているため原子の配列は乱れている。粒界は粒内に比べ空孔(3.3.2項参照)濃度が高く界面エネルギ

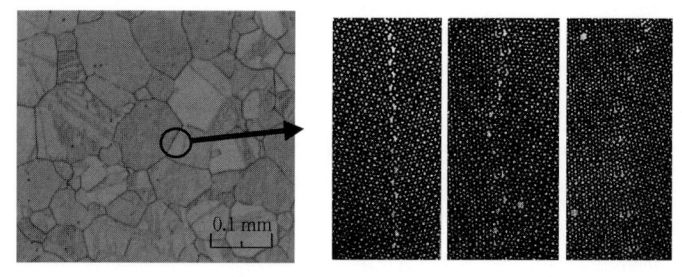

(a) オーステナイト系ステンレス鋼の結晶粒界　　(b) 泡モデルによる結晶粒界モデル

図 3.3　結晶粒界

---

[2] American Society for Testing and Materials

3.2 金属の結晶構造

ーを有する。そのため，金属中の不純物が粒界に偏在しやすくなる**粒界偏析**(grain boundary segregation)が生じる。

3.2.4 合金の結晶構造

金属材料のほとんどは2種以上の原子が溶け合った**合金**(alloy)であり，純金属の状態で使用されることはまれである。また，実在の金属は必ず微量の不純物を含んでいる。したがって，われわれが扱う金属は，実際にはすべて合金であるといえる。純粋な結晶中に微量の溶質を入れるとその系の自由エネルギーは必ず減少する。これは微量の溶質が加わることにより混合のエントロピー(配置のエントロピー)が急増するからである。したがって，純粋な結晶は熱力学的に常に不安定であり，不純物を吸収する傾向が強い。換言すれば，非常に高純度な材料の製造は熱力学に反する行為であり，製品は準安定状態に向かうことを避けられない。したがって高純度材料を製造し，これを安定化させることは難しい。

水に食塩が溶けて単相の溶液をつくるように，固体状態の金属(溶媒)に別の金属(溶質)が溶け込んで単相の溶体を作ることがある。これを**固溶体**(solid solution)という。固溶体には次の二つのタイプがある。

（1）置換型固溶体

図3.4(a)のように，溶質原子が溶媒原子と置換している固溶体を**置換型固溶体**(substitutional solid solution)という。

普通の金属どうしの固溶体はすべて置換型固溶体である。置換型固溶体の場合，溶質原子と溶媒原子の大きさが異なるため結晶格子にひずみが生じる。

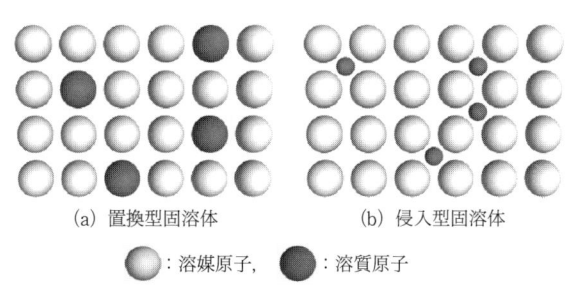

(a) 置換型固溶体　　(b) 侵入型固溶体

◯：溶媒原子，●：溶質原子

図 3.4　置換型固溶体(a)および侵入型固溶体(b)

(2) 侵入型固溶体

図3.4(b)のように，溶質原子が溶媒金属の結晶格子の隙間に入り込んでいる固溶体を**侵入型固溶体**(interstitial solid solution)という。侵入型固溶体は溶質原子の大きさが溶媒原子の大きさに比べ特に小さい場合に形成される。通常の金属どうしでは侵入型固溶体は形成されない。水素 H，炭素 C，窒素 N，ホウ素 B のように原子直径の特に小さい非金属原子が金属中に少量加わった場合にのみ現れる。たとえば鉄 Fe と炭素 C は侵入型固溶体をつくる。侵入型固溶体では，格子間に溶質原子が無理に入り込むため置換型に比較して通常大きな格子ひずみが発生する。

3.3 結晶の格子欠陥

3.3.1 格子欠陥

一般に，結晶は完全無欠な固体というイメージが浮かぶ。しかし，現実には完全結晶は存在せず，多くの**格子欠陥**(lattice defect, lattice imperfection)を含んでいる。代表的な格子欠陥を分類して示すと，①点欠陥：空孔，**格子間原子**(interstitial)，②線欠陥：転位，③面欠陥：粒界，積層欠陥，双晶境界，となる。

空孔および転位については後述する。面心立方格子と六方最密格子は積層形式が異なる最密充塡構造である。そのため，面心立方格子の中に六方最密型の積層が生ずることがあるが，このような格子欠陥を**積層欠陥**(stacking fault)

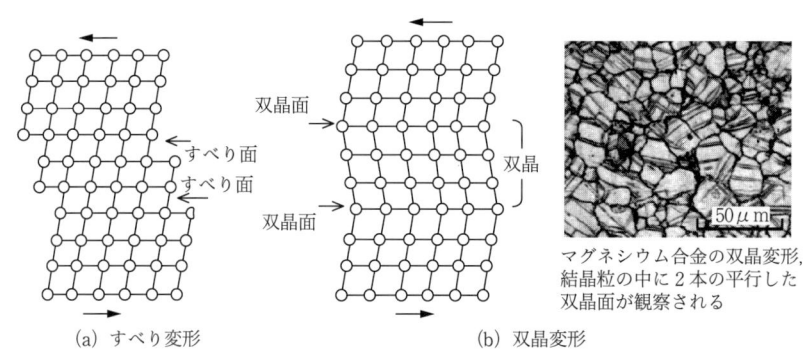

(a) すべり変形　　　(b) 双晶変形

マグネシウム合金の双晶変形，結晶粒の中に2本の平行した双晶面が観察される

図3.5　すべり変形(a)および双晶変形(b)

3.3 結晶の格子欠陥

という。図 3.5(a)(b)にすべり変形と双晶変形を比較して示す。**双晶**(twin)は二つの平行な双晶境界面にはさまれた平板状の領域をさす。双晶境界面を境に一方の原子配列が他方の原子配列と鏡面関係になっている。変形双晶と焼きなまし双晶がある。

金属材料の強度，延性，靭性，拡散など多くの特性は，これらの格子欠陥の存在状態に依存している。換言すれば，格子欠陥が存在するゆえに金属は工業材料たり得るといえる。

3.3.2 空　　孔

結晶内で原子の無い格子点を空格子点あるいは**空孔**(vacancy)という。空孔は熱力学的平衡状態で存在する。いま，結晶の全原子数を N とすると，温度 T で平衡状態にある空孔の数 n は(3.5)式で表される。

$$n = N \exp\left(-\frac{\Delta E_\mathrm{v}}{k_\mathrm{B} T}\right) \tag{3.5}$$

ここで，ΔE_v は空孔形成のエネルギー（2×10^{-19} J 程度），k_B はボルツマン定数（Boltzmann constant：$k_\mathrm{B}=1.38\times10^{-23}$ J/K）である。

格子間原子の場合，本来格子点にあるべき原子が周囲の原子を押しのけて格子間に入らねばならないため大きな形成エネルギーが必要である（ΔE_v の 4～5 倍）。このため，格子間原子の平衡濃度は空孔に比べて無視できるほど小さい。

後述するように，空孔は置換型固溶原子の拡散で重要な役割を演じる。

3.3.3 すべりとせん断応力

（1）　すべり変形

塑性変形は，図 3.5 に示すように，**すべり**(slip)あるいは**双晶**(twin)により起こる。しかし，最も一般的な変形モードはすべり変形で，双晶変形は，マグネシウム Mg，亜鉛 Zn およびカドミウム Cd など hcp 金属，あるいは鉄 Fe やすず Sn の低温・高速変形の場合に限られる。結晶内のすべりは勝手な方向に生ずることはなく，図 3.6 に示すように，特定のすべり面とすべり方向の組合せであるすべり系(slip system)に沿って起こる。

① すべり面：最大の格子面間隔の面がすべり面となる。立方晶の場合，(3.1) 式より $(h\,k\,l)$ の小さい面（低指数面）がこれにあたる。bcc 金属では主に $\{1\,1\,0\}$ 面，fcc 金属では $\{1\,1\,1\}$ 面，hcp 金属では主に $\{0\,0\,0\,1\}$ 面がすべり

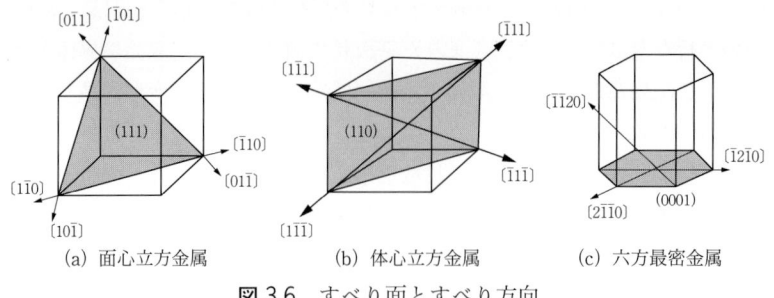

(a) 面心立方金属　(b) 体心立方金属　(c) 六方最密金属

図 3.6　すべり面とすべり方向

面となる。

② すべり方向：すべり面上で最短の格子ベクトル方向がすべり方向となる。bcc 金属は $\langle 111 \rangle$ 方向，fcc 金属は $\langle 110 \rangle$ 方向，hcp 金属は $\langle 11\bar{2}0 \rangle$ 方向がすべり方向となる。

(2) 分解せん断応力

すべり面上ですべり方向に作用するせん断応力を**分解せん断応力**（resolved shear stress）といい，引張試験の荷重とは(3.6)式の関係がある（図 3.7）。

$$\tau = \frac{F}{A} \cos\phi \cos\lambda \quad (3.6)$$

ここで，τ：分解せん断応力，F：引張試験の荷重，A：引張試験片の断面積，ϕ：引張軸とすべり面法線のなす角，λ：引張軸とすべり方向のなす角である。

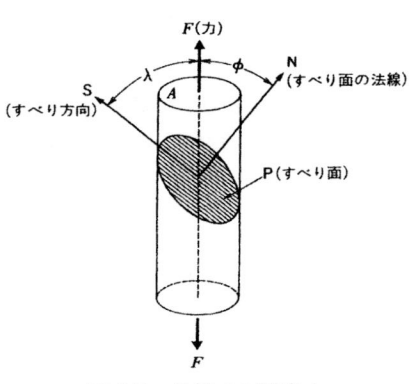

図 3.7　分解せん断応力

(3) 臨界分解せん断応力

すべり変形開始時の分解せん断応力を**臨界分解せん断応力**（critical resolved shear stress）という。臨界分解せん断応力は，すべり面を挟んだ多数の原子が同時にすべるという仮定に基づく理論計算により求めることができる。ところが，表 3.1 に示すように，理論値と実測値を比較すると実測値は理論値に比べ 3～4 桁小さく，すべり面上の多数の原子が同時にすべるとした仮定が誤りで

3.3 結晶の格子欠陥

表 3.1 臨界せん断応力の理論値と実測値

金　属	理論値 MPa	実測値 MPa	理論値/実測値
Ni	10,780	5.68	1,900
Cu	6,270	0.98	6,400
Ag	4,410	0.588	7,500
Au	4,410	0.902	4,900
Mg	2,940	0.813	3,600
Zu	4,700	0.921	5,100

あることがわかる。

このすべり機構，すなわち金属材料の変形が容易になる性質こそが，古来より目的の部品形状に加工しやすい便利な材料として金属材料が愛用された理由である。

☕ **金の展延性** 🍰

あらゆる金属の中で最も展延性に富む金属は金 Au で，金箔は厚さ約 $0.1\,\mu\mathrm{m}$ まで薄くできる。金箔の製造法は，約 $3\,\mu\mathrm{m}$ までは圧延，それ以下は鍛造である。すなわち，圧延後の薄板を一枚一枚和紙に挟んで積み重ねたうえ全体をハンマーで叩いて鍛造する。和紙に含まれる空気層が潤滑の役目をするようである。一方，1 g の金は引抜きにより直径約 $5\,\mu\mathrm{m}$，長さ約 2,800 m の細線に加工することができる。

3.3.4 転位の種類と働き

表 3.1 の理論値と実測値の差異を説明するために**転位**(dislocation)の仮説が出された[3]。これは図 3.8(a) に示すように，すべり面上の原子は同時にすべるのではなく図 (b) のように 1 原子ずつ順にずれていくという考え方である。

（1） 刃状転位

例えば，広いじゅうたんを移動させるさい，全体を同時に動かすよりしわを作ってそれを移動させることを何回も繰返した方がはるかに小さな力ですむ。アオムシなどの動きを観察すると自然界でも同様なことが行われていることに気づく。結晶内では，図 3.8(b) に示すように，じゅうたんのしわに相当する部分，すなわちすべり面に直角に装入された 1 枚の余分な半原子面 (extra

---

[3] 転位仮説がはじめて提唱されたのは 1934 年であるが (G. I. Taylor と E. Orowan)，その存在が確認されたのは電子顕微鏡が実用化されたのちのことである (1956 年)。

(a) 原子が同時にすべる

(b) 1原子ずつ順にずれてすべる

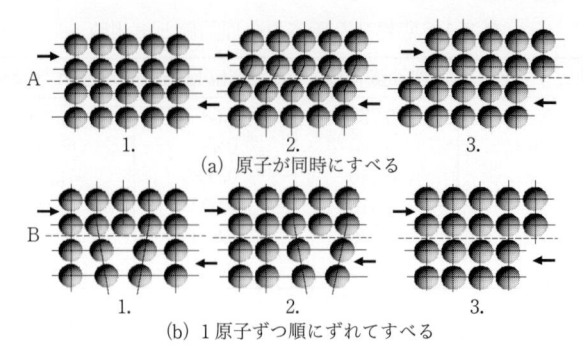

図3.8 転位の仮説（せん断応力による刃状転位の移動）

half plane）がせん断応力により左から右へ順次移動することにより，すべり面上に1原子距離のすべりが生じる。これが多数起こるとマクロ的なすべりとして観察されるようになる。この場合，半原子面先端の格子の乱れた部分を**刃状転位**（edge dislocation）という。また，すべり面上で転位により生じた線状の格子の乱れを転位線とよぶ[4]。1本の転位が結晶を通過することにより生じたすべりを**バーガースベクトル**（Burgers vector）あるいはすべりベクトル（slip vector）とよぶ。図3.9に刃状転位における転位線とバーガースベクトルの関係を示す。

　バーガースベクトル b はすべりの方向と大きさを表しているため，転位を特徴付ける重要な量である。同一転位線上すべての場所で b は不変である。刃状転位の特徴は転位線とバーガースベクトル b が直交していることである。したがって，刃状転位は転位線と b で構成されるすべり面以外ではすべることができない。

（2） らせん転位

　身近にあるはさみやペーパーカッターも，工場にある大型シャーもせん断機構で紙や鋼板を切っている。これらに共通することは，全体を同時に切らず，せん断部を順次移動させながら切り進むことである。その結果，比較的小さな力で切断することができる。図3.9(b)に示すように，結晶内のすべりにも同様なせん断機構を考えることができる。この場合はせん断の最前線付近にある結晶格子にのみ格子配列の乱れが生じる。この部分を**らせん転位**（screw dislo-

---

[4] 格子の乱れは転位線付近に限定され，結晶の他の部分は影響を受けない。

3.3 結晶の格子欠陥　　　　　　　　　　　　　　　　　　　　　　　　　　　　41

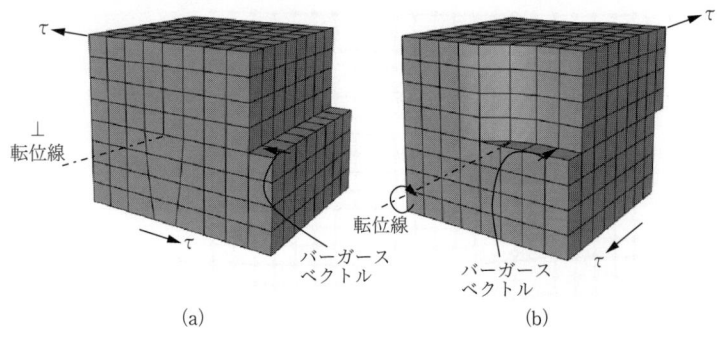

図 3.9 刃状転位(a)およびらせん転位(b)における転位線とバーガースベクトルの関係

cation)という[5]。らせん転位では転位線とバーガースベクトル b が平行である。したがって，らせん転位は任意のすべり系ですべることが可能である。

(3) 混合転位

一般の転位(バーガースベクトル b)は刃状成分 b_e とらせん成分 b_s からなる**混合転位**(mixed dislocation)である。図 3.10 に混合転位を示す。らせん転位から刃状転位に移行する部分が混合転位である。バーガースベクトルは転位線上どこを取っても同じであるから常に式(3.7)が成立する。

$$b = b_e + b_s \tag{3.7}$$

(4) 転位の増殖

塑性変形により多数の転位が移動すると，やがて結晶内には転位が枯渇するように思われるが，実際には転位は必ず増加する。代表的な転位増殖機構に**フランク・リード源**(Frank-Read source)がある。図 3.11 では，紙面をすべり面とする。いま，下方から上方に移動する転位線が障害物[6] A と B にぶつかる場合を考える(a)。転位線には単位長さあたり τb という力が常に垂直にはたらいている(τ：すべり面に作用する外力のせん断応力成分)。その結果，張出し(b)→湾曲(c)→相互の接触(d)→接触部分の合体消滅(e)という一連の過程を通じて，転位線は1本の転位ループを放出して最初の位置に戻ることになる。これをフランク・リード源という。フランク・リード源は，外力と転位ル

---

[5] ある原子面に乗って転位のまわりを1周すると一つ上(ないしは下)の原子面上に立っていることに気付く。らせん階段を連想させることかららせん転位と名付けられた。F. C. Frank は結晶のらせん成長の研究かららせん転位を着想した(1949年)。

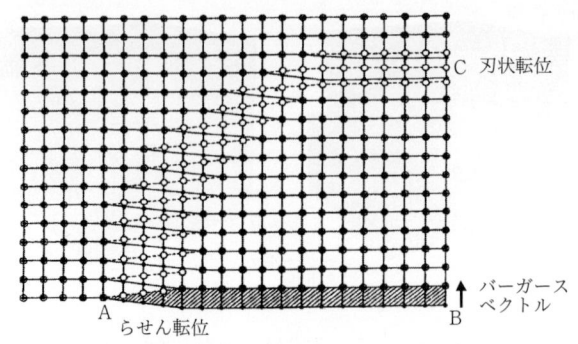

図3.10 混合転位。A付近：らせん転位，C付近：
刃状転位，A〜C間：混合転位
○：すべり面直上の原子，●：すべり面直下の原子

ープ間にはたらく斥力（back stress）がつり合うまで転位ループを作り続ける。

（5） 転位のエネルギー

　転位は結晶格子の乱れであり，転位芯(弾性論の適用できない原子配列の著しく乱れている部分)からの距離に反比例した弾性応力場をともなっている。また，転位のエネルギーは式(3.8)で表され，転位には常に縮もうとする線張力が作用している。

$$E \cong \frac{1}{2}Gb^2 \tag{3.8}$$

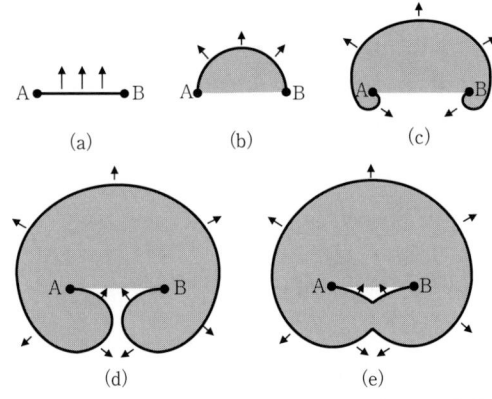

図3.11 フランク・リード源による転位の増殖

---

[6] 動けない転位であることが多い。

ここで，E は転位のエネルギー（単位長さあたり），G は剛性率，b はバーガースベクトルの大きさである．

（6） 転位密度

単位体積中に存在する転位線の総長を**転位密度**(dislocation density)という．転位密度は，焼きなまし材でも約 $10^8\,\mathrm{cm/cm^3}$ である[7]が，塑性加工により増加し，その約 10,000 倍の $10^{12}\,\mathrm{cm/cm^3}$ にも達する．

3.3.5 金属の強化機構

転位が動くことにより塑性変形が生じる．逆に，転位運動に対する障害を導入すれば金属材料は変形しにくくなり強度が上昇する．同じように，転位の動きを阻止できれば硬くなり，転位を容易に動きやすくすれば軟らかくなる．金属の強化機構は転位の挙動で理解し，工夫することができる．

（1） 固溶強化(solid solution strengthening)

図 3.12 のように固溶原子の寸法差を利用して結晶内に弾性応力場を形成させ転位運動を妨げる．たとえば，純金(24 金)は柔らかすぎるため，金細工品には銀や銅を約 25% 混ぜた合金(18 金)が使われる．また，工業用純チタンの引張強さは約 350 MPa であるが，代表的な α チタン合金である Ti-5% Al-2.5% Sn 合金の引張強さは，Al と Sn の固溶強化により約 800 MPa にも達する．

（2） 析出強化(precipitation hardening)

微細な析出物をすべり面上に析出させ転位運動を妨害する．図 3.13 で，左から移動してきた転位は析出物にぶつかって張出し廻りこむ．転位は式(3.8)で表わされる線張力を有するため，析出物間を張出して通過するのには式(3.9)の応力が必要である．

$$\tau \cong \frac{Gb}{l} \qquad (3.9)$$

ここで，τ：通過に要する応力，l：析出物間隔である．これより高強度化には微細析出物を多数分散させることが有効であることがわかる．また，転位が通過した後の析出物の周囲には転位ループ[8]が残され，その斥力も後続転位の運動の障害となる．

代表的な析出強化合金は，航空機材料にも使用されている**ジュラルミン**

---

[7] $10^8\,\mathrm{cm}$ は東京〜下関間に相当する長さである．
[8] オロワンループ(Orowan loop)とよばれる．

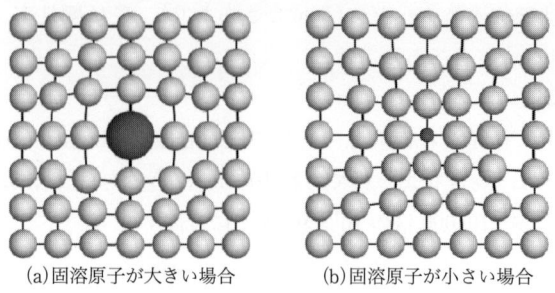

(a) 固溶原子が大きい場合　　(b) 固溶原子が小さい場合

図 3.12　置換型固溶原子の周囲に生ずる格子ひずみ

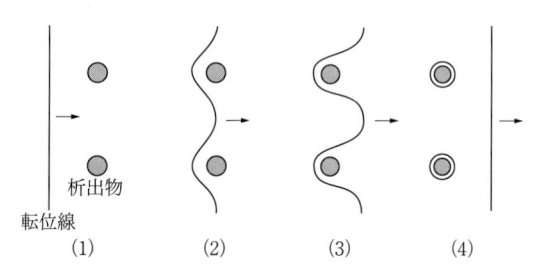

(1)　(2)　(3)　(4)

図 3.13　転位運動に対する析出物の妨害

(duralumin)である。たとえば，熱処理前の Al-4.5% Cu-1.5% Mg-0.6% Mn 合金(A 2024)の引張強さは 200 MPa 程度であるが，過飽和状態から微細な析出物を析出させると引張強さは約 480 MPa にも達する。これは鉄鋼材料にも匹敵する強度である。

(3) 分散強化(dispersion strengthening)

析出物の代わりに微細分散粒子で転位運動を妨害する。ThO_2，Y_2O_3，Al_2O_3 などの酸化物微細粒子を母材金属・合金粉末と混合し，焼結などにより一種の複合材料として作製し使用する。分散粒子の直径は 100 nm くらいで前記析出物よりやや大きいが，高温でも安定であり Ni 基超合金や耐熱鋼のクリープ強度を増す効果がある。ThO_2 粉末を Ni 中に分散させた TD ニッケルは 1962 年に米国のデュポン社が開発した材料で，分散強化材料の先駆けとして知られている。

(4) 加工硬化(work hardening, strain hardening)

塑性加工により転位密度を高め転位運動を妨害する。式(3.10)に示すよう

3.3　結晶の格子欠陥

に，降伏応力は転位密度の平方根に比例する。

$$\tau = \beta G b \sqrt{N} \quad (3.10)$$

ここで，τ：せん断降伏応力，N：転位密度，G：剛性率，b：バーガースベクトルの大きさ，β：定数である。

　針金やクリップを繰返し曲げると硬くなることは多くの人が経験しているはずである。また，金属材料の中で最高強度を誇るピアノ線は加工硬化を応用して製造される。すなわち，熱処理（パテンティング）後の共析鋼[9]の引張強さは約 1,200 MPa であるが，断面減少率 90% 以上の引抜加工により線径 0.08 mm で 3,400 MPa を超える高強度鋼線となる。

（5）　結晶粒微細化強化(strengthening by grain refinement)

　すべり面は結晶粒界で途切れるため，転位は結晶粒界でその進行を阻まれる（図 3.14）。しかし，結晶粒界に堆積した転位群により隣接粒 B 内の応力が高まると隣接粒内には新たなすべりが始まる。その結果，結晶粒径と強度の間には，式(3.11)で表される強い相関がみとめられる。これを**ホール・ペッチの関係**(Hall-Petch relation)という。

$$\sigma_Y = \sigma_0 + k_y \cdot \frac{1}{\sqrt{d}} \quad (3.11)$$

ここで，σ_Y：降伏応力，d：結晶粒径，σ_0 および k_y：定数である[10]。

　一般に高強度化は靱性の低下をともなうが，細粒組織は靱性が高いため結晶粒微細化強化は，たとえば高強度高靱性鋼の製造に適している。すなわち通常の鋼材の結晶粒径は約 20 μm であるが，これを 6 μm 前後とすることにより，

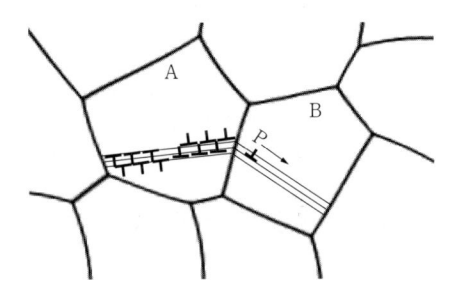

図 3.14　転位運動におよぼす粒界の影響

---

[9] 約 0.82 mass% の C を含む鋼。後述。
[10] 引張強さについても同様な関係が成立つ。

強度が約2倍になることが実験室的に確認されている[11]。

図3.15は，純鉄の場合を例にとり金属材料の強化手段を説明したもので，純鉄の原子間を移動する転位を，走行する自動車に例えたイラストである。純鉄の中では舗装道路を快調に進む自動車のように，転位の運動を邪魔する障害がないので容易に動くことができる，すなわち軟らかいといえる。

固溶強化ではC，Nのような侵入型原子や，P，Siのような置換型原子が鉄の格子内に入ることにより，結晶格子にゆがみが生じ転位が動きにくくなる。これは自動車がでこぼこ道を走る状態に相当する。

つぎに析出強化・分散強化のアナロジーを考える。バナジウムV，ニオブNb，チタンTiなどの添加元素が鋼の中で炭化物や窒化物を形成すると，転位はその分散された析出物に邪魔されて動きにくくなる。この状態は河原のように大小さまざまな石が転がっている場所を車で走る状態といえよう。小さな石は乗り越えられるが大きな石は迂回しなければ走れない。またこれらの石が接近して散らばっていると最も走りにくい，すなわち強度が高い。

加工硬化（転位強化）は，転位が絡み合って新たな転位が運動しにくい状態で

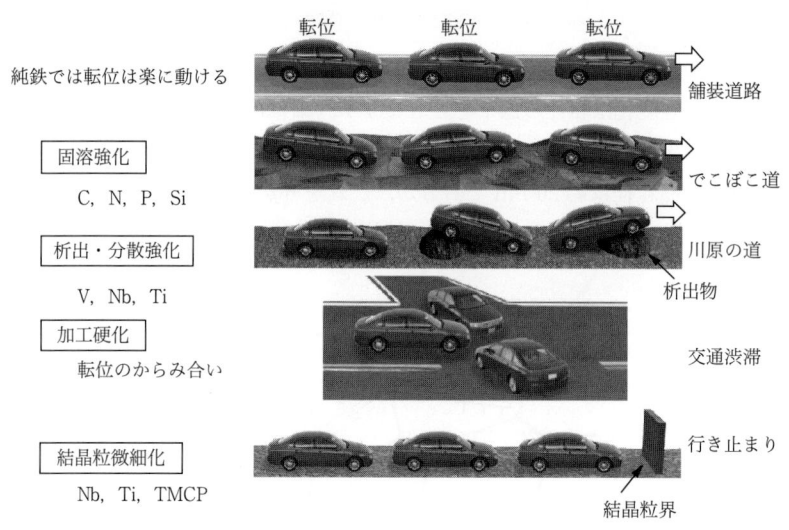

図3.15　金属材料を強化するための代表的な手段のたとえ

---

[11] 結晶粒を微細化するためには，過冷却度を高めた変態，加工と再結晶の組合せなどを利用する。

猫のひげ・ホイスカー

1930年代，ベル電話研究所(米)で短絡事故の原因を調査中，錫めっきしたフィルター(濾波器)部品の表面から「猫のひげ」(whiskers)のようなものが成長していることが発見され，これが短絡の原因であると判明した。「猫のひげ」の太さは約1μmであったが，その弾性限は約1,900MPaと驚異的に高かった。「猫のひげ」はその成長機構から，中心にごく少数のらせん転位があるだけでほとんど無転位結晶に近い。現在，「猫のひげ」は複合材料の原料として利用されている。その直径は0.1～10μm，長さは最大10mm，転位密度はほとんど0で強度は理想結晶に近い。

ある。信号機のない交差点に多くの車が入り込み，交通渋滞を招いている状態に相当する。鉄鋼ではNbやTiを利用したり，圧延の温度・冷却制御(TMCP : Thermo Mechanical Control Process)により結晶粒微細化をしている。この転位が粒界で停留する現象は，自動車が壁で行き止まり状態と容易に想像されるであろう。

このように，一般に金属材料は，固溶強化，析出強化，分散強化，加工硬化(転位強化)，結晶粒微細化強化の一つないし二つ以上を組み合わせることにより高強度化している。

3.4 結晶中の原子の拡散

3.4.1 金属材料の焼なまし

金属に冷間加工を施すと，加工硬化により強度が上昇する一方，延性(破断伸びなど)は低下する。転位密度は冷間加工により増加するが，転位は結晶内で均一に分布するのではなく直径約1.5μmの**セル構造**(cell structure)を形成する。

冷間加工後の金属を加熱すると，図3.16に示すような3段階を経て軟化が進行する。加工硬化した金属材料を加熱し再結晶させることにより強度を下げ，延性を増加させる熱処理が**焼なまし**(annealing)である[12]。

(1) 第一段階：**回復**(recovery)

セルを構成する転位の一部が整理されて**サブグレイン**(subgrain)が形成され

---

[12] 狭義の焼なまし。ほかに球状化焼なまし，応力除去焼なましなどがある。

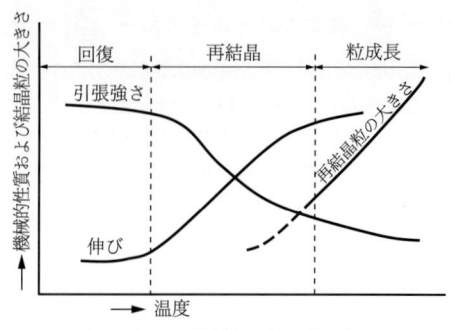

図 3.16　再結晶過程の模式図

る。この段階は顕微鏡で見ても未だ変化は見られず，硬さもわずかに低下するだけである。

（2）　第二段階：**再結晶**(recrystallization)

粒界に再結晶核が発生する。これが周囲のサブグレインを蚕食し，転位密度の低い新しい結晶粒（再結晶粒）が誕生する。その結果，急激な強度低下と延性の増加が起こる。

（3）　第三段階：**粒成長**(grain growth)

粒界エネルギーを駆動力として再結晶粒の成長が起こる。また，粒成長にともない式(3.11)に従い強度は低下する。

3.4.2　拡　　散

一般に，流れは伝導度と駆動力の積で表される。**拡散**(diffusion)は原子の流れで，この場合，伝導度は**拡散係数**(diffusion coefficient)とよばれ，駆動力は濃度勾配[13]である。すなわち，拡散流束＝拡散係数×濃度勾配となる。

定常状態拡散とは，時間とともに変化しない濃度勾配の下で起こる拡散である。たとえば，薄い金属膜でできた隔壁を通じて高圧側から低圧側へのガスの拡散は定常状態拡散である。一次元拡散の場合，式(3.12)が成り立つ。これが**フィック**(Fick)**の第一法則**である。

$$J = -D\frac{dc}{dx} \tag{3.12}$$

ここで，J は拡散原子の流束，c は濃度，x は距離，D は拡散係数である。拡

---

[13]　一般的には，拡散の駆動力は濃度勾配であるが，厳密には化学ポテンシャルの勾配である。

3.4 結晶中の原子の拡散

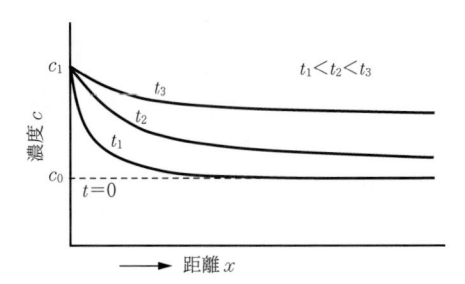

図 3.17 半無限固体中への非定常状態拡散
c_0：母材濃度，c_1：表面濃度(一定)，t：時間

散流量は濃度勾配に比例し，その比例係数が拡散係数である。

濃度勾配が位置と時間により変化する拡散で，一次元拡散の場合，式(3.13)が成立つ。これが，**フィックの第二法則**である。

$$\frac{dc}{dt} = D\frac{d^2c}{dx^2} \tag{3.13}$$

ここで，x は距離，t は時間，D は拡散係数である。濃度の時間変化は濃度勾配の微分に比例する。

図 3.17 に示すような境界条件，すなわち $x=0$ においてつねに $c=c_1$（一定値）という境界条件下での拡散はしばしば経験することである。たとえば，炭素鋼の浸炭や窒化がこれにあたる。この場合，フィックの第二法則の解は次式で与えられる。

$$x \cong \sqrt{Dt} \tag{3.14}$$

式(3.14)は，平均侵入深さ[14](x)と拡散時間(t)の関係を示すもので，おおよその拡散深さを知りたい場合に重宝であり，実用上しばしば用いられる。

3.4.3 拡散機構

（1） 置換型固溶原子の拡散

一般に，置換型固溶原子の拡散[15]は空孔機構で起こる。空孔機構では，図 3.18 に示すように，拡散原子の隣に空孔が来て両者が位置を交換することにより1原子距離拡散が進む。すなわち，原子の流れと空孔の流れは逆である。

拡散原子と空孔の位置交換が成功する確率は，隣に空孔が来る確率および空

---

[14] 平均濃度までの拡散深さ
[15] 溶媒原子の拡散である自己拡散も含む。

孔と原子間に存在するエネルギー障壁の高さ ΔE_{vm} に依存する。隣に空孔が来る確率は空孔濃度に等しいから，空孔生成のエネルギーを ΔE_{vf} とすると[16]，拡散係数 D は

$$D = D_0 \exp\left(-\frac{\Delta E_{vf} + \Delta E_{vm}}{RT}\right) \quad (3.15)$$

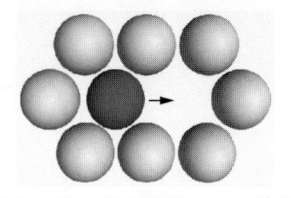

図 3.18 空孔機構による拡散

ここで，

$$Q = \Delta E_{vf} + \Delta E_{vm} \quad (3.16)$$

を拡散の**活性化エネルギー**(activation energy)という[17]。R は気体定数(gas constant)で，$R = 8.314$ J/mol・K。

(2) 侵入型固溶原子の拡散

侵入型固溶原子は，図3.4(b)に示すように結晶格子の間隙をぬって拡散する。空孔機構に比べ拡散の活性化エネルギー ΔE_D は著しく小さい。たとえば，α-Fe 中における Ni の拡散の活性化エネルギーが 246 kJ/mol であるに対し，C の拡散の活性化エネルギーは 100 kJ/mol である。

(3) 粒界拡散

粒界は空孔濃度が高く拡散には有利な場所である。**粒界拡散**(grain boundary migration)の拡散係数 D は粒内拡散の $10^4 \sim 10^5$ 倍も大きい。しかし，断面に占める拡散経路の面積は小さいため，粒界拡散の寄与は小さい。

3.5 状態図

3.5.1 平衡状態図

温度と組成を変数として熱力学的平衡状態で存在する相を図示したものを**平衡状態図**(equilibrium diagram)という。ここで，**相**(phase)とは物質のなかで物理的な状態と化学的組成がともに均質である部分をさす[18]。

現在ある状態図のほとんどは，相変化時の冷却曲線を詳細に求める熱分析により，実験的に求められたものである。しかし，熱力学データが完備した成分

---

[16] 添字 vf は vacancy formation, vm は vacancy migration を表す。
[17] D_0 は振動数項あるいはエントロピー項とよばれる。
[18] 後述するフェライト，セメンタイト，マルテンサイトなどは相である。パーライトは，フェライトとセメンタイトがサンドイッチ構造をとっただけなので，相ではない。

3.5 状態図

系では,理論的に状態図を作成することが可能である。現在,状態図作成用パソコンソフトやデータベースが市販されている。状態図は地図のようなものであり新しい材料開発には欠かせない。

3.5.2 相　律

二つ以上の相からなる物質系(すなわち不均一系)において,それらの相が熱力学的に平衡にあるために必要な条件を規定するものが**相律**(phase rule)である。二つ以上の相が熱力学的に平衡にある条件は,各相の中の同じ成分の化学ポテンシャルがそれぞれ等しくなければならない。

いま,成分の数が n,相の数が r とすると,独立に定め得る変数の数 f は

$$f = n - r + 2 \tag{3.17}$$

となる。これが**ギブス**(Gibbs)**の相律**であり,f を**自由度**(degree of freedom)という。金属の場合,通常,定圧(1気圧)下の現象を扱うため圧力を変数から除く。したがって,

$$f = n - r + 1 \tag{3.18}$$

たとえば,水の凝固にあてはめると,$n=1$, $r=2$ であるから $f=0$ となる。すなわち,凝固中,温度は変わらない。

3.5.3 てこの法則

状態図の中で水平な線分は重要な意味を持つ。それは,平衡状態にある相の組成およびその質量比を表しているからである。たとえば,図3.19で,Rという組成の合金は,温度 T ではPという組成の相とQという組成の相が平衡状態にあることを示している。この場合,P相とQ相の質量比は

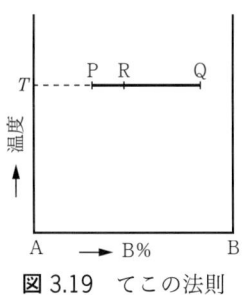

　　　P相の質量:Q相の質量=RQ:PR

図 3.19 てこの法則

である。これは,R点を支点とする天秤のつり合いに似ていることから,**てこの法則**(lever rule)とよばれている。てこの法則は,原子%,質量%を問わず成立する。

平衡する二つの相の密度が大きく異ならない場合,質量比は面積比で近似できることが多い。すなわち,顕微鏡写真から共存する二つの相の質量比を概算

することができる[19]。

3.5.4 ミクロ組織

金属材料の微視的構造を**ミクロ組織**(microstructure)[20]という。組織を観察するには，鏡面研磨後に**エッチング**(etching)すなわち腐食させる必要がある。エッチング液はいろいろあるが，鉄鋼材料の場合，エチルアルコールに少量の硝酸かピクリン酸を混ぜたものがよく使われる。研磨面をエッチング液に短時間浸漬すると，主に粒界や相境界に局部電池が形成され，そこが優先的に腐食して溝ができる。また，結晶面によって腐食速度が異なるため，腐食による表面凹凸は結晶粒単位で異なっている。エッチングにより浮き彫りにされた微視的構造を**光学顕微鏡**(optical microscope)あるいは**走査電子顕微鏡**(Scanning Electron Microscope, SEM)を用いて観察する。

3.5.5 理論状態図の作成法（共通接線作図法）

平衡状態図を自由エネルギー的に考察することは有意義なことである。それは，状態図の成立ちを理解するのに役立ち，いろいろな型の状態図を論理的かつ体系的に見ることができるようになるからである。以下，組成-自由エネルギー曲線から状態図を作成する手順を示す。

① 温度 T を変えて自由エネルギー F と組成 c の関係を図示する。
② ある一つの相の自由エネルギーが最低である場合は，合金全体がこの相となる（例：高温ではすべて液相）。
③ 二つ以上の自由エネルギー曲線に共通接線がひける場合は，ⅰ）共通接線の接点に対応する相の混合物となる（例：固相と液相の共存，α 相と β 相の共存），ⅱ）共存する各相の組成は，共通接線の接点の組成である，ⅲ）共存する各相の量は「てこの法則」にしたがう。
④ 作成した状態図が相律に反していないかチェックする。

3.5.6 自由エネルギー計算による2元系状態図の作成

ほとんどの状態図は全率固溶型，共晶型，包晶型，およびこれらの組合せで

---

[19] たとえば，普通炭素鋼のC%は標準組織（オーステナイト領域から徐冷した組織）から推定できる。
[20] micro-は，歴史的には光学顕微鏡で見える程度の大きさをさす。

3.5 状態図

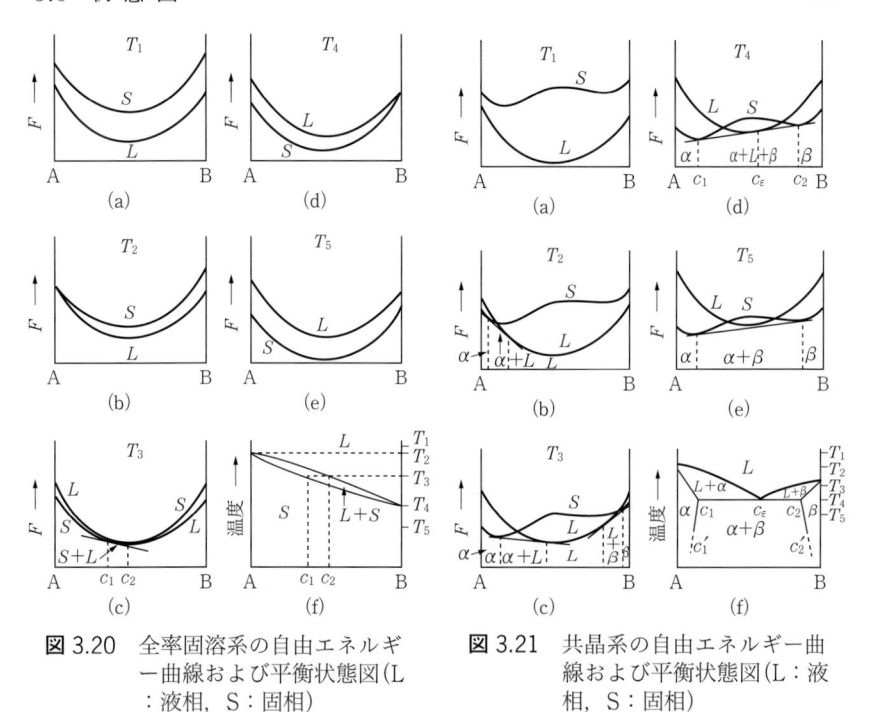

図 3.20 全率固溶系の自由エネルギー曲線および平衡状態図(L：液相, S：固相)

図 3.21 共晶系の自由エネルギー曲線および平衡状態図(L：液相, S：固相)

ある。以下，自由エネルギー曲線からこれら三つのタイプの状態図が作られる過程を説明する。

(1) 全率固溶型

液体状態でも固体状態でも完全に溶け合う系を**全率固溶系**(isomorphous system)という。全率固溶系の組成と自由エネルギーの関係を図3.20(a)～(e)に，また，それから導出される状態図(全率固溶型)を図(f)に示す。なお，液相や固相を扱う場合，体積変化はほとんど無視できるため，以下，自由エネルギーにはヘルムホルツの自由エネルギー(F)を用いる。また，液相はL，固相はSで表わす。

いま，純金属AとBが同じ結晶構造を持ち，結合エネルギー(V)[21]がA-A間とB-B間でほぼ等しく，かつ，A-B間の結合エネルギーが両者の平均に近似できると仮定する。すなわち，$V_{AA} \fallingdotseq V_{BB}$, $V_{AB} \fallingdotseq (V_{AA}+V_{BB})/2$．この場合，

---
[21] 結合エネルギーVの符号はマイナス。

自由エネルギー曲線は U 型となる。

　T_1 のような高温では，液相の自由エネルギー曲線は固相の自由エネルギー曲線より完全に下になっており，どの組成の合金でも液体である。T_2 から T_4 まで冷却すると，液相の自由エネルギー曲線は上昇し固相の自由エネルギー曲線と交わる。まず，温度 T_2 で2本の曲線は A 点で出会い，ここで純金属 A は凝固する。さらに T_3 に下がると共通接線を引くことができるようになる。共通接線を引くと，A から c_1 までは均一な固溶体，c_2 から B までは均一な液相であるが，c_1 から c_2 の間では c_1 組成の固相と c_2 組成の液相が平衡する。温度 T_4 で純金属 B も凝固しすべて固相となる。そして，温度 T_5 では固相の自由エネルギー曲線は液相の自由エネルギー曲線より完全に低くなるため全て固相となる。

(2) 共晶型

　液体状態では完全に溶け合うが固体状態では一部しか溶け合わない系の一つに**共晶系**(eutectic system)がある。図 3.21 に，共晶系の組成と自由エネルギーの関係，およびそこから導出される状態図(共晶型)示す。

　いま，純金属 A と B が同じ結晶構造を持ち，A-B 間の結合エネルギー(V_{AB})が A-A 間や B-B 間より高いと仮定すると，$V_{AB} > (V_{AA} + V_{BB})/2$ となる。この場合には，固相の自由エネルギー曲線は中間組成で盛り上がった W 型となる。各温度において平衡状態で存在する相を共通接線作図法により求めれば，図 3.21(f)のような状態図が得られる。ここで重要なことは，温度 T_4 においては3点で接する共通接線を引けることである。すなわち，温度 T_4 では

$$L(c_E) = \alpha(c_1) + \beta(c_2) \tag{3.19}$$

という反応が起こり，組成 c_E の液相は，組成 c_1 の α 相(α 固溶体)と組成 c_2 の β 相(β 固溶体)とを同時に晶出する。この反応の自由度は $f = 2 - 3 + 1 = 0$ となり，反応が完結するまで温度は一定である。これを共晶温度という。また，式(3.19)の反応を**共晶反応**(eutectic reaction)[22]とよぶ。

(3) 包晶型

　液体状態では完全に溶け合うが固体状態では一部しか溶け合わない系の第二の型は**包晶系**(peritectic system)である。包晶系となるのは純金属 A と B が異なる結晶構造を持ち，両者の融点が著しく異なるような場合である。図

---

[22]　eu-容易に，-tectos 溶けた(ギリシャ語)。

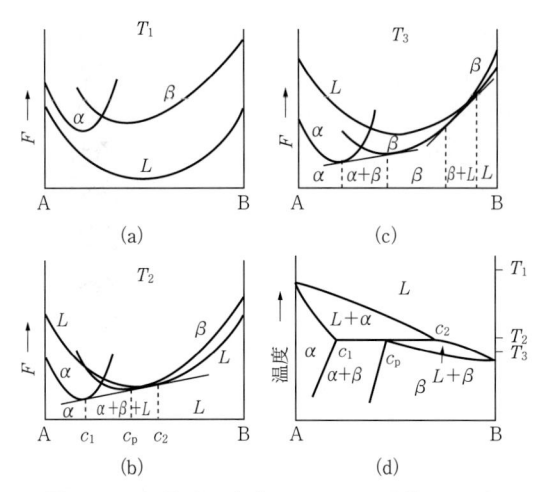

図 3.22 包晶系の自由エネルギー曲線および平衡状態図(L：液相, S：固相)

3.22(a)～(c)に包晶系の組成と自由エネルギーの関係を，同図(d)に状態図 (包晶型)を示す．共晶系と同様，温度 T_2 においては3点で接する共通接線が引ける．すなわち，温度 T_2 では

$$L(c_2) + \alpha(c_1) = \beta(c_P) \tag{3.20}$$

という反応が起こる．この反応は，凝固過程で液相と初晶 α が反応して，初晶 α を包むように β が生成するので**包晶反応**(peritectic reaction)[23]とよばれる．図 3.22(d)で水平線 $c_1 c_P c_2$ を包晶線という．包晶反応も自由度 $f=0$ である．包晶反応は固相 β により互いに隔てられた液相と固相 α の反応であるため十分な拡散時間が必要であり，反応の完結には長時間を要する．

3.6 状態図と組織の関係

状態図からは，相の変化だけでなく各相間の量的な関係も知ることができる．しかし，状態図は各相の存在形態(組織)に関しては直接何もいっていない．ここに顕微鏡などを用いた組織観察の大切さがある．以下，溶融状態から十分にゆっくり冷却した場合に，冷却中に起こる組織変化について説明する．

---

[23] peri-周辺(ギリシャ語)．

3.6.1 全率固溶系

全率固溶系合金の凝固過程における組織変化を図 3.23 に示す。いま，組成 x の合金を溶融状態(温度 T_0)から徐冷する場合を考える。温度が T_1 に達すると固相が出始める。凝固によって液体から固体の結晶が出てくる過程を**晶出** (crystallization)という。温度が下がるにしたがい液相は**液相線**(liquidus) l_1, l_2, l_3 に沿って組成を変え，一方，固相は**固相線**(solidus) s_1, s_2, s_3 に沿って組成を変える。このように初めに晶出した固相とあとで晶出した固相では組成が異なる。しかし，十分徐冷すれば，次々に晶出する固相の間で拡散が起こり組成は平均化される。温度 T_2 において平衡する液相(組成 l_2)と固相(組成 s_2)

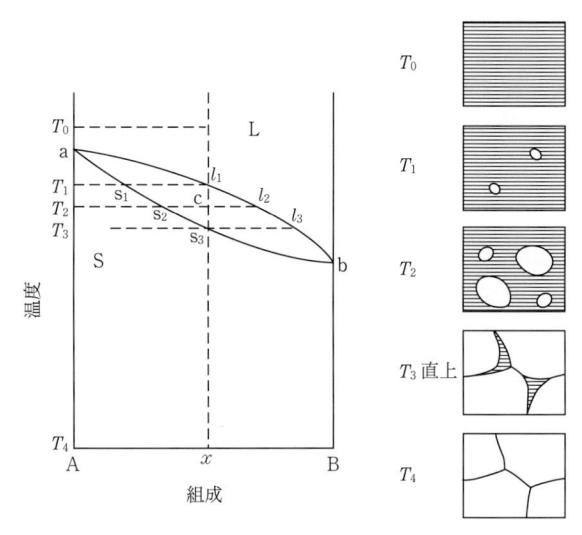

図 3.23 全率固溶系合金の冷却過程における組織変化

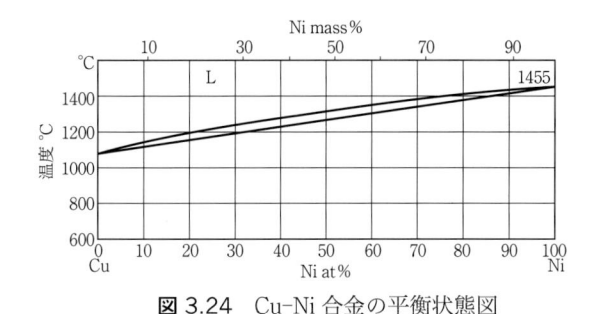

図 3.24 Cu-Ni 合金の平衡状態図

3.6 状態図と組織の関係

の量の比を求めると,「てこの関係」より,

$$液相の量:固相の量=(線分 s_2c):(線分 cl_2)$$

である。このように全率固溶系といえども,凝固途中では濃度は不均一となる。温度 T_3 に達すると液相が消滅して全部固相になる。このときの合金組成は溶融金属の組成 x に等しい。これ以下の温度では変化は起こらない。室温で組織観察を行うと粒界が観察されるだけである。一例として,図3.24にCu-Ni合金[24]の状態図を示す。

状態図中の相変化を示す曲線あるいは直線によって区切られた各領域では,その組成の合金が単一相(固溶体あるいは溶液)として存在するか,「てこの原理」に従う量関係を維持した2相に分離しているか？そのどちらかの状態になっている。

3.6.2 共晶系

図3.25において,四つの組成の共晶系合金を冷却した場合の組織変化を考える。

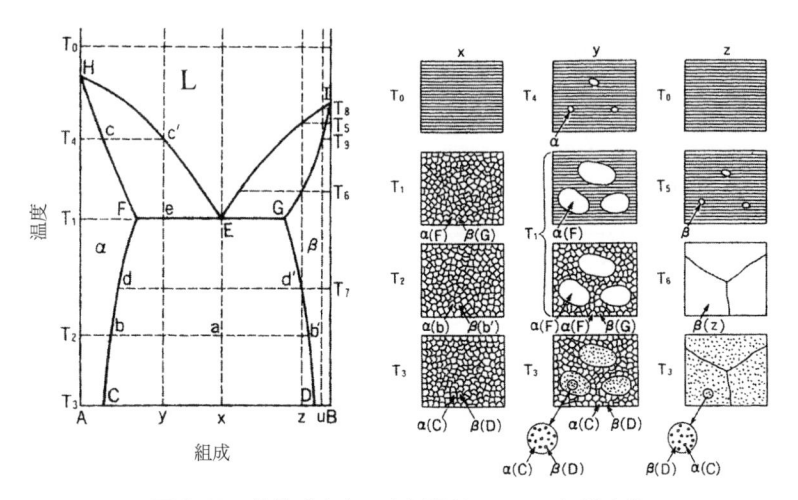

図3.25 共晶系合金の冷却過程における組織変化

---

[24] 75% Cu-25% Ni 合金は白銅(cupronickel)とよばれ硬貨(500円,100円,50円)の素材となっている。

（1） 組成 x の合金

温度 T_0 の溶融状態から温度が下がって共晶温度 T_1 に達すると，組成 E の液相は組成 F の α 相と組成 G の β 相と平衡関係になる。

$$\text{液相(E)} = \alpha \text{相(F)} + \beta \text{相(G)} \tag{3.21}$$

凝固の結果生成する組織を共晶（eutectic）という。α 相と β 相は同時に晶出するので，それぞれの結晶は非常に微細になる。凝固が完了してさらに温度が下がると，各温度で平衡関係をみたすべく，α 相と β 相の間でAおよびB原子の拡散が起こる。

（2） 組成 y の合金

この場合，温度が T_4 に達すると組成 c の α 相を晶出し始める。共晶系や包

☕ 共晶を利用した寒冷地での融雪塩 🍰

共晶は融点が低いため，古来，人類は共晶を巧みに利用してきた。**はんだ**は Pb-Sn 合金（図 3.26）で，その共晶温度は 183℃ であり，液状でもペースト状（固相＋液相）でも使える。**鋳鋼**は融点が高く（約 1,500℃）製造しにくいが，共晶組成（C≒4%）の**鋳鉄**の融点は約 1,150℃ で鋳造が容易である。**鉄鉱石**には SiO_2 や Al_2O_3 などの不純物が含まれ，それらの融点は SiO_2 が 1,730℃，Al_2O_3 が 2,050℃ と高い。**高炉**（溶鉱炉）では，これに適量の石灰石（CaO）を加え融点を約 1,400℃ に下げ溶融スラグの形で除去している。ちなみに CaO の融点は著しく高く 2,570℃ である。寒冷地では自動車のスリップ事故を防止するため道路に**融雪塩**が撒かれる。H_2O-NaCl 系の共晶温度は約 −21℃，H_2O-$CaCl_2$ 系の共晶温度は約 −51℃ であるため，後者の方がより寒冷地向きと言える。

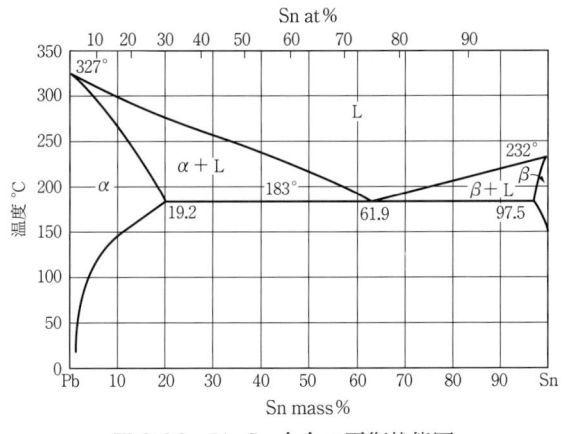

図 3.26 Pb-Sn 合金の平衡状態図

晶系で最初に晶出した固溶体(この場合は α 相)を初晶(primary crystal)という。T_4 から T_1 までは全率固溶系の場合と同じである。共晶温度 T_1 に到達した直後の固相と液相の比は eE：Fe であるため未だ液相が残っている。この液相から α 相と β 相が同時に晶出する，すなわち，共晶ができる。組織観察を行うと，共晶は初晶 α の間を埋めるような形で晶出している。温度は液相が全部凝固するまで変わらない。T_1 より温度を下げて行くと，初晶，共晶を問わず α 相は固溶限(solubility limit)曲線 FC，β 相は GD に沿って組成が変化する。初晶である α 相の B 濃度は T_1 では F であるが，温度降下にともない固溶限曲線 FC に沿って低下する。吐き出された B 原子は α 相内に微細な β 相を生成する。このように，温度低下により過飽和状態となった固相内に別の新しい固相が生成する過程を**析出**(precipitation)という。

(3) 組成 z の合金

この場合は，温度 T_5 で β 相の晶出が始まり T_6 で全部 β 相となる。この間の変化は全率固溶系の場合と変わらない。温度がさらに下がり T_7 になると β 相の固溶限曲線 GD にぶつかり，β 相内に微細な α 相が析出してくる。

(4) 組成 u の合金

この合金は，共晶系ではあるが固体状態で一部分溶け合う場合に該当する。したがって，全率固溶系と同じく凝固完了後は β 相のみの単相組織となる。

3.6.3　包晶系

図 3.27 において，四つの組成の包晶系合金を冷却する場合の組織変化を考えてみる。

(1) 組成 x の合金

溶融状態から温度 T_1 に達すると，初晶(α 相)が晶出し始める。そして，T_2 に達する直前までは全率固溶系の場合と同じである。T_2 に達したとき存在するのは液相(組成 F)と α 相(組成 E)で，その量の比は EP：PF である。包晶温度 T_2 では，次の包晶反応が起こる。

$$液相(組成 F) + \alpha 相(組成 E) = \beta 相(組成 P)$$

この反応は α 相が周囲の液相と接している面から始まり，反応生成物である β 相は α 相を包むように成長する。これが包晶という名称の由来で，P 点を包晶点という。凝固完了とともに温度は低下し $\alpha + \beta$ 共存領域に入るが，これは，温度降下とともに新生 β 相中に α 相が微細に析出する形態をとる。温度

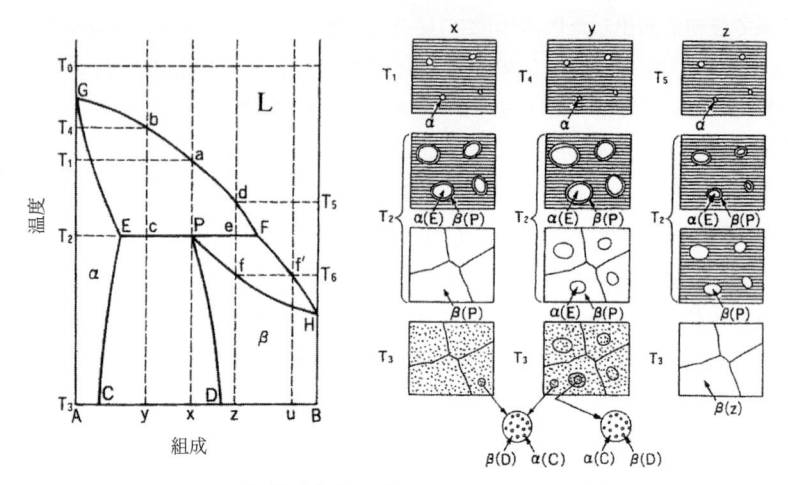

図3.27 包晶系合金の冷却過程における組織変化

T_3 では α 相と β 相の組成はそれぞれ C および D, 量比は $xD:Cx$ となるが, 顕微鏡下では β 相とその中に微細析出した α 相を見ることになる。

（2） 組成 y の合金

温度 T_4 で α 相が晶出し始め, 温度 T_2 に達するまでは上記組成 x の場合と同じである。温度 T_2 で包晶反応が起こるが, このとき存在する液相は上記の組成 x の場合より少ない。このため, 包晶反応により液相が消費しつくされてもなお α 相が残ることになる。すなわち包晶反応完了後は α 相（組成 E）を芯とし, そのまわりを β 相（組成 P）が取り囲んだ組織となる。包晶温度以下では α＋β 共存領域となり, 温度低下とともに平衡関係をみたすべく α 相中に β 相が, また, β 相中に α 相が析出する。たとえば温度 T_3 では, β 相（組成 D）の中には微細な α 相析出物（組成 C）が, また, 初晶（α 相, 組成 C）のなかには微細な β 相析出物（組成 D）が観察されるようになる。

（3） 組成 z の合金

温度 T_5 に達すると, 初晶の α 相が晶出し始める。さらに温度 T_2 で包晶反応が起こるが, 上記組成 x の場合に比べ液相の方が多い。したがって包晶反応で α 相（組成 E）が全部消費しつくされてもなお液相（組成 F）が残ることになる。包晶温度以下では全率固溶系の場合と同じであり, 液相は液相線 Ff′ に沿って, また, 固相は固相線 Pf に沿って組成を変えながら液相から β 相の晶出が続く。温度 T_6 で凝固が完了し, それ以下では相変化はない。全部が組成 z

3.7 まとめ

の β 相となる。

(4) 組成 u の合金

　この組成の合金は包晶系ではあるが，β 相が比較的多くの A 原子を固溶するため全率固溶系と同じになる。したがって，凝固完了後の組織は β 相のみの単相組織となる。

3.6.4 共析および包析

　固相状態でも共晶や包晶と同様な相変化が起こるが，それぞれ**共析**（eutectoid）および**包析**（peritectoid）とよぶ。この場合，固相内の原子の拡散を要するため完了に時間がかかる。Fe-C 系状態図にあらわれる共析反応は鉄鋼材料を理解する上で重要である。

3.6.5 金属間化合物が出現する場合の状態図

　状態図は金属 A と金属 B の間で作成されるとは限らない。A-B 間の結合エネルギーが大きい場合，A と B の中間に一定組成（A_mB_n の形で表される[25]）の金属間化合物[26]の出現することが多い。このような場合は金属間化合物 A_mB_n を一つの金属とみなし，A-A_mB_n 系状態図を考えればよい。鉄鋼材料では鉄-炭素系（Fe-C 系）平衡状態図は鋳鉄以外では使われず，鉄-セメンタイト系（Fe-Fe_3C）準平衡状態図を用いる。

3.7 まとめ

1. 金属材料は塑性変形能が大きく破壊しにくいため，機械材料として大量に使用されている。その塑性変形能は，結晶の原子結合様式，原子配列，結晶構造に依存する。材料の性質の解明は，顕微鏡組織，化学組成，結晶構造を調べることから始められる。機械的性質は，引張試験，曲げ試験，衝撃試験，疲労試験などにより調べられる。
2. 金属の代表的な結晶構造として，面心立方格子 fcc，体心立方格子 bcc，および六方最密格子 hcp がある。このうち fcc と hcp は最密構造になっ

---

[25] m, n は整数。
[26] 中間相ともいう。

ている.結晶面および結晶内の方向はミラー指数によって表される.

3. 金属に外力を加えて塑性変形させると,一般に最大原子面ですべりが生じ,最短の格子ベクトル方向がすべり方向となる.すべり面とすべり方向の組み合わせをすべり系という.金属に外力を加えると,まずフックの法則が成りたつ弾性変形を起こす.外力がある限界(降伏点)を超えると結晶内の原子が相対的にすべりを起こして塑性変形を生じる.

4. 一般に,結晶内の原子配列には転位と呼ばれる線上の乱れが内包されている.転位の運動により,金属は理想強度の数千分の一の外力で変形する.転位には刃状転位とらせん転位があり,それらが組み合わさった混合転位の状態をとる場合もある.1原子間分のすべりを生じさせるのに必要な距離と方向を示すベクトルを,バーガースベクトルとよぶ.単位体積中に存在する転位の全長を,転位密度という.

5. 転位の運動を阻害することにより,金属は強化される.強化の手段として,結晶粒の微細化,固溶強化,析出強化(分散強化),加工硬化があげられる.強靭な材料を得るには,微量の第2相を微細に分散させることが効果的である.

6. 固体金属中でも,結晶内原子は拡散現象により移動する.置換型固溶原子は一般に空孔を媒体とする空孔拡散により,また侵入型原子は結晶格子間隙を移動する格子拡散による.拡散現象はFickの第一法則および第二法則によって記述され,拡散流量は濃度勾配に比例し,濃度の時間変化は濃度勾配の微分に比例する.この比例係数は拡散係数と呼ばれる.

7. 金属(合金)は温度と圧力により相(固相・液相・気相)が変化する.温度,組成,相の関係を示したものが相平衡状態図(状態図)である.状態図には,全率固溶型,共晶型,包晶型などがある.金属間化合物を作る系は,化合物組成を区切りとした上記の型の組み合わせと見なすことができる.状態図は熱分析により実験的に求められてきたが,熱力学データがあれば自由エネルギーの計算から求めることもできる.

8. 状態図中,ある温度で2相に分離している領域では,横軸に平行な直線とその領域を示す曲線との左右2つの交点の組成をもつ合金の量の間に,平均組成の位置を支点とした「てこの原理」が適用できる.状態図中の相変化を示す曲線あるいは直線によって区切られた各領域では,その組成の合金が単一相として存在するか,「てこの原理」に従う量関係を維持した2

演習問題   63

相に分離しているか？そのどちらかの状態になっている。

参 考 書

1) 幸田成康：金属物理学序論，コロナ社(1996)
2) 須藤一：機械材料学，コロナ社(1999)
3) 橋口隆吉編：金属学ハンドブック，朝倉書店(1958)
4) 日本金属学会編：金属便覧，金属データブック，新版転位論，丸善
5) 日本表面学会編：表面分析図鑑，共立出版(1994)
6) 中江秀雄：状態図と組織，八千代出版(2001)
7) 中江秀雄：結晶成長と凝固，アグネ承風社(2002)
8) 高木節雄・津崎兼彰：材料組織学，朝倉書店(2003)
9) 田中良平：極限に挑む金属材料，工業調査会(1982)
10) P. G. Shewmon : Transformations in Metals, McGraw- Hill (1969).
11) W. D. Callister, Jr : Materials Science and Engineering An Introduction 3-ed, John Wiley & Sons (1994).
12) M. Ohring : Engineering Materials Science, Academic Press (1995).
13) 小原嗣朗：金属材料概論，朝倉書店(1991)
14) 阿部秀夫：金属組織学序論，コロナ社(1967)

演習問題

3.1 面心立方構造及び体心立方構造の原子充填率を求めよ。

3.2 fcc 構造の鉄原子の半径は $1.27\,\text{Å}$，bcc では $1.24\,\text{Å}$ である。両構造において侵入型元素の入り込む隙間を計算せよ。

3.3 立方晶において(326)面および [326] 方向を図示せよ。また，格子定数 a を用いて，面間距離 d を求めよ。

3.4 fcc 結晶のすべり系は $\{111\}\langle 110\rangle$，bcc 結晶のすべり系は $\{110\}\langle 111\rangle$ である。これらをすべて図示せよ。

3.5 面心立方格子の Al 単結晶を [001] 方向に σ_0 で引っ張ったとき，分解せん断応力 τ を計算せよ。ただし，すべり面は(111)，その方向は $[\bar{1}01]$ とする。

3.6 金属が強化(軟化)される理由を下記の3つのケースについて「転位」の語句を使用して説明せよ。① 純金属に他の元素が加わると強化される。② 金属をハンマーで叩くと次第に硬くなる。③ 金属を焼鈍すると軟化する。

3.7 ある金属の結晶粒径と降伏応力 σ は $20\,\mu\text{m} \rightarrow 95\,\text{MPa}$，$130\,\mu\text{m} \rightarrow 25\,\text{MPa}$ であった。95 MPa の強度を2倍にするには粒径を何倍にしたらよいか。

3.8 つぎのキーワードを使用して，金属の加工硬化について説明せよ。① 転位 ② 応力-ひずみ線図 ③ 冷間加工 ④ 延性

3.9 金属の強化機構を分類してそれぞれの特徴を列挙せよ。

4

鉄鋼材料 I：鉄鋼基礎

4.1 鉄鋼材料の製造法：鉄と鋼およびその違い

4.1.1 鉄鋼製造工程

　鉄は原料(鉄鉱石)が豊富で偏在せずその還元も容易であること，炭素量や熱処理により多様な機械的性質が得られることから，有史以来人類にとって身近かな金属であった。図4.1に日本の鉄鋼生産量の推移を示す。高度成長期に飛躍的に生産量が拡大した。その牽引力となったのが大量で高品質な鉄鋼を製造する技術の進歩である。鉄鋼材料の製造工程の概要を図4.2に示す。鉄鉱石から鉄鋼材料を製造する基本的な工程は，① 製銑：鉄鉱石を還元して**銑鉄**(pig iron)とする工程，② 製鋼：銑鉄中の余剰元素や不純物元素を酸化除去して溶けた鋼とする工程(化学成分を微調整し不純物を大幅に減らす二次精錬工程を含む)，③ 連続鋳造：溶けた鋼を連続的に凝固させ鋳片とする工程，④ 塑性

☕ **鉄の語源** ☕

　鉄の元素記号の起源はラテン語のFerrum(フェラム)であり，刀や切る道具を表す言葉である。ラテン語から転化したフランス語のFerも同じような意味で，ドイツ語のEisen，英語のIronも切断とか武器を表す言葉である。漢字の語源の「金」は「八」と「土」を合わせた形に，金属の粒を表す点を二つ付けて構成され「土中にある金属の粒」つまり鉱物を意味している。鉄は「金の王なる哉」といわれる「鐵」であるが，旁の部分「𢦏」は，栽，載，裁と同じように切断する意味を持っている。ちなみに「鋼」は訓読みで「はがね」，すなわち「刃金」である。鉄は世界中で同じ意味を持っていることは興味深い。

4.1 鉄鋼材料の製造法：鉄と鋼およびその違い

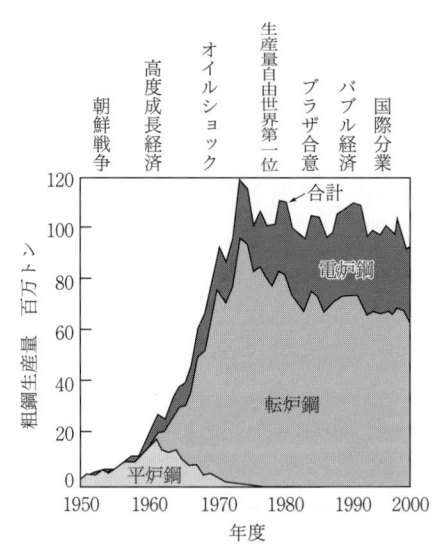

図 4.1 日本の鉄鋼生産量の推移

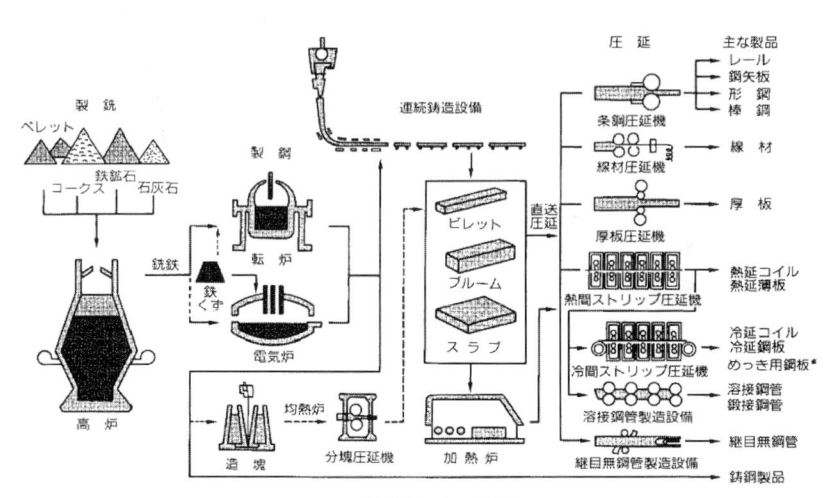

図 4.2 鉄鋼材料の製造工程
（日本鉄鋼連盟，鉄ができるまで）

加工：圧延，鍛造，引抜きなどにより目的の素形状にするとともに品質を改善する工程，などである。

4.1.2 銑鉄と高炉製造法

原始的な製鉄法が発展して現代の高炉製鉄法が成立する過程は，図 4.4 に示す Fe-C 系の**平衡状態図**(equilibrium diagram)があった方が理解しやすい。人間の背丈ほどの炉を築いて鉄鉱石（赤鉄鉱 Fe_2O_3，磁鉄鉱 Fe_3O_4）と木炭を交互に装入し，下部からふいごで風を吹き込みながら約 650℃ 以上に加熱すれば，木炭の燃焼により発生した一酸化炭素(CO)ガスにより，Fe_2O_3 や Fe_3O_4 は容易に Fe に還元される。炉から取り出されたスポンジ状の鉄塊には不純物が残るが，これを鍛造で絞り出せば立派な鉄ができあがる。炉内温度が低く A_3 点(910℃)以下であれば，還元された Fe はフェライト(α-Fe)で浸炭は生じな

☕ **アイアンブリッジ** 🍰

イギリス中部のコールブルックデールは産業革命揺籃の地とされている。ここを流れるセバーン河に架かる長さ 31 m のアーチ橋「アイアンブリッジ」(Iron Bridge)（図 4.3）は，文字通り鉄の橋で，鉄で作られた世界最初の構造物として世界遺産にも登録されている。橋は，コールブルックデール製鉄所を経営しコークス高炉の発明者であったダービー I 世(A. Darby I)の孫ダービー III 世により 1779 年建造された。当時，橋の材料には圧縮力が負荷されるよう設計され，素材は木材（圧縮強さ約 50 MPa）ないしは石材（圧縮強さ約 200 MPa）であったがアイアンブリッジはすべて鋳鉄（圧縮強さ約 500 MPa）で作られた。使用された鋳鉄は 378 t にのぼる。当時，鉄は新しい高強度材料であったため設計は手探りであった。その結果，橋は両岸からかかる背面圧力（土圧）と自重をバランスさせることができず，年月の経過とともにアーチ中央部がせり上がり尖頭アーチ型を呈するようになった。鋳鉄部材の継ぎ手はすべて木工技法に従って製作され，ボルトやリベットは 1 本も使われていない。今までセバーン河は何度となく洪水を繰返したがアイアンブリッジは健在で現在なお使用され世界遺産にもなっている。

Iron Bridge（1779） (2004)

図 4.3 アイアンブリッジ。鋳鉄で作られた橋：ボルトやリベットは 1 本も使われていない

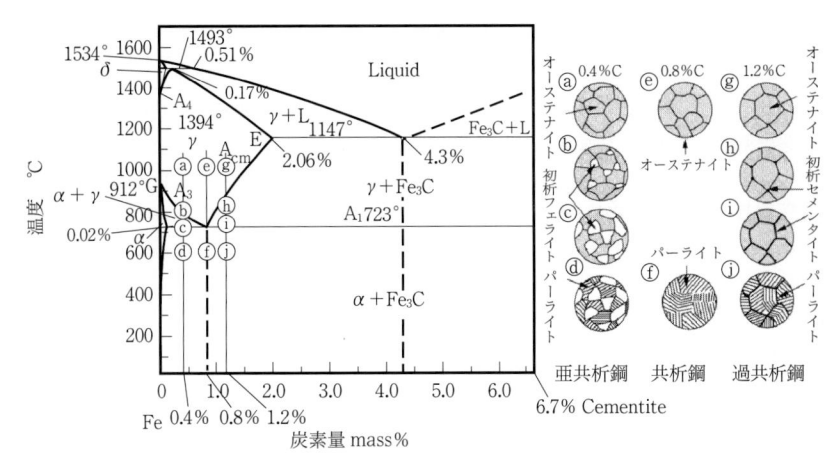

4.1 鉄鋼材料の製造法：鉄と鋼およびその違い

図 4.4 Fe-Fe$_3$C 系平衡状態図
(機械材料学，日本材料学会，2000, p.215)

い。しかし，A$_3$ 点を超えると，還元された Fe（オーステナイト，γ-Fe）はフェライトと異なり C を最大約 2.1 mass% まで固溶できるため，CO ガスと反応し浸炭が生じる。浸炭の進行により鉄の融点は低下する。炉内温度が 1,147℃ を超えた場合には固液共存状態が出現する。固相は C を 1.2～2.1 mass% 含むオーステナイト，液相は C を 3～4 mass% 含有する溶融鋳鉄である。状態図の中に 0.4, 0.8, 1.2 mass% C の各温度におけるミクロ組織のスケッチを示しておく。炉から取り出された鋳鉄や高炭素鉄（すなわち鋼）は別の炉（精錬炉）に移し，木炭で加熱しながら空気を吹きつけて脱炭すれば，① C = 0.7～1.0 mass% の鍛造可能な高炭素鉄，あるいは，② C ≒ 0.1 mass% の鍛造が容易な鍛鉄に変わる。このような製鉄法は 5 千年以上も前から世界各地で行われていた。日本刀の素材を作るたたら製鉄法もその一つである[1]。

時代が下るにつれて生産性を向上させるために炉高は徐々に高くなり，水車駆動のふいごによる強力な送風がなされるようになった。その結果，炉温はま

---

[1] 成分の含有率を表す単位としては，質量% = mass%，原子% = atomic%（at%），体積% = volume%（vol%）等がある。mass% は，従前は重量% = weight%（wt%）で表していたが，宇宙時代を迎え，無重力下でも正確に表記できるよう mass% に改められた。本書では，表記の簡単さのため，以下単に % としたが，実際には圧倒的に mass% の意味で使用されている。しかし，一部では at% や vol% が使われているので，それらとの区別に注意していただきたい。

ダマスカスの剣

　ダマスカス鋼（Damascus Steel）に使用される坩堝（るつぼ）鋼は19世紀後半に転炉法や平炉法が出現するまで，武器，刃物，工具など特殊用途にのみ使われる高炭素鋼を意味し，生産量も少なく貴重品であった。1個の坩堝で製造できる鋼は最大でも30 kgと生産性は著しく低い。坩堝鋼はいったん溶融状態を経るため均質であり，また，原料（鍛鉄）中の夾雑物が浮上分離しているため清浄度が高い。鍛鉄（低炭素鋼）とC≒1％の坩堝鋼（高炭素鋼）を鍛造圧接してから，ねじり加工を加えると多様な模様（ダマスカス模様）が誕生する。十字軍の騎士があこがれた「ダマスカスの剣」（口絵2）はインドの坩堝鋼（ウーツ鋼）を鍛えたものであり，すでに紀元前後から名声をはせていた。

すます上昇し鉄はすべて溶融状態の鋳鉄，不純物はすべて溶融スラグとして取り出されるようになった。これが，**高炉**(blast furnace)でヨーロッパでは15世紀頃ライン河流域の森林地帯に出現した。現代の高炉の原型である。しかし，高炉は大量の木炭を消費するため，どこも深刻な木炭不足に陥った。1709年，ダービーⅠ世は，石炭を乾溜してコークスを製造し，これを高炉燃料とすることに成功した。アイアンブリッジはこのコークスを燃料として作られた。

　以後，高炉は生産性を上げるために大型化の一途をたどり，熱風送風，高圧操業，自動化など各種の操業技術が開発されたが，基本的なプロセスは300年前と変わらない。現在，最大級の高炉（銑鉄生産約10,000トン/日）は高さ約100 m，炉底直径約16 mである。鉄鉱石，コークスおよび石灰石を交互層状に炉頂から装入し，熱風炉で約1,300℃に加熱した空気を炉体下部の約40本の羽口（ノズル）から吹込む。熱風は炉内でコークスと反応しCOガスを発生し，これが炉内を上昇して降下中の**鉄鉱石**(iron ore)を加熱するとともに鉄鉱石から酸素を抜き去る，すなわち**還元反応**(reducing reaction)を行う。羽口付近の炉内温度は2,000℃を超えるが炉頂のガス温度は200℃以下である。還元反応を促進させるために炉内は約3気圧に加圧されている。

　還元されたFeの温度は炉内を降下するにつれて上昇し，やがてオーステナイトに変態する。浸炭による融点低下と溶融，溶融後のさらなるC吸収が続き3～4％のCを含む溶融した**銑鉄**(pig iron)すなわち溶銑として炉の底（湯溜り）に停留する。溶銑（約1,400℃）は出銑口より重力を利用して炉外に取り出され，溶融状態のままつぎの**精錬**(refining)工程に移される。

　鉄鉱石は地殻成分であるけい石（SiO_2）やアルミナ（Al_2O_3）を脈石として数％

4.1 鉄鋼材料の製造法：鉄と鋼およびその違い

含んでいる．これらは溶媒と反応して低融点化した酸化物になる．これを**スラグ**(slag)という．不純物の融点はそれぞれ1,730℃，2,050℃と高いため炉内に固体状態で蓄積し高炉操業を不可能にするが，鉄鉱石とともに装入された**溶媒**(flux)の石灰石($CaCO_3$)は950℃以上でCaO(融点2,570℃)に分解し，炉底付近の高温域でSiO_2およびAl_2O_3と共にSiO_2-CaO-Al_2O_3系スラグを形成する．SiO_2-CaO-Al_2O_3三元系平衡状態図によると，各成分は単体としては高融点であるが共晶点は比較的低く約1,200℃である．したがって，脈石含有率に応じて適量の石灰石を加えれば，脈石を共晶点組成に近い低融点スラグとして炉外に取出せるわけである．炉床では，比重差のため溶銑上に溶融スラグが溜まる．スラグは溶銑とともに定期的に重力を利用して炉外に取り出される．

以上のように，高炉は炉の上部から固体状態の原料を連続的に装入し，重力により下部から液体状態の製品を連続的に取り出す巨大な反応容器と言える．一方，20世紀に入り鉄鉱石を還元して鉄をつくり，これを電気炉などで溶解し銑鉄または溶鋼をつくる直接製鉄法が出現した．しかし高炉は高い生産効率およびエネルギー効率のため，その挑戦をしりぞけ依然として銑鉄製造プロセスの主役をつとめている．

4.1.3 鋼の製造：錬鉄時代

鋳鉄は引張応力には極めて弱い(6.3節参照)．特に1830年頃から鉄道が普及し，蒸気機関車が高速で通過するにともない鋳鉄橋の落橋事故があいついだ．このため，鉄道橋には**パドル法**(puddling process)で製造された錬鉄が用いられた．パドル法は，1783年コート(H. Cort，英)が発明した錬鉄の量産プロセスで，産業革命期の約100年間，製鉄法の主役であった．約200 kgの鋳鉄を一種の反射炉(パドル炉)に入れ石炭の燃焼炎で加熱すると，溶融状態からやがて固液共存状態に入り，これを攪拌するとほとんど純鉄にまで脱炭する．精錬終了後，圧延機にかけて夾雑物(主にファヤライト$2FeO \cdot SiO_2$)を絞り出す．これを**錬鉄**(wrought iron)と称し，溶融状態で精錬された鉄でないため不純物は約2%にも達するが，CやSiをほとんど固溶しないフェライトであるため延性や鍛接性が高い．しかし，引張強さは約300 MPaと現在の橋梁材料に比べて約30%低い．

> ### ロイヤルアルバート鉄道橋
>
> 鋼の時代に入る直前の1859年，イギリス南西部プリマスに錬鉄パイプを主要部材とする吊橋とアーチ橋を重ね合わせたようなレンズ状の鉄道橋が完成した（図4.5）。橋は，開通式に臨席したヴィクトリア女王の夫君アルバート公に因んでロイヤルアルバート鉄道橋（Royal Albert Bridge）と命名された。設計者はテルフォード，スチブンソンと並んで"Victorian engineering"を代表する土木・建築技術者ブルネル（I. K. Brunel，英）である。巨大なアーチは，断面が長径5.1 m，短径3.7 mの楕円で，縦3 m×横0.6 m×厚さ13～16 mmの錬鉄板をリベット打ちして成形された。吊構造には，細長い錬鉄板（縦6 m×横180 mm×厚さ25 mm）を14枚束ねて鎖状に繋ぎ合わせたアイバーチェーンが用いられた。スパン139 m，2スパンの巨大な橋は，今なお幹線鉄道を通す現役の橋である。
>
> **図4.5** ロイヤルアルバート鉄道橋．Royal Albert Bridge（1859）：リベット構造 139 m スパン×2
> (J. Falconer: What's left Brunel, Dial House 社)

4.1.4 鋼の製造：転炉・平炉製鋼法

1856年，ベッセマー（H. Bessemer，英）は，溶銑に空気を吹き込むだけで溶融状態の鍛鉄が得られる画期的方法を発明した。これが**転炉**（converter）製鋼法である（図4.6）。溶銑を入れた炉（転炉）の底から空気を吹込むことにより銑鉄中のCとSiは約20 minで酸化除去された。酸化熱により溶銑温度は急上昇し，外部から加熱することなく純鉄の融点（1,534℃）を超える約1,600℃という高温が得られた。その結果，Cを0.1～0.5%程度含む錬鉄ではない「新しい鉄」が誕生した。新しい鉄は錬鉄や鋳鉄より高い強度と延性を兼ね備えていることから「鋼」とよばれた。以降，鉄は，現在われわれが使い分けているように，**鋳鉄**（cast iron）と**鋼**（steel）の二つに分類されるようになった。

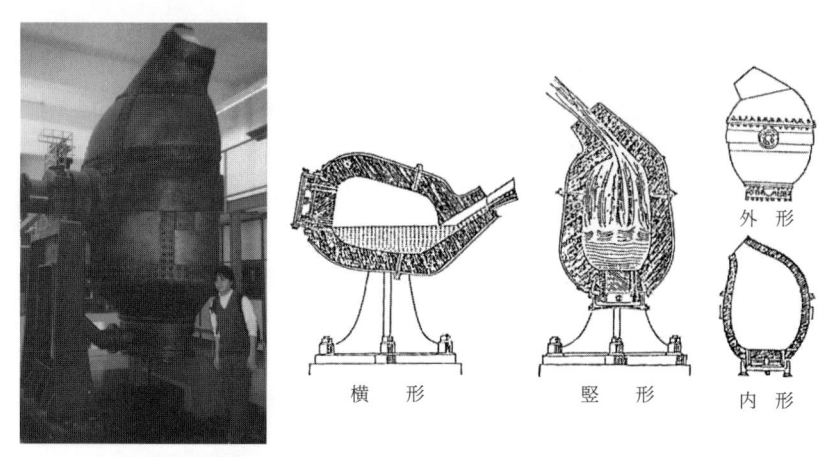

4.1 鉄鋼材料の製造法：鉄と鋼およびその違い

図 4.6 ベッセマー転炉
（久米邦武編：米欧回覧実記（二），岩波書店，2000，p.303）

横形　　竪形　　外形　内形

☕ フォース鉄道橋 ☕

1890年，エジンバラ（英）の北，フォース湾をまたぐフォース鉄道橋（Forth Bridge）が建設された（図4.7）。橋はスパン521m，2スパンのゲルバートラス橋で，約58,000トンの平炉鋼と約6,500,000本のリベットが使われた。フォース橋は鋼（引張強さ約460MPa）で作られた最初の大型構造物で，トラス橋としては現在なお世界第2位のスパンを誇る。圧縮部材には座屈強度が大きい円形断面が採用され，風荷重や温度変化も考慮された。100年後の今日も，幹線鉄道橋として一日に約200本の列車を通している。

図 4.7 フォース鉄道橋．Forth Bridge（1890）：スパン521m，平炉鋼5.8万トン，リベット650万本
（ふぇらむ，Vol.4，No.12，1999，p.810）

ベッセマーの発明から間もない1864年，シーメンス(W. Siemens，英)とマルチン(P. Martin，仏)は**平炉**(open hearth)製鋼法を発明した。彼らは，従来の反射炉(炉床上のアーチ形天井で熱線を反射させた構造の炉，reverberatory furnace)の燃料を固体燃料(石炭)から気体燃料(石炭分解ガス)に変え，さらに蓄熱室を設ければパドル法では得られなかった高温度が得られると考えた。そして，炉内の浅い皿状の溶解室に冷えた銑鉄やスクラップ(屑鉄)を装入し，蓄熱室で予熱した石炭分解ガスと空気を送り込んで燃焼させることにより，ベッセマー法と同等の高温を得ることに成功した。Cや不純物は溶鉄上に形成されたスラグ層を介して酸化除去されるため，精錬には10時間を超える長時間を要した。しかし，平炉法は，転炉法と比較すると，スクラップだけで精錬できること，成分調整が容易であること，また，鋼中のNが少ないなどの理由により，やがて転炉法を凌駕し19世紀末には製鋼法の主流となった。

4.1.5 現代の製鋼法

現代の製鋼法の主流は**純酸素転炉法**(basic oxygen furnace process)で，転炉法の高生産性と平炉法の高品質を引き継いだ製鋼法である。純酸素転炉法は1952年オーストリアのリンツ(Linz)およびドナヴィッツ(Donawitz)の二つの製鉄所で開発されたためLD法ともよばれる。図4.8に純酸素転炉法の二つの操業法を示す。塩基性耐火物を内張りした徳利型の炉体に150～350トンの溶銑(最大約20%のスクラップを含む)を入れ，上部のランスを通して超音速の酸素ジェットを溶銑上に吹き込む。また，これと平行して溶銑の攪拌を促進する目的で炉底から不活性ガスやCO_2ガスなどを吹き込む場合も多い。最初に，溶銑中のSi，Mnが酸化されて温度が急上昇し，引き続き脱炭および不純物の

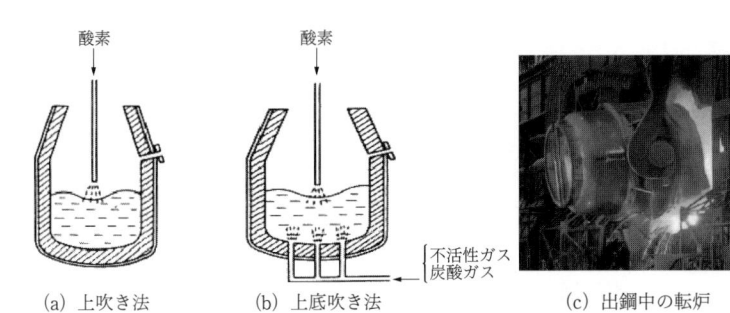

(a) 上吹き法　　(b) 上底吹き法　　(c) 出鋼中の転炉

図4.8　現代の転炉製鋼法（住友金属工業(株)）

4.1 鉄鋼材料の製造法：鉄と鋼およびその違い

酸化除去が進行する。精錬終了に要する時間は短く 20〜25 分である。

精錬終了後の溶鋼には酸素が多量に溶け込んでいる。そこで，溶鋼を転炉から取鍋に移して Al, Si, Mn などを加え，酸素を Al_2O_3, SiO_2, MnO あるいはこれらの複合酸化物として浮上分離させる。これを脱酸とよび，同時に合金鉄を加えて成分調整を行う。

転炉製鋼法と並ぶ現代の製鋼法に電炉製鋼法(図 4.9)がある。転炉製鋼法が溶銑を主原料とするのに対して，電炉製鋼法は鋼スクラップを原料とする。電炉すなわち電極と材料の間でアークを発生させる**電気アーク炉**(electric arc furnace)は，か

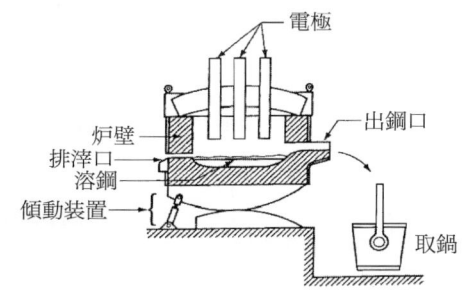

図 4.9 電気炉製鋼法

つては特殊鋼やステンレス鋼の製造にのみ用いられたが，現在はスクラップから普通鋼を量産する炉としてのウエイトが大きい。粗鋼生産量に占める電炉鋼比率は約 30% であり，この比率は増加しつつある。電炉は溶解が主であり，仕上げ精錬は，転炉の場合と同様，二次精錬で行う。

鋼材に要求される特性が細分化され，かつ厳しくなるにともない各種の**二次精錬**(secondary refining)技術が開発された。二次精錬は転炉精錬後に取鍋 (ladle)で行われることから**取鍋精錬**(ladle refining)ともよばれる。通常，二次精錬設備は加熱および攪拌装置を備え，フラックス(スラグ)組成を自由に制御できるようになっている。これにより，脱燐や脱硫，高清浄鋼の製造(脱酸生成物の除去)，成分の微調整が可能である。また，図 4.10 に示すような**真空脱ガス処理**(vacuum degassing process)を行える二次精錬設備では，極低炭素鋼($C \leq 0.005\%$)や低水素鋼の製造が可能である。二次精錬の登場により転炉は脱炭に専念するようになった。なお脱燐および脱硫は転炉装入前の溶銑でも行われている(溶銑予備処理)。

精錬終了後，図 4.12 示すように，溶鋼は水冷銅板製鋳型を連続的に通過することにより，長方形，正方形ないしは円形断面の鋳片に鋳造される。これを**連続鋳造法**(continuous casting process)という。

鋳片は再加熱されて熱い状態のまま熱間圧延され，さらに冷却後の冷間圧延や引抜き・鍛造などの工程を経たのち製品となる。最近は，単に加工成形する

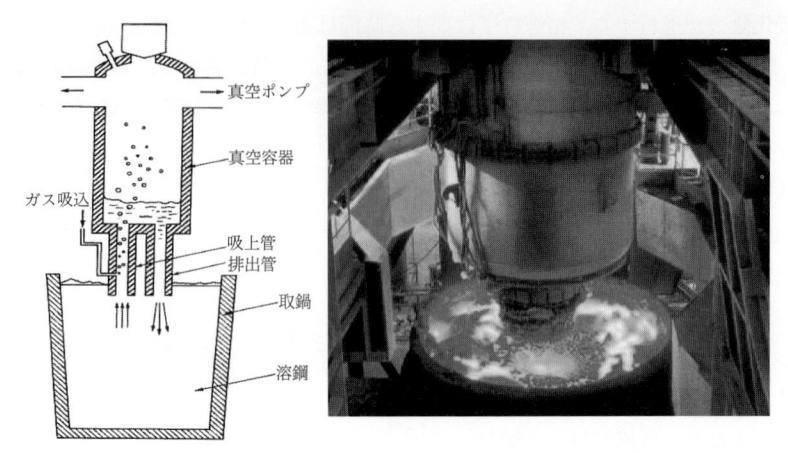

図 4.10 代表的な二次精錬法（RH 真空脱ガス法）（住友金属工業(株)）

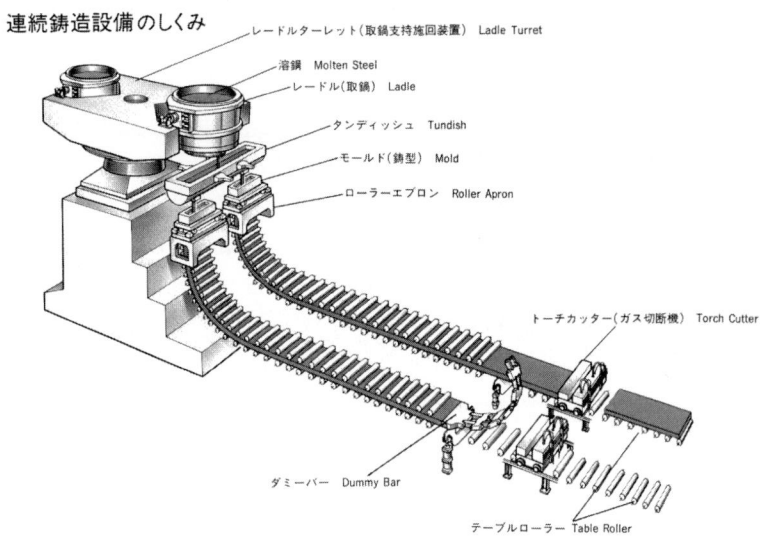

図 4.12 鋼の連続鋳造法（住友金属工業(株)）

だけでなく，材料品質の作り分けをする技術が盛んに開発されている．なお，ロール，シャフトなどの大型部品は連続鋳造せず鋳型に鋳造して**鋳塊（インゴット**，ingot）としたのち，熱間鍛造される．

4.2 鉄鋼の性質と熱処理：軟らかく，硬く

☕ 明石海峡大橋

図4.11(a)は1998年完成した明石海峡大橋で，橋塔高さ283m，中央支間1,991mの世界最長の吊橋である。吊橋は支間（スパン）が長くなるほど主ケーブルへの自重の負担は大になる。そのため，補剛トラス材料には橋梁用鋼材としては最高レベルの焼入焼戻し処理された80キロ級高張力鋼板（HBS G 3102のHT 80，厚さ30〜40mm）が多く使われた。これは低硫化（S≦0.002%）によりMnSを低減した結果，延性異方性がほとんど消滅しシャルピー衝撃特性も大幅に改善された。また，低燐化（P≦0.008%）により粒界破壊が抑制された結果，母材，溶接部ともに靱性が向上した。

また，主ケーブル材料には従来の160キロ級高炭素鋼線（ピアノ線）に代わって新たに開発された直径5mmの180キロ級高強度鋼線（同図(b)）が採用された。これを約37,000本束ねて直径約1mのケーブルとし両側合わせて2本のケーブルで橋を吊っている。

(a) 中央支間1991mの世界最長吊り橋 ↑

(b) 左右2本の主ケーブルは6角束290本で直径1m，長さ4kmとなる →

図4.11 世界最長の明石海峡大橋を支える180キロ級ワイヤ

4.2 鉄鋼の性質と熱処理：軟らかく，硬く

4.2.1 純鉄の性質

純鉄は元素記号Fe，原子番号26，原子量55.845，周期率表8族に属し，融点1535℃，沸点2750℃，密度7.874 g/cm^3（20℃）である。縦弾性係数は約210

GPaである。

工業材料としての鉄の純度は99.9%が限界であり，鉄の性質は不純物の存在が前提となっている。しかし，最近，実験室規模ではあるがさらに純度の高い超高純度鉄(99.9989%)が製造できるようになり，今まで不純物のヴェールにかくれていた鉄の素顔が次第に明らかにされつつある。それによれば，超高純度鉄の性質は従来の鉄のイメージとはかなり異なる。たとえば，フェライトの宿命ともいうべき低温脆性はほとんど消滅し，また，鉄や鉄合金の耐食性は著しく向上するといわれている。

4.2.2　鉄の塑性挙動

鉄のすべり方向は図4.13に示すように$\langle 111 \rangle$のみだが，すべり面は$\{110\}$，$\{211\}$，$\{321\}$と三つあるので，すべり系は全部で48存在する。鉄の加工性が高い理由は，このようにすべり系が多く，さらに，**交差すべり**(cross slip)が容易であるためである。しかし，**侵入型固溶原子**(interstitial atom)の固溶限が低いためにそれらによる転位の固着すなわち**コットレル雰囲気**(Cottrell atmosphere)の形成が起きやすく，これが鉄の塑性と強度に大きな影響をおよぼしている。

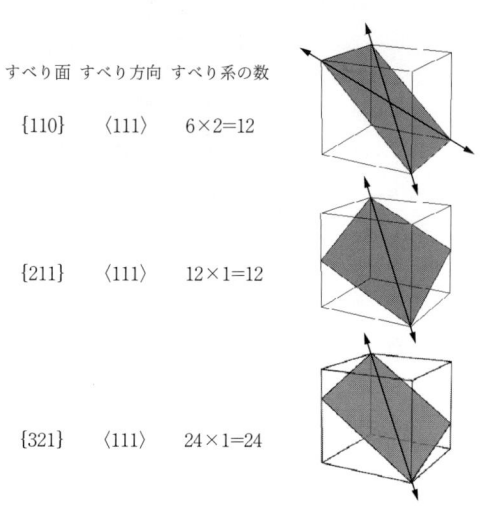

すべり面	すべり方向	すべり系の数
$\{110\}$	$\langle 111 \rangle$	$6 \times 2 = 12$
$\{211\}$	$\langle 111 \rangle$	$12 \times 1 = 12$
$\{321\}$	$\langle 111 \rangle$	$24 \times 1 = 24$

図4.13　鉄のすべり系

4.2 鉄鋼の性質と熱処理：軟らかく，硬く

4.2.3 鉄の降伏現象

　金属材料の引張試験では，bcc 金属(低炭素鋼)と fcc 金属(アルミニウム)で対照的な応力-ひずみ曲線が得られる(図 2.1 参照)。低炭素鋼の降伏応力は上降伏応力と下降伏応力に分かれ，いずれの降伏応力も試験(ひずみ)速度に依存し，高速ほど降伏応力は高くなる。また，低炭素鋼の降伏は試験片全体に一様に起こるのではなく，図 4.14 に示すように，試験片の一部(円孔の応力集中箇所)から始まった塑性変形領域が，次第に試験片全体に拡大するモードで進行する。この塑性変形領域を**リューダース帯**(Lüders band)とよぶ。不均一なリューダース帯の発生は，塑性加工時にストレッチャーストレインを発生させ，製品の外観を損う。

　以下，bcc 金属の降伏機構について考えてみる。試験片のせん断ひずみ速度 $d\gamma/dt$ は可動転位密度 N と転位の平均移動速度 v により式(4.1)で表される。

$$d\gamma/dt = \phi N b v \qquad (4.1)$$

ここで，ϕ は結晶方位因子で 1/2 程度の定数，b はバーガースベクトルである。また，転位速度は応力に依存し，これは式(4.2)で表される。

$$v = v_0(\tau/\tau_0)^m \qquad (4.2)$$

ここで，τ は転位にかかるせん断応力，m は応力指数，v_0 および τ_0 は定数である。m は結晶構造によって変わり，bcc 金属では比較的小さい(10〜40)。

　ある一定速度で低炭素鋼の引張試験を行った場合，転位がコットレル雰囲気

σ(平均応力)/σ_Y(降伏応力)=0.604　　σ/σ_Y=0.731　　σ/σ_Y=0.815

(a) 引張試験で観察される軟鋼のリューダース帯（すべり変形領域）↑

(b) 塑性加工を受けた鋼板の表面に発生するストレッチャーストレイン模様 →

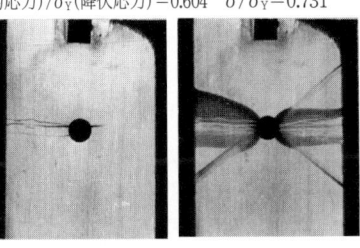

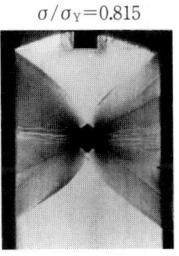

図 4.14　リューダース帯とストレッチャーストレイン

で固着され可動転位密度 N が低下($10^2 \sim 10^4/\mathrm{cm}^2$)していると，塑性変形が開始するには転位が高速で運動する必要があり，m の小さい Fe では大きな τ が必要となる．これが上降伏点である．やがて，応力集中箇所に存在する結晶粒で転位が動き出し，転位の増殖機構が働いて可動転位密度が急上昇すると v, τ ともに低下し，加工硬化と釣合ったところで τ は下げ止まる．これが下降伏点である(図2.1)．一方，粒界集積転位は隣接結晶粒の転位源を活動させるために降伏領域はつぎつぎに拡大して行く．これはリューダース帯の伝播として観察される．リューダース帯が試験片全体を埋めつくした後は，fcc 金属のような一様な塑性変形が始まる．

4.2.4 ひずみ時効

引張試験を途中で止めて試験片を室温で数日置いた場合，コットレル雰囲気の形成により可動転位密度が低下し，応力―ひずみ曲線は再び図2.1(a)タイプとなり，最初の降伏点よりさらに高い降伏点があらわれる．これを**静的ひずみ時効**(static strain aging)という．また，侵入型固溶元素(CおよびN)の拡散速度が大きくなる 150〜450℃(高ひずみ速度ほど高温)で塑性変形を行うと，転位が発生してもただちに固溶CおよびNに固着されてしまい，変形を続けるためにはさらに新しい転位が発生し続けなければならなくなる．その結果，転位密度は室温で変形した場合より高くなり，延性や靱性は低下する．これを**動的ひずみ時効**(dynamic strain aging)という．鋼の表面に青色の薄い酸化皮膜ができるこの温度域での加工は，**青熱脆性**(blue brittleness)があらわれる

☕ **ストレッチャーストレイン** 🍰

低炭素鋼板をプレス成形して自動車のボディーなどを製作するさい，比較的軽度の絞り加工を受けた部分に発生するリューダース帯はストレッチャーストレイン(stretcher-strain)とよばれ，外観を損なうため問題となる(図4.14(b))．防止対策として焼なまし後の鋼板にスキンパス(調質)圧延により約1％の塑性ひずみを与え，リューダース帯の発生場所を細かく一様に分散させることが行われている．しかし，スキンパス圧延後3ヶ月以上長期保管すると，後述するひずみ時効により再びストレッチャーストレインが発生する．すなわち鋼にも賞味期限がある．抜本的な防止対策は侵入型固溶原子(C, N)を減らすことであり，IF鋼(Interstitial Free)で代表される各種非時効鋼板が開発されている．

4.2 鉄鋼の性質と熱処理：軟らかく，硬く

として昔から避けられてきた。

　静的ひずみ時効の原理をうまく利用して，加工するときには柔らかく，製品になったら硬くなるといった夢のような材料が開発され，産業界に応用されている事例を図4.15に紹介する。鋼板は20 ppm程度の極微量の炭素原子を含む程度であれば，プレス成形時には柔らかく加工しやすい。自動車の製造ラインでは塗装後，塗料を固めるために，約170℃まで鋼板を加熱する。すると，炭素原子の動きが活発化し，転位に移動しこれを固着し（コットレル効果），もとの強さの25～30％硬化する。この高強度鋼板を**焼付け硬化性鋼板**（bake hard sheet steel）とよんでいる。

　bccはfccに比べて"粗"な構造である。すなわち，原子充填率はbccが68％であるのに対し稠密構造のfccは74％である。それにもかかわらず，侵入型原子（C, N）の固溶限は，オーステナイトに比べフェライト（bcc）では著しく低い。このことは不思議に思えるかもしれない。しかし，侵入型原子が入り込める格子間空隙の大きさを比較すれば理解できる。すなわち，格子間空隙を球に換算しその直径を計算すると，最大格子間空隙はbccが0.038 nmであるのに対してfccはその約3倍の0.104 nmであり，侵入型原子はfccの方が入りやすい。一方，侵入型原子の直径は，Cが0.16 nm，Nが0.14 nmと最大格

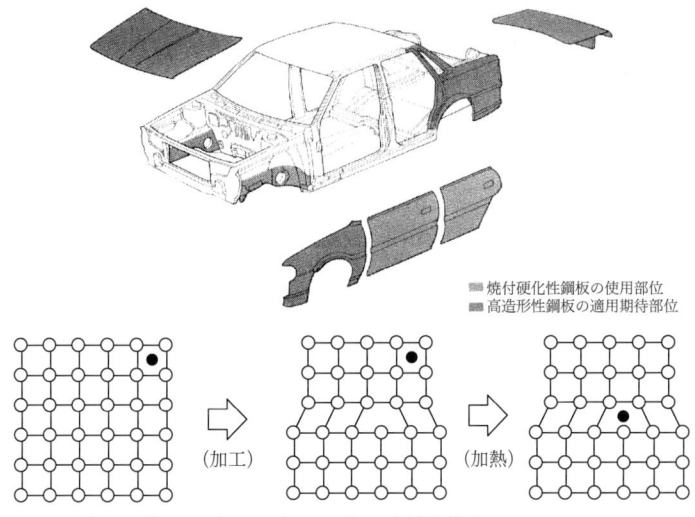

図4.15　ひずみ時効を利用した焼付け硬化性鋼板（住友金属工業(株)）

子間空隙よりかなり大きいため,侵入型原子の周囲には必然的に格子ひずみが発生する。これは特にフェライトの場合に著しく,コットレル雰囲気形成の駆動力になっている。

4.3 鉄鋼の熱処理:変態の秘密

4.3.1 Fe-C系平衡状態図

1897年,オースチン(R. Austen,英)は鋼の機械的性質が組織に依存すると考え,機械的性質を理論づけし,また,それを予測する目的でFe-C二元系状態図を作成した。彼は初めて共晶点と共析点の存在を明らかにした。3年後の1900年,ローゼボーム(B. Roozeboom,オランダ)は状態図を熱力学的平衡問題として扱い,ギブス(J. W. Gibbs,米)の相律を導入することにより現在のFe-C系平衡状態図の原型を完成した。

Fe-C系平衡状態図(図4.4)は,C量と温度を変えた場合の熱力学的に安定な相を示す。A_1は**共析温度**(eutectoid temperature),A_3はオーステナイト/フェライト変態点あるいは**オーステナイト**(austenite:Fe-C系平衡状態図を初めて作成したオースチンに因む)から**初析フェライト**(pro-eutectoid ferrite)が析出する温度である。オーステナイト相は面心立方fccの結晶構造を有し,非磁性で通常γという記号で表す。フェライト相とは炭素をわずかに固溶した体心立方構造bccのFe単相で通常αで表す。共析組成(0.8%C)の鋼を**共析鋼**(eutectoid steel),Cが共析組成以下の鋼を**亜共析鋼**(hypo-eutectoid steel),共析組成以上約2.1%までの高炭素鋼を**過共析鋼**(hyper-eutectoid steel)という。強度と靱性を兼ね備えることの必要な構造用鋼は,すべて亜共析鋼である。一方,硬さや耐摩耗性を重視する工具鋼などには過共析鋼が多く用いられる。図4.4に亜共析鋼(0.4%C),共析鋼(0.8%C),過共析鋼(1.2%)のミクロ組織図を示す。

室温での究極的な安定相は**フェライト**(ferrite)と**グラファイト**(graphite,黒鉛)である。しかし,CやSi濃度の高い鋳鉄,あるいは高温長時間加熱した鋼を除けばグラファイトが生成することはなく,Cは**準安定相**(metastable phase)である**セメンタイト**(cementite):Fe$_3$C(ラテン語で石材を意味するcaementumに由来する)として析出する。したがって,鋳鉄以外の一般的な鋼においては,実用的な見地から,Fe-C系平衡状態図に代ってFe-Fe$_3$C系の

4.3 鉄鋼の熱処理：変態の秘密

準安定平衡(metastable equilibrium)状態図が用いられる。グラファイト(C)とセメンタイト(Fe_3C)は全く異なる相である。グラファイトは六方晶系で柔らかくて脆いのに対し，セメンタイトは斜方晶系の結晶構造をもつ炭化物で$HV \fallingdotseq 2,000$ときわめて硬くて脆い。通常，セメンタイトは，共析反応生成物であるパーライト（フェライトとセメンタイトがサンドイッチ構造をとった組織）として存在する。

オーステナイトのC固溶限は比較的高く1,147℃(共晶温度)で約2.1%である。一方，フェライトはCをほとんど固溶せず，最大でも727℃(共析温度)で約0.02%，室温では0.0010%以下となる。オーステナイトとフェライトでC固溶限に大差があり，室温のフェライトが事実上Cを固溶しないということは熱処理や転位運動を考える上で重要である。

4.3.2 恒温変態線図（TTT線図）

1930年，USスチール社（米）のベイン(E. C. Bain)らは，A_1温度以下の溶融金属中に試料を急冷しその温度に保持する方法でオーステナイトの変態挙動を研究した。彼らは，温度を縦軸，変態の開始および終了に要する時間を横軸として変態挙動を図示した。これが**恒温変態線図**(isothermal transformation diagram)あるいは**TTT線図**(Time‐Temperature‐Transformation dia-

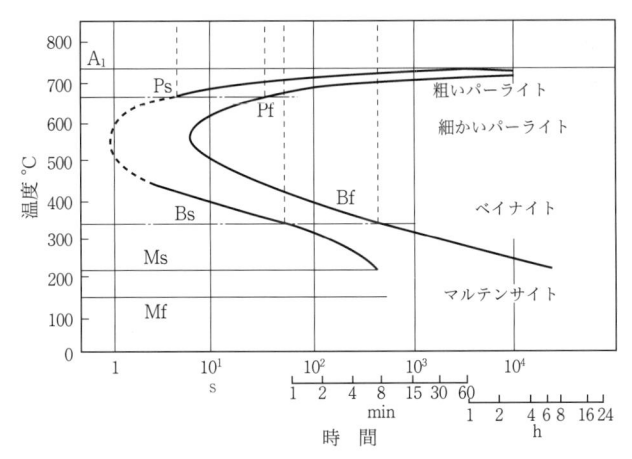

図 4.16　共析鋼の恒温変態線図（TTT線図）
(三島良直：ふぇらむ，No.5, 2000, p.304)

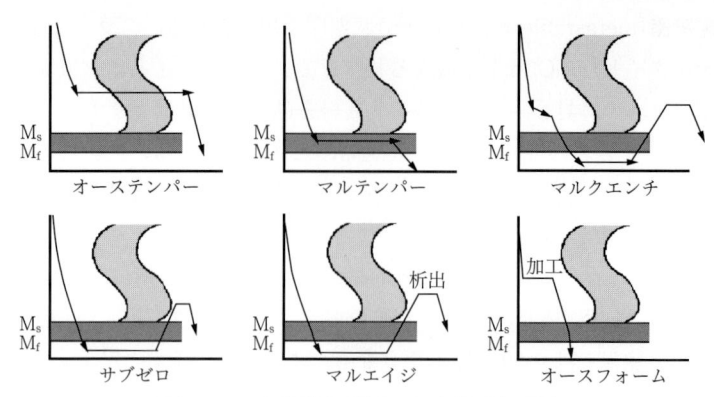

図 4.17 S 曲線を利用した各種熱処理法
(三島良績編：100万人の金属学(材料編)アグネ社)

gram)とよばれるもので，ベインらは変態開始線の形から，**S曲線**と名づけた．

図 4.16 に共析鋼の TTT 線図を示す．TTT 線図は，過冷却オーステナイトには三つの変態領域があることを示している．添字 s は変態開始，f は変態終了を示す．すなわち，パーライト変態，ベイナイト変態，およびマルテンサイト変態であり，その後の研究でこれら三つの機構は本質的に異なることがわかった．S曲線を利用した各種熱処理方法を図 4.17 に示す．

4.3.3 パーライト変態

パーライト(pearlite)はフェライトとセメンタイトが交互層状に配列した組織で，光学顕微鏡で観察すると，光の干渉で真珠色に見えることに由来する．二つの相がこのように配列する理由は，オーステナイトからフェライトとセメンタイトの二相が同時に析出する(共析)ことと関係がある．フェライトとセメンタイトでは平衡 C 濃度が大幅に異なるため，オーステナイト状態では均一に分布していた C が，変態にさいしてこれら二相に分配されねばならない．しかし，これには C の拡散時間が必要であるため拡散距離の短い**ラメラ構造**(lamellar structure)組織となる．そのため，高温ほど層間間隔(ラメラ間隔)は大きく，変態温度の低下とともに小さくなる．共析変態速度は 550℃ 付近で最大となるが，TTT 線図のこの部分を**ノーズ**(nose：鼻)とよぶ．図 4.18 に 575℃ で変態させた共析鋼のパーライト組織を示す．

4.3 鉄鋼の熱処理：変態の秘密

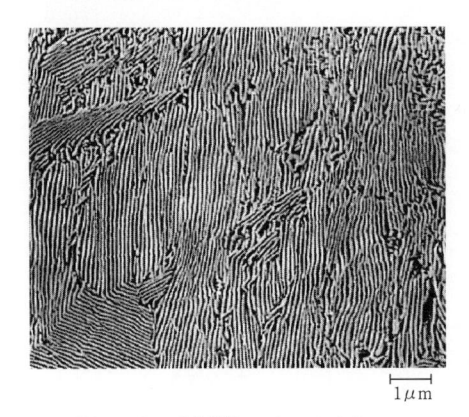

図4.18 共析鋼のパーライト
(走査型電子顕微鏡写真)

図4.19 パーライト発生メカニズム

パーライト変態はオーステナイト粒界から始まり(核発生)，オーステナイト粒内に向けて成長する。パーライト発生メカニズムを図4.19に示す。パーライト変態は**相変態**(phase transformation)の中でも原子が長距離動く必要がある変態であり，この種の変態を**拡散変態**(diffusional transformation)という。これに対して，原子の長距離移動がなく隣接原子が相互に連携をとりつつ結晶構造が変化する変態を**無拡散変態**(diffusionless transformation)という。後述するマルテンサイト変態は代表的な無拡散変態である。

4.3.4 ベイナイト変態

ノーズ温度以下では拡散速度が低下するため層状構造は形成されずベイナイト組織となる。この名称はTTT線図を作成しベイナイトの存在を明らかにしたベイン(米)に因んでいる。**ベイナイト**(bainite)は組織中のセメンタイトの形状により，約350℃を境に，上部ベイナイトと下部ベイナイトに分かれる。上部ベイナイトは棒状セメンタイトを有するパーライト(図4.20)に，下部ベイナイトは後述する焼戻しマルテンサイトに類似し，フェライトにセメンタイトが点状に析出した組織である。ベイナイトはいずれにせよ，フェライトとセメンタイトで構成されている。

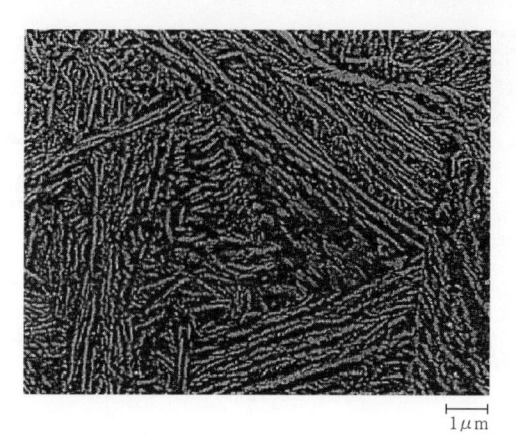

図 4.20　上部ベイナイト組織

4.3.5　マルテンサイト変態

（1）　マルテンサイトの生成──焼入れ

　オーステナイトの過冷却度がさらに大きくなると，低温のため拡散機構は働かず，図 4.21 に示すようにせん断機構で fcc から bcc に変態する無拡散変態となる．金属組織学の先駆者マルテンス(独)を記念して，これを**マルテンサイト変態**(martensite transformation)，変態により生成する相を**マルテンサイト**(martensite)という．図 4.22(a)(b)に示すように，C が 0.6% 以下ではラスマルテンサイト(a)，1.0% 以上では板状(レンズ状)マルテンサイト(b)，0.6～1.0% の間では両者の混合である．ラスマルテンサイトの内部は細かいラス(lath，薄板)が平行に並んでおり，その束を**パケット**(packet)という．旧オーステナイト粒は方位の異なるいくつかのパケットにより分割されている．

　ここで問題になるのは，オーステナイトに固溶されていた C の存在である．生成したフェライトは平衡状態では C をほとんど固溶しない．したがって，C

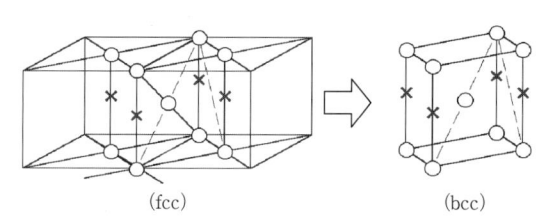

図 4.21　マルテンサイト変態（×：C 原子の侵入位置）

4.3 鉄鋼の熱処理：変態の秘密

(a) ラス状マルテンサイト　100μm　　(b) 板状マルテンサイト　20μm

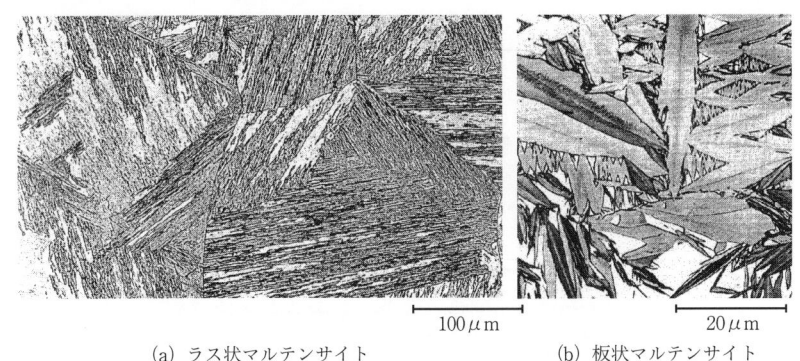

図 4.22　マルテンサイト組織
(American Society for Metals; Metals Handbook, vol. 8, ASM, 1973)

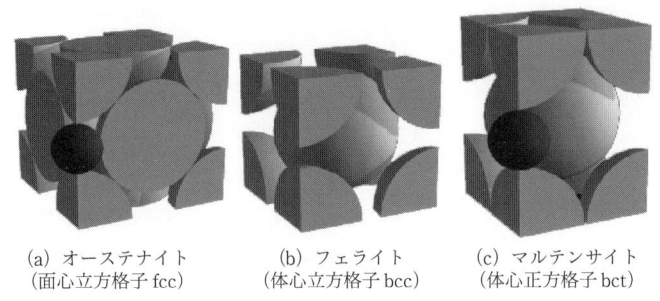

(a) オーステナイト　　　(b) フェライト　　　(c) マルテンサイト
（面心立方格子：fcc）　（体心立方格子：bcc）　（体心正方格子：bct）

図 4.23　Fe の結晶格子と C 原子の占める位置（大きい球：Fe 原子，小さい球：C 原子）
(W. F. Smith: Principles of Materials Science and Engineering, 3rd ed. McGraw-Hill, 1996).

原子は bcc 格子の Fe 原子間に強制的に押し込まれた状態となる。さらに，C 濃度が約 0.25% 以上では，C は選択的に bcc 格子の c 軸に強制固溶される（一種の規則格子）。その結果，図 4.23 のように bcc 格子は縦軸方向に引き伸ばされ，**体心正方格子**(body-centered tetragonal：bct)となる。

強制固溶 C による格子ひずみは転位と強い相互作用を有し，転位運動を拘束する（固溶強化）。これがマルテンサイトの硬い第一の理由である。図 4.24 にマルテンサイトの硬さ（焼入硬さ）と C 濃度の関係を示す。C 濃度の低いマルテンサイトは硬くない。マルテンサイトの硬さにおよぼす合金元素の影響は小さく，硬さはほとんど C 濃度できまる。

マルテンサイト変態の特徴の一つは，変態量が温度に依存することである。

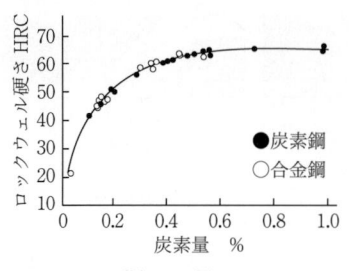

図 4.24 鋼の C 量とマルテンサイトの硬さの関係

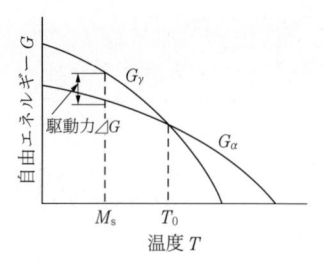

図 4.25 オーステナイトおよびマルテンサイトの自由エネルギー曲線

変態の始まる温度を M_s 点，完了する温度を M_f 点という．s と f はそれぞれ start, finish の意味である．M_s 点まで温度が下がると，ほとんど瞬時にマルテンサイト変態が始まるが，その温度に長時間おいても変態は進行しない．温度を下げて初めて変態が進む．以下，この理由を考えてみる．

図4.25にオーステナイトおよびマルテンサイトの自由エネルギー曲線(G_γ および G_α)を示す．両者が交叉する温度 T_0 では変態は起こらず約200℃低い M_s 点まで冷却して初めて変態が始まる．これは，マルテンサイトの成長には大きな塑性変形仕事を要するからである．すなわち，①せん断変形が周囲のオーステナイトの拘束を受けるため，生成マルテンサイト自身が転位機構や双晶機構で塑性変形する，②マルテンサイト変態は体積膨張(膨張率％＝4.64－0.53×C％)をともなうため，周囲のオーステナイトを塑性変形させる．マルテンサイトが成長するためには，さらに温度を下げて自由エネルギー差 ΔG を大きくしなければならない．マルテンサイト変態が時間をかけても同一温度では進行しない理由はここにある．

C, Mn, Ni, Cr などほとんどの合金元素は M_s 点を低下させるが，C の影響が圧倒的に強い．M_f 点が室温以下になると未変態のオーステナイトが残る．これを**残留オーステナイト**(retained austenite)という．オーステナイトは軟質であるため残留オーステナイトの存在は焼入硬さを低下させる．図 4.24 で C 濃度が高くなるにつれて硬さが飽和する傾向にあるが，主因は残留オーステナイトの増加である．工具鋼，ダイス鋼，軸受鋼など M_s 点の低い鋼では残留オーステナイトをマルテンサイトに変態させる目的で，焼入れ後，室温以下の適当な温度(－80℃前後)に冷却する処理が行われている．これを**サブゼロ処理**(sub-zero treatment)あるいは深冷処理という(図4.17参照)．

4.3 鉄鋼の熱処理：変態の秘密

オーステナイトは柔らかく応力集中を緩和し，低温脆性を示さない。そこで，最近では高強度鋼中に少量の残留オーステナイトを均一分散させ靱性を改善することも行われている。

以上述べたように，マルテンサイト変態は一種の塑性変形だと考えることができる。マルテンサイトの転位密度は約 $10^{12}/cm^2$ と加工硬化材並みに高い。マルテンサイトが硬い第二の理由である。

（２） マルテンサイトの加熱——焼戻し

マルテンサイト中に強制固溶された C は拡散が容易であるため，約 100°C 以上に加熱しただけで容易に炭化物（セメンタイト）として析出する。その結果，マルテンサイトの格子間 C は減少し bct 格子は bcc 格子に近づく。また，加熱によりマルテンサイト変態にともなって生成した転位などの格子欠陥も減少する。これが**焼戻し**（tempering）であり，焼戻し状態のマルテンサイトを**焼戻しマルテンサイト**（tempered martensite）というが，基本的にはフェライトとセメンタイトの複合組織である。焼戻しマルテンサイトの機械的性質をきめるセメンタイトの大きさや格子欠陥密度は，焼戻し温度に依存する。

焼戻しにより，平衡状態図の記述どおりフェライト＋セメンタイトの二相共存状態となり，その過程において強度の低下と靱性の発現が起こり，鋼は目的とする機械的性質に調整される。焼入焼戻し処理は調質処理，焼入焼戻し鋼は**調質鋼**（quenched and tempered steel）ともよばれる（調はととのえるという意味）。

Mo，Cr，V，W などが添加された合金鋼の場合，一般の炭素鋼とは異なる焼戻し挙動を示す。図4.26 に，V を含む鋼のマルテンサイトを焼戻した場合の硬さ変化を示す。すなわち，焼戻しによりいったんは低下するものの，合金元素の拡散が容易となる約 500°C 以上で焼戻すと，セメンタイトに代って合金炭化物（Mo_2C，Cr_7C_3，VC，WC など）が**析出**（precipitation）するため再び

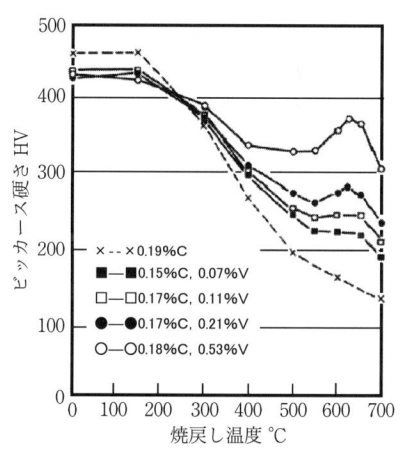

図 4.26 V添加鋼の焼戻し温度と硬さの関係（西田，谷野：日本金属学会誌, 29, 1965）

硬化する．この現象は析出硬化であり二次硬化とよばれる．二次硬化鋼は高温強度が高いので耐熱鋼や熱間工具鋼に利用される．また，合金炭化物は非常に硬い（HV＝1,500～2,500）ので耐摩耗鋼にも利用される．焼戻し温度の上昇により強度は低下するが靱性は向上する．

4.3.6　連続冷却変態線図（CCT 線図）

　TTT 線図は変態挙動の研究には好適であるが，このような急冷や等温変化は実用的でない．そこで，オーステナイトをいろいろな冷却速度で変態させた場合の組織と硬さを**連続冷却変態線図**（Continuous Cooling Transformation diagram：**CCT 線図**）で表す．図 4.27 は共析鋼の CCT 線図である．これは，TTT 線図を低温かつ長時間側（右下方向）にずらした線図に相当する．これから二つの臨界冷却速度を読み取ることができる．一つはその冷却速度より速ければ 100％ マルテンサイトになる冷却速度（121℃/s）であり，もう一つはその冷却速度より遅ければ完全にパーライト組織となる冷却速度（15.6℃/s）である．前者の臨界冷却速度が小さいほど，その鋼材は**焼入性**（hardenability）が高いという．焼入性が高いことは太いシャフト，あるいは厚い鋼板でも中心までマルテンサイトにすることができることを意味する．ほとんどすべての合金元素は，パーライト変態を遅延させ（ノーズを長時間側にずらす）臨界冷却速度

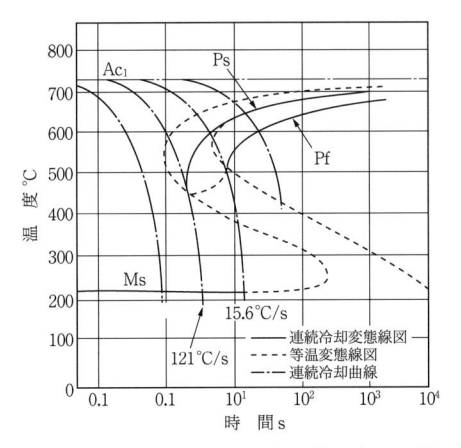

図 4.27　共析鋼の連続冷却変態線図（CCT 線図）
（三島良直：ふぇらむ，Vol. 5, 2000, p. 304）

4.3 鉄鋼の熱処理：変態の秘密

を下げる。これは，パーライト変態が拡散変態であることに起因する。すなわち，オーステナイトからフェライトとセメンタイトが析出するさい，Cとともに合金元素も両相に分配されねばならない。しかし，Cに比較し合金元素の拡散速度は著しく小さいため，パーライト変態は遅れることになる。

二つの臨界冷却速度の間で冷却した場合には，共析変態が終了しないうちにM_s点を通過することとなる。したがって，冷却後の組織はパーライト中にマルテンサイトが分散した組織となる。

4.3.7 鉄鋼材料の強化

鉄鋼に限らず材料の強化は科学技術ならびに産業発展のための必須の課題である。鉄のひげ結晶の最高値は欠陥のない鉄の理想強度にほぼ達している。また過共析鋼の強加工により，5,700 MPa の極細線が得られている。しかし実用鋼の場合はまだ理想強度の1/3にも達していない。なお金属の強化機構については第3章に詳述しているのでここでは要点のみ述べる。

固溶強化にはC，Nなどの侵入型原子，P，Si，Ni，Crのような置換型原子が利用されている。析出強化にはバナジウムV，ニオブNb，チタンTiなどの添加元素が有効である。このように，鉄鋼材料も，①固溶強化，②析出強化と分散強化，③加工硬化(転位強化)，④結晶粒微細化強化の一つないしは二つ以上を組み合わせることにより強化することができる。マルテンサイトが特に強化される仕組みは，図4.28に示すようにいろいろな強化法が組み合わされた結果と考えられている。

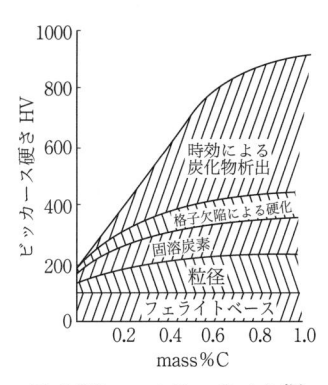

図4.28 マルテンサイト鋼の強化機構

4.3.8 変態と日本刀の金属組織

もう一度日本刀の断面マクロ組織，図1.7を観察し直してみよう。刃部は切れ味が第一であるため炭素を約0.7%含むマルテンサイト組織であり，ビッカース硬さHV≒800と極めて硬い。皮部(側面)および棟部は曲がったり折れたりしないように適度な強度(HV≒300)と靱性が付与されている。炭素は刃部

とほぼ同じ約 0.7% であるが，組織は強くて靭性のある微細パーライトである。心部(内部)は靭性第一のため強度は犠牲にしている($HV \fallingdotseq 200$)。心部の炭素は約 0.35% で柔らかいフェライトと強く靭性のあるパーライト組織からなっている。

　日本刀は二つ以上の鋼種を組み合わせて鍛造されている。刃や皮は玉鋼(たまはがね，$C \fallingdotseq 1.4\%$)を加熱・酸化させることにより脱炭して $C \fallingdotseq 0.7\%$ とした。心部は脱炭により，いったん $C \fallingdotseq 0.1\%$ ほどの軟鋼としたのち，高炭素鉄($C = 0.4 \sim 1.4\%$)とともに十数回折り返し鍛錬することにより練り合わせ，目標の炭素量とした。鍛錬や組合せ鍛えで重要なことは被鍛造物相互の完全な接着である。加熱により鉄表面に生成した酸化鉄(FeO)は，鉄に含まれる鉄以外の不純物(介在物)と反応して低融点スラグ(融点：約 1,200°C，主にファヤライト $2FeO \cdot SiO_2$)を生成する。酸化鉄が過剰の場合には，わら灰($SiO_2 \fallingdotseq 70\%$)を加えてスラグ成分を調整した。低融点スラグは鉄表面を覆って鉄の酸化や脱炭を抑える一方，鍛造圧力で容易に絞り出される。このため，刀身のどこを探しても継ぎ目(鍛接面)は痕跡すらみとめられない。

　組合せ鍛えの効果は熱処理(焼入れ)により発揮される。焼入れに先立ち，まず焼刃土を塗る。刀身各部の冷却速度制御が主目的であるため入念に行う。刃部にはまぶす程度に薄く塗る。その結果，刃部は急速に冷却されるため完全な焼入組織(マルテンサイト)となる。一方，皮部や棟部には土を厚く塗る。その結果，水冷にもかかわらずゆっくり冷やされるため組織は微細パーライトとなる。マルテンサイト変態はパーライト変態に比べて大きな膨張をともなうため(約 4 vol%)，組織差により日本刀の特徴をなす美しい反りが形成される。口絵 1(数値シミュレーション)に冷却温度による日本刀の微妙な反りを示す。焼入れは水冷であるが決して冷やし切らない。頃合を見はからって水中から引き上げ空冷する。これは，冷却の遅れる心部や棟部が保有する熱で，刃部の低温焼戻しを行うためである。最後の工程は研磨である。表面硬さの差により研磨面の光沢が変化するため，焼刃土の塗り具合に応じて刀匠が狙った美しい刃紋が浮き出てくる。経験とはいえ，現代の最先端鉄鋼技術がすでに日本刀で培われていたことは驚嘆に値する。

4.4 まとめ

1. 鉄 Fe は融点 1535°C,密度 $7.874\,\mathrm{g/cm^3}$ で,すべり方向は $\langle 111 \rangle$,すべり面は $\{110\}$,$\{211\}$,$\{321\}$ と多く,加工性は良好である。
2. 転位は侵入型固溶元素(C および N)により固着されやすく,明瞭な降伏点やひずみ時効硬化が発生する。
3. C≒0.8% の鋼を共析鋼,亜共析鋼は C が共析組成以下,過共析鋼は共析以上から約 2.1% までの高炭素鋼である。亜共析鋼は強度と靱性を兼ね備える構造用鋼,過共析鋼は硬さや耐摩耗性を重視する工具鋼などに使用される。
4. フェライト(α 相)は体心立方格子 bcc,オーステナイト(γ 相)は面心立方格子 fcc である。オーステナイトの C 固溶限は約 2.1%,フェライト(室温)では 0.001% 以下で,両者の C 固溶限に大差がある。これは熱処理や転位運動を考える上で極めて重要である。
5. 恒温変態線図(TTT)によれば,鋼には三つの本質的に異なる変態生成物であるパーライト,ベイナイト,およびマルテンサイトが存在する。
6. パーライトはフェライトとセメンタイトが交互層状に配列,強度と靱性を兼ね備えたパーライトあるいはフェライト＋パーライト組織として構造材料に多用される。
7. ベイナイトは上記層状構造が形成されない組織で,約 350°C を境に,棒状セメンタイトを有するパーライト構造の上部ベイナイトと,焼戻しマルテンサイトに類似した下部ベイナイトに分類される。ベイナイト組織(基本的にはフェライト＋セメンタイト組織)を活用した構造材料が実用化されはじめている。
8. マルテンサイトは,無拡散変態すなわちせん断変形により fcc から bct に変化した組織で,C 原子の強制固溶により bcc 格子が引き伸ばされた体心正方格子 bct になっている。マルテンサイトの硬さは C 濃度で決定(0.6% C 以上ではほぼ上限)される。
9. マルテンサイトはせん断変形などの塑性変形仕事で成長(ひずみ誘起変態)する。
10. 焼戻しとは,マルテンサイト中に強制固溶された C を加熱によりセメンタイトなどの炭化物として析出させる熱処理工程である。格子間の C は

減少し bct 格子は bcc 格子に変化し，微細なフェライト＋セメンタイト組織の二相共存状態となり，強度は低下するが靭性が向上する。
11. 連続冷却変態線図(CCT)によれば，冷却速度が速ければマルテンサイト，遅ければパーライト組織に変態する。合金元素はパーライト変態を遅延させるため，添加により焼入性が増大する。
12. 一般に金属材料は，① 固溶強化，② 分散強化と析出強化，③ 転位強化，④ 結晶粒微細強化，の一部か複数以上を組み合わせることで強化することができる。マルテンサイト組織の強化機構はこれらが全て組み合わされた強化法と考えられている。

参 考 書

1) 新日本製鉄(株)：鉄と鉄鋼がわかる本，日本実業出版社(2004)
2) 須藤一：機械材料学，コロナ社(1999)
3) 阿部秀夫：金属組織学序論，コロナ社(1980)
4) B.ザハロフ(大和久重雄訳)：熱処理技術，アグネ(1965)
5) 日本材料学会編：機械材料学，日本材料学会(1993)
6) 日本機械学会編：機械工学便覧，材料学・工業材料，日本機械学会(1984)
7) 日本鉄鋼協会編：鉄鋼便覧，
8) 日本規格協会編：JISハンドブック(鉄鋼，非鉄，ほか)
9) 大久保重雄：鋼のおはなし，日本規格協会(1999)
10) 尾上卓生，矢野宏：刃物のおはなし，日本規格協会(2000)
11) 松尾宗次：いろいろな鉄(上)，日鉄技術情報センター(1996)

演習問題

4.1 $Fe-Fe_3C$ 系平衡状態図(温度：室温から1000℃，炭素量C=0～1.5%)を描いて各領域の標準組織の名称を記せ。

4.2 C量の異なる Fe-C 合金をオーステナイトから徐冷したときの組織変化および室温での標準組織考える。0.2%(亜共析鋼)，0.8%(共析鋼)，1.2%(過共析鋼)の3鋼種の標準組織をそれぞれ描き，各図の組織構成および生成過程について述べよ。また，0.2，0.8，1.2％炭素鋼の使用事例(用途)を説明せよ。

4.3 共析鋼の連続冷却変態線図(CCT)を描き，マルテンサイトおよび微細パーライトを得るための冷却曲線をCCT線図内に点線で明示せよ。

4.4 日本刀について以下の設問に答えよ。① 日本刀の強靭性は，中心部の低炭素鋼(C=約0.3%)からなる「心金」と外側の共析鋼からなる「刃金(刃部)・皮金(側面部)」を組み合わせた複合組織にある。平衡状態図(室温～1000℃，炭素量1.5%まで)を描いて「心金」と「刃金・皮金」を900℃

演習問題 93

から常温までゆっくり冷却させたときの標準組織の変化をスケッチし，それぞれの段階における組織の名称を記せ。②熱処理のさいに，日本刀に美しいそりが発生する理由を簡単に説明せよ。

4.5 自動車用コネクティングロッドの材料製造方法について以下の問に答えよ。①この素材にS55Cの丸棒を使用したい。共析鋼付近までの平衡状態図におけるS55Cの成分位置およびその炭素含有量(%)を表示せよ。②この標準組織をスケッチし，その図から各組織名を明示せよ。③この丸棒をコネクティングロッドに熱間鍛造加工後，900℃で1時間加熱したときの変態組織名を記せ。また，この結晶構造とその名称を示せ。④900℃から室温の油に焼入れしたときに発生する表層の変態組織名を示せ。またCCT線図上に，900℃から室温まで急冷した状態を破線で示せ。⑤この表層の焼入組織が非常に硬くなる理由，およびこれを500℃に再加熱して焼戻し組織とする意味について説明せよ。

4.6 共析炭素鋼の直径5.5mm線材を熱処理により細かいパーライト組織にしたい。共析炭素鋼の恒温変態線図(TTT線図)を描いてこの熱処理法を説明せよ。

4.7 自動車用材料は鉄鋼材料が主体で，他に①アルミニウム合金，②プラスチック，③セラミックなどが使用されている。鉄鋼材料の長所，短所を①～③の材料と比較して論ぜよ。

4.8 つぎの項目の相違を説明せよ。①体心立方格子と面心立方格子，②侵入型固溶体と置換型固溶体，③フェライトとパーライト

4.9 つぎに示す鉄鋼材料の代表的な強化方法の原理を説明せよ。①固溶強化，②析出強化，③転位強化(加工硬化)，④結晶粒微細化強化。

4.10 針金は曲げると容易に変形し，カッタナイフの刃は曲げると簡単に折れてしまう。その理由について説明せよ。

4.11 丸棒鋼材を温度が上昇しないように室温でゆっくり引抜き加工する場合と，表面温度が200℃を越える高速で引抜いた場合，それぞれ降伏強度に差異が生じ実用上問題になることがある。その理由を下記に示す5つの用語を全て使用して説明せよ。(転位，ひずみ時効，コットレル効果，拡散，塑性変形)

4.12 自動車ボディー材料となる薄鋼板は，プレス成形のさい，ひずみ模様による表面の凹凸が発生し美観を損ねることがあった。これを防止するため，炭素C，窒素Nの含有量を下げたりTiC，AlN等を析出させ，固溶しているC，N量を減少させる対策が工業化されている。このひずみ模様の発生と防止の原理を，設問(4.11)中の5項目の用語を全部使用して説明せよ。

5

鉄鋼材料Ⅱ：構造用鋼

5.1 一般構造用鋼：やすくて丈夫

5.1.1 一般構造用圧延鋼材(SS材)

　鉄鋼材料の中で，その強さと使いやすさによって，広く構造物一般に使用される鋼を**一般構造用圧延鋼材**(rolled steels for general structure)という。SSの最初のSはSteel，つづくSはStructureをあらわす。形状は，主に厚板および形鋼(H形鋼，溝形鋼など)，棒線などである。機械構造用鋼材(後述するSC材)が主として棒鋼の形に熱間圧延され，鍛造，切削などの加工と熱処理が施されたのち，機械部品として使用されるのに対し，一般構造用鋼は熱間圧延のまま供給されるので，「ナマ」と俗称されている。不純物(P, S)以外は成分規定がなく，機械的性質(降伏応力，引張強さ，伸び，曲げ性)のみが規定されている。例えばSS 400とは引張強さが400 MPa以上の鋼材で，一般構造用鋼全体の80%を占める。Cは0.1～0.3 mass%で(以下%と略記)，組織はフェライト＋パーライトである。通常，熱間圧延状態(as-rolled)で供給される。使用するときも熱処理や加工を施さず，そのまま橋梁，船舶，車両，産業機械その他の構造部材として使用される。図5.1にその使用例を示す。

5.1.2 溶接構造用圧延鋼材(SM材)

　溶接構造用圧延鋼材(rolled steels for marine structure)は溶接専用に使用される鋼材である。現代の部材接合法は，溶接とボルト締めに大別される。溶接は，鋼材に急熱急冷の熱サイクルを与えるため，溶接個所近傍，すなわち**溶**

5.1 一般構造用鋼：やすくて丈夫

ホイールは SAPH 材

足場用パイプは STK 材

鉄筋は SD 材

標識は STK 材

図 5.1　一般構造用鋼の使用例

☕ エッフェル塔

　パリの象徴ともいうべきエッフェル塔は（図5.2），フランス革命100年を記念して開催された万国博覧会のモニュメントとして1889年に建設された。設計者エッフェル（G. Eiffel）は，大方の予想に反して当時の新材料「鋼」を使わず，旧来の錬鉄を採用した。当時の鋼は現在の一般構造用圧延鋼材 SS 400 相当であったが，錬鉄と比較すると引張強さが約1.5倍もある魅力的な材料だった。しかし，彼は，高さ300 m の構造物への風の影響（ゆれ）を考慮した結果，あえて鋼を使ったスリムな構造とはしなかった。そのため，頂上での風によるゆれは70 mm 以下に抑えられている。また，塔の垂直度を精密に調整するため，4本の足には水圧ジャッキを組み込んだ。総量7,300トンの錬鉄は，フランス鉄鋼業の中心地ロレーヌ地方のナンシーで製造された。約180,000個の部材はすべてリベット接合で組み立てられた。詳細な図面と綿密な計画にしたがって進められ，建設工事はわずか21ヶ月で完了した。

図 5.2　エッフェル塔

接熱影響部：**HAZ**(Heat Affected Zone)の組織と機械的性質を劣化させる。すなわち，高温にさらされる HAZ は結晶粒が粗くなり，急冷によりマルテンサイトとなりやすい。マルテンサイトの硬さは C 量に依存するため溶接部の脆化や割れを防止するには C 量の上限を 0.25% としている。**SM**(Steel Marine)の名称は，もともと船舶のリベット構造を軽量で水密性の高い溶接構造に変える目的で開発された理由による。

5.1.3 高強度構造用鋼

50 キロ($50\,\mathrm{kgf/mm^2}$)鋼は最も広く使われている**高張力鋼**(high tensile strength steel)で，高強度化のために 40 キロ鋼に比べ Si，Mn が増量され，必要に応じ V や Nb などの析出硬化元素が添加されている。組織は 40 キロ鋼と同じくフェライト＋パーライトである。通常の熱間圧延材以外に，析出硬化元素の効果を発揮させるため，加熱温度・圧延温度・圧下率・冷却温度などをコントロールした**制御圧延**(controlled rolling)や，結晶粒を一様に細かくするための**焼ならし**(normalizing)などが行われている。

60 キロ鋼以上は特殊鋼で，製造工程は焼入焼戻しが一般的である。焼入性を上げるために Mn，Cr などの合金元素が添加されている。60 キロ鋼の C% は，溶接性を考慮して 40 キロ鋼や 50 キロ鋼より低い。また，靱性の観点から P や S は 50 キロ鋼よりさらに低く抑えられている。60 キロ鋼の主な用途は，橋梁，圧力容器，大型原油タンクなどである。図 5.3 は，1993 年完成の地上高さ日本一($296\,\mathrm{m}$)を誇る横浜ランドマークタワーで，ここでは 60 キロ鋼が柱材に使われている。最大厚みは，箱および H 断面柱で $100\,\mathrm{mm}$，鋼管柱で $90\,\mathrm{mm}$ である。

80 キロ鋼は，60 キロ鋼と同様，焼入焼戻し工程で製造されるが，中心ま

図 5.3 横浜ランドマークタワー
1993 年に建設され，高さ $296\,\mathrm{m}$ で，60 キロ級高強度構造用鋼の H 形鋼，厚板，鋼管などを使用している。

5.1　一般構造用鋼：やすくて丈夫

で完全にマルテンサイト化されることが原則である。80キロ鋼は溶接性の観点よりC%は60キロ鋼よりさらに低くする必要があり，通常0.1%以下である。焼入性を高めるためにMn, Cr, Ni, Moに加えB(ボロン)が添加されている。また焼戻し脆性を防止するために，特にPが低減されている。80キロ鋼の主な用途は，圧力容器および橋梁である。わが国では，1974年完成の大阪の港大橋(ゲルバートラス橋，支間510 m)に，初めて大量の80キロ鋼が使用されて以来，明石海峡大橋(吊橋，支間1,991 m，1998年)に至る本四連絡橋には本格的に80キロ鋼が使用された。

このほか低温用鋼，耐熱用鋼(7.2節参照)などがある。

5.1.4　薄鋼板

厚さ3 mm以下，幅700 mm以上の熱間圧延，冷間圧延鋼板を総称して**薄鋼板**(steel sheet)という。自動車，建設，家電製品，電気機械，容器などに広く用いられている。

（1）　熱間圧延鋼板

図5.4に示すように，厚さ約0.8 mm以上，最大幅約1,900 mmの鋼板が**熱間圧延機**(hot strip mill：ホット・ストリップミル)を用いて**再結晶**(recrystallization)温度以上で圧延され，ホットコイル(熱延薄板)として巻き取られる。

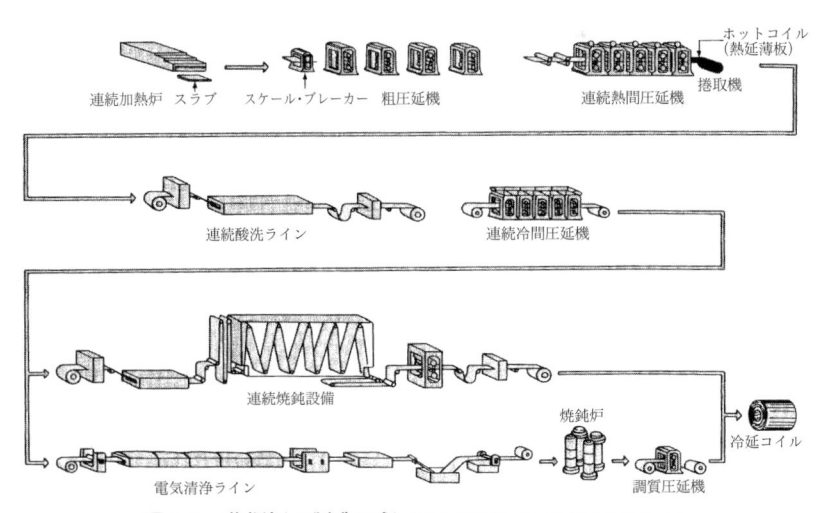

図5.4　薄鋼板の製造工程（日本鉄鋼連盟：鉄ができるまで）

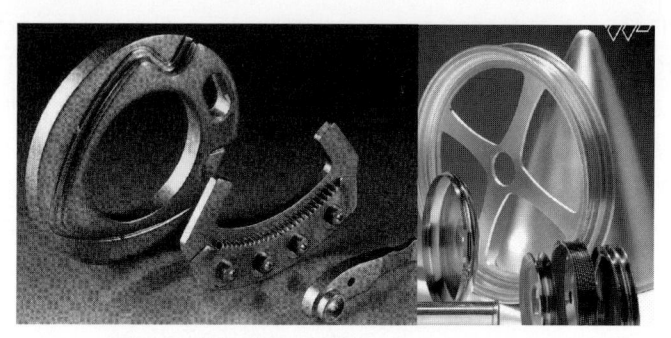

図 5.5 薄板材から塑性加工される機械部品
(Maschinenbau und Blechformtechnik 社)

強度，伸びに応じて，建築，橋梁，車両，溶接 H 形鋼，ガス管やラインパイプなどに用いられる。ホイールリム(図 5.2)，ホイールディスク，フレームなどの自動車部品には加工性の高い鋼板が求められる。熱延薄板の加工性が向上した結果，図 5.5 に示すように板材に**精密せん断**(fine blanking)，**へら絞り**(spinning)などを施すことにより，今まで棒線のような塊状の**バルク**(bulk)材から作られていた部品が板材からも作られるようになった。

（2） 冷間圧延鋼板

熱間圧延鋼板を酸洗後，図 5.4 に示すように常温(再結晶温度以下)で**冷間圧延機**(cold strip mill：コールド・ストリップミル)を用いてさらに薄く圧延する。その後，焼なましを施し厚さ 0.15～3.2 mm の切り板やコイル状の鋼板とする。自動車の外板には特に高い品質の鋼板が要求される。加工性の良い自動車用鋼板は，降伏応力が低く，伸びが大きく，さらに**加工硬化指数**(work-hardening exponent)である n 値が小さい，すなわち加工硬化しにくいことが必要である。薄板の**深絞り**(deep drawing)加工性の良否は，塑性異方性の尺度である**ランクフォード値**(Lankford value) r で評価される。r 値は板幅方向ひずみ ε_b を板厚方向ひずみ ε_t で除して得られるひずみ異方性である。板面に平行な $\{111\}$ 面が多く $\{100\}$ 面が少ない結晶配列を示す**集合組織**(texture)のとき，r 値は高くなる。

溶接技術の進歩から，板厚の違う鋼板を必要に応じて繋ぎ合わせ軽量化するテーラードブランク材の接合技術も開発されるようになった(図 5.6)。自動車の安全対策や，軽量化の点から高強度鋼板も多くなりつつある。バンパーのなかの強度部材として，120 キロ級(約 1,200 MPa)鋼板の板材加工品が使用され

5.1 一般構造用鋼:やすくて丈夫

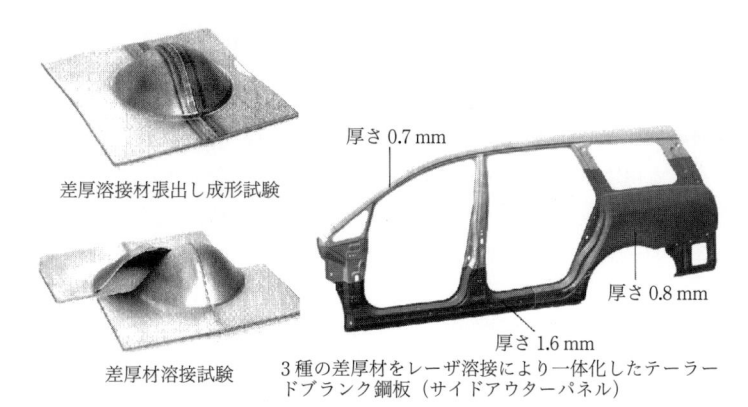

図 5.6 板厚の異なる鋼板の接合テストと自動車への実用化事例
(住友金属工業(株))

差厚溶接材張出し成形試験
差厚材溶接試験
厚さ 0.7 mm
厚さ 0.8 mm
厚さ 1.6 mm
3種の差厚材をレーザ溶接により一体化したテーラードブランク鋼板(サイドアウターパネル)

図 5.7 120キロ級の自動車用バンパーの強度部材
(ユニプレス(株))

ている(図5.7)。冷延鋼板は自動車のほか,家電・音響・通信製品,建材に多く使用されている。JISには,一般用(SPCC),絞り用(SPCD),深絞り用(SPCE)をはじめ,耐候性鋼板,ほうろう用鋼板がある。

(3) 表面処理鋼板

錫(Sn)めっきした**ブリキ**(tin plate)や亜鉛(Zn)めっきした**トタン**(galvanized plate)は缶材や建材に用いられる。自動車用には,溶融亜鉛めっき,合金化溶融亜鉛めっき,亜鉛や亜鉛-ニッケル系の電気めっき,有機被覆などの施された**表面処理鋼板**(surface treated steel sheet)が多く使用されるようになってきている。

5.2 機械構造用炭素鋼・合金鋼：重要な自動車部品

5.2.1 いろいろな機械構造用鋼[1]

機械構造用炭素鋼・機械構造用合金鋼は化学成分，加工，熱処理などを組み合わせることによってさまざまな特性を引き出すことができる。例えば一般構造用鋼のように強度と延性だけではなく，靭性，磁気特性，耐熱性，耐食性，耐摩耗性などである。機械構造部品用鋼材として広範囲に使用されている。熱処理適用の有無，合金元素の種類・含有量，物理・化学・機械的特性など使用目的や状況に応じて，いろいろな分類方法でよばれている。たとえば，鋼はほとんど熱処理しない**普通鋼**(plain carbon steel)と，合金元素の添加や熱処理により性能を向上させる**特殊鋼**(special steel)とに区分される。機械構造用鋼は特殊鋼の中に含まれる。また低炭素の普通鋼は**軟鋼**(mild steel)ともよばれる。

主な合金元素が炭素だけの炭素鋼は炭素含有量により低・中・高炭素鋼とよび分けられる。0.3～0.6％ C 程度の鋼を**中炭素鋼**(medium carbon steel)，これより炭素含有量の高い鋼を**高炭素鋼**(high carbon steel)，低い鋼を**低炭素鋼**(low carbon steel)とよぶことが多い。

炭素鋼にニッケル Ni，クロム Cr，モリブデン Mo，ヴァナジウム V などの合金元素の1種以上を比較的少量(数％以内)添加した鋼を低合金鋼，比較的多量(数％以上)添加した鋼を高合金鋼とよんでいる。

また炭素鋼，合金鋼を問わず合金元素としてボロン B，硫黄 S，鉛 Pb などが添加された鋼は，それぞれボロン鋼，硫黄快削鋼，鉛快削鋼などともよばれている。

5.2.2 機械構造用炭素鋼[2]

構造用鋼の記号(鋼種)は鋼(Steel)の S が必ず頭に付く。炭素鋼は S の後に規格炭素含有量の中央値の百倍を表示し，続いて C(炭素)を付加している。図

---

[1] JIS G 4051, 4052 JASO M-106 など参照。JASO は自動車に使用される鋼材の標準化と適正品質の確保をはかり，かつ鋼材に関する JIS を補完することを目的とした規格である。構造用鋼鋼材についてみると，JASO 規格にはボロン鋼，被削性改善鋼などが追加されている特徴がある。

[2] JIS G 4051, G 4052, G 4102～4108 などに機械構造用炭素鋼・合金鋼の規格が示されている。炭素鋼および合金元素として Mn, Cr, Mo, Ni などを単独または複合添加した鋼種が記載されている。

5.2 機械構造用炭素鋼・合金鋼：重要な自動車部品

5.8に示すように，S10CからS58CまでJISで規格されている．例えばS45Cは，炭素が0.45%を中心に0.42%から0.48%の間にある炭素鋼である．したがって構造用炭素鋼は0.08%から0.61%まで揃っていることになる．S28C以上は焼入性を良くするためマンガンMnを多くしている．炭素Cが多いほど焼入れによる硬さは上昇するが，その効果は炭素が0.6%くらいまでであり，逆に0.3%以下の炭素鋼は焼入れしない．図5.9に各種工具に使用されている炭素鋼の使用例を示す．

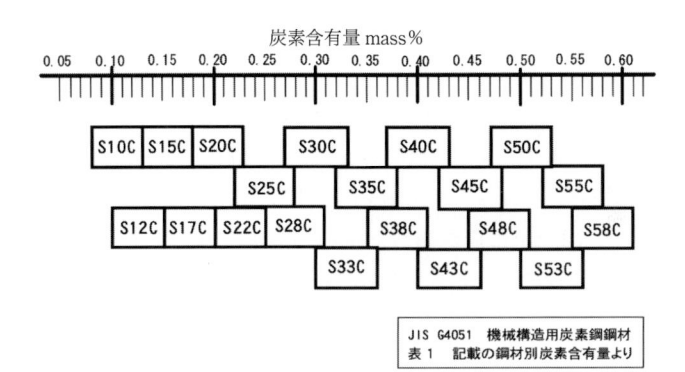

図5.8 機械構造用炭素鋼SC材の規格

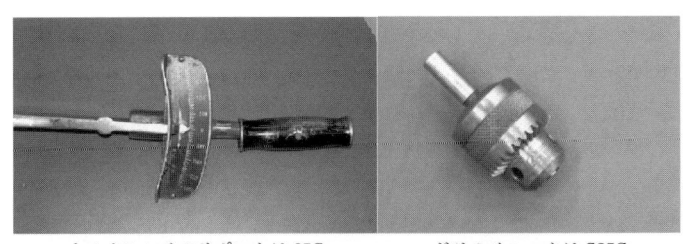

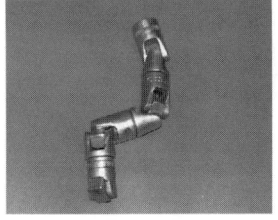

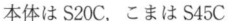

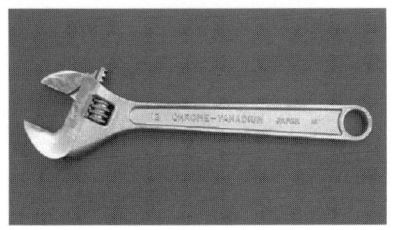

図5.9 機械構造用炭素鋼の使用例

5.2.3　機械構造用合金鋼

合金鋼の場合はSに続いてその鋼種が含む合金元素を示す元素記号（または略号）が記述される。3桁の数字の意味を図5.10に示す。数字の後の付加記号（図の例ではH）は特別な特性を保証する場合，または基本鋼に特殊な元素を添加した場合に用いられる[3]。代表的な機械構造用鋼の化学成分例を表5.1に示す。合金鋼を適用することにより，①さらに大きな鋼材を芯部まで焼入れ組織にすること，②高強度化，③靱性向上などが可能になる。合金鋼で多く使われるのは比較的安価なクロムCrを添加した**クロム鋼**（SCr）である。さらに焼入性を上げるためにモリブデンMoを加えた**クロムモリブデン鋼**（SCM）はクロモリと略してよんでいる。ニッケル系では，**ニッケルクロム鋼**（SNC），さらにモリブデンを加えた**ニッケルクロムモリブデン鋼**（SNCM）がある。高価なためあまり使用されていないが，−40℃以下の低温でも脆性を示さない特色がある。これらの使用例を図5.11に示す。

図5.12(a)および(b)に炭素鋼およびCr-Mo鋼のCCT曲線（4.3.6項参照）を示す。両図の比較で，大きく異なる部分は次の3点である。炭素鋼に比べて合金鋼では①フェライト変態のノーズ（一番短時間側に突き出ている部分）位置が長時間側にずれている。②パーライト変態のノーズは大幅に長時間側に

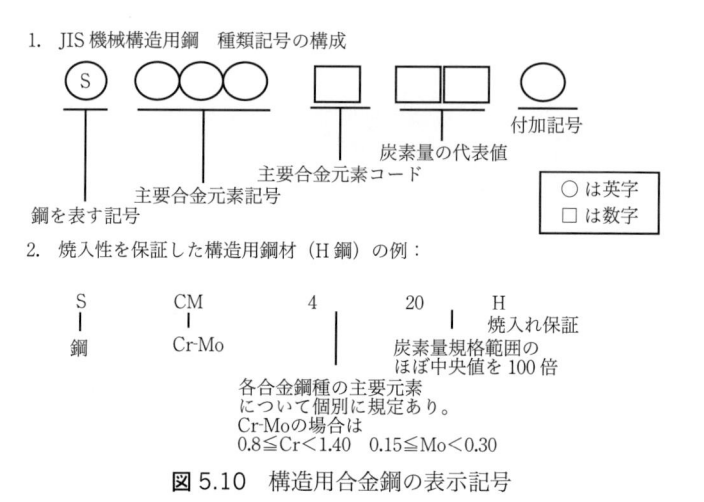

1. JIS機械構造用鋼　種類記号の構成

　　Ⓢ　〇〇〇　□　□□　〇
　　│　　│　　│　　│　　└付加記号
　　│　　│　　│　　└炭素量の代表値
　　│　　│　　└主要合金元素コード
　　│　　└主要合金元素記号
　　└鋼を表す記号

　　〇は英字
　　□は数字

2. 焼入性を保証した構造用鋼材（H鋼）の例：

　　S　　CM　　4　　20　　H
　　│　　│　　│　　│　　└焼入れ保証
　　鋼　Cr-Mo　│　　└炭素量規格範囲の
　　　　　　　│　　　ほぼ中央値を100倍
　　　　　　　└各合金鋼種の主要元素
　　　　　　　　について個別に規定あり。
　　　　　　　　Cr-Moの場合は
　　　　　　　　0.8≦Cr<1.40　0.15≦Mo<0.30

図5.10　構造用合金鋼の表示記号

---

[3] 例えば鉛添加鋼…Lなど。詳細はJIS鉄鋼ⅠのJIS機械構造用鋼記号体系を参照。

5.2 機械構造用炭素鋼・合金鋼：重要な自動車部品

表 5.1 機械構造用合金鋼

種 類	JIS 記号		化 学 成 分 mass%				
			C	Mn	Ni	Cr	Mo
Mn 鋼	SMn	420	0.17〜0.23	1.20〜1.50	—	—	—
		433	0.30〜0.36	〃	—	—	—
		438	0.35〜0.41	1.35〜1.65	—	—	—
		448	0.40〜0.46	〃	—	—	—
Mn-Cr 鋼	SMnC	420	0.17〜0.23	1.20〜1.50	—	0.35〜0.70	—
		443	0.40〜0.60	1.35〜1.65	—	〃	—
Cr 鋼	SCr	415	0.13〜0.18	0.60〜0.85	—	0.90〜1.20	—
		420	0.18〜0.23	〃	—	〃	—
		430	0.28〜0.33	〃	—	〃	—
		435	0.33〜0.38	〃	—	〃	—
		440	0.38〜0.43	〃	—	〃	—
		445	0.43〜0.48	〃	—	〃	—
Cr-Mo 鋼	SCM	415	0.13〜0.18	0.60〜0.85	—	0.90〜1.20	0.15〜0.30
		418	0.16〜0.21	〃	—	〃	〃
		420	0.18〜0.23	〃	—	〃	〃
		421	0.17〜0.23	0.70〜1.00	—	〃	〃
		430	0.28〜0.33	0.60〜0.85	—	〃	〃
		432	0.27〜0.37	0.30〜0.60	—	1.00〜1.50	〃
		435	0.33〜0.38	0.60〜0.85	—	0.90〜1.20	〃
		440	0.38〜0.43	〃	—	〃	〃
		445	0.43〜0.48	〃	—	〃	〃
		822	0.20〜0.25	〃	—	〃	0.35〜0.45
Ni-Cr-Mo 鋼	SNCM	220	0.17〜0.23	0.60〜0.90	0.40〜0.70	0.40〜0.65	0.15〜0.30
		240	0.38〜0.43	0.71〜1.00	〃	〃	〃
		415	0.12〜0.18	0.40〜0.70	1.60〜2.00	〃	〃
		420	0.17〜0.23	〃	〃	〃	〃
		431	0.27〜0.35	0.60〜0.90	〃	0.60〜1.00	〃
		439	0.36〜0.43	〃	〃	〃	〃
		447	0.44〜0.50	〃	〃	〃	〃
		616	0.13〜0.20	0.80〜1.20	2.80〜3.20	1.40〜1.80	0.40〜0.60
		625	0.20〜0.30	0.35〜0.60	3.00〜3.50	1.00〜1.50	0.15〜0.30
		630	0.25〜0.35	〃	2.50〜3.50	2.50〜3.50	0.50〜0.70
		815	0.12〜0.18	0.30〜0.60	4.00〜4.50	0.70〜1.00	0.15〜0.30

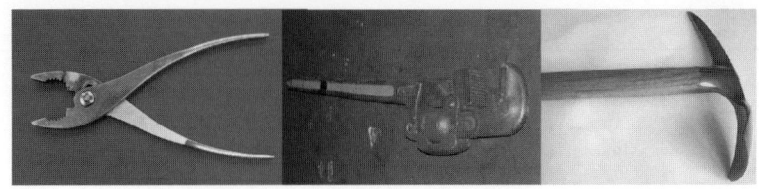

プライヤー：SCr　　　パイプレンチのあご：SCM　　　ピッケル：SNCM

図 5.11　機械構造用合金鋼の使用例

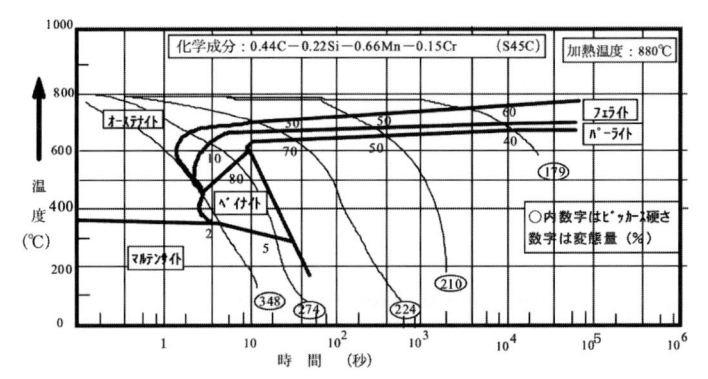

(a) 炭素鋼（S45C）の連続冷却変態曲線

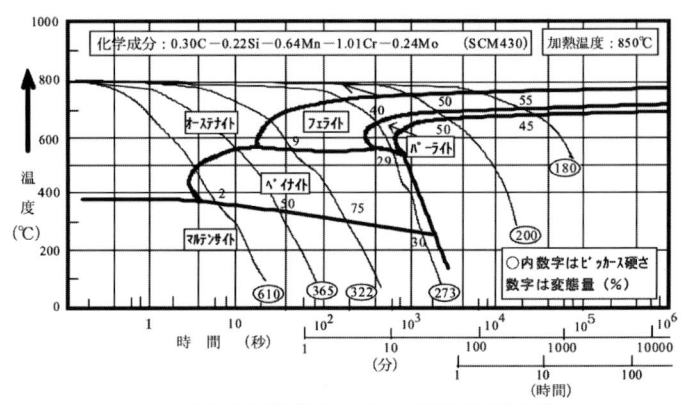

(b) 合金鋼（SCM430）の連続冷却変態曲線

図 5.12　構造用鋼の連続冷却変態線図（金属熱処理技術便覧（別冊）金属熱処理技術便覧編集委員会編　日刊工業新聞社 s 36.9.30. 発行 P 14 の 1.5 図および P 69 の 9.4 図を参考に作成した）

5.2 機械構造用炭素鋼・合金鋼：重要な自動車部品

シフトしている。③ベイナイトのノーズの位置はほとんど変化していないが，ベイナイトが形成される領域が長時間側に大きく広がっている。以上から，Cr-Mo 鋼では炭素鋼に比べて遅い冷却速度でも，パーライト変態を起こしにくく，ベイナイトやマルテンサイトが形成され易いことがわかる。すなわち，焼入れする鋼材の大きさが変わっても，また，冷却速度が変化しても，硬化深さの変動が小さい。このことを**焼入性**(hardenability)が優れる，あるいは**質量効果**(mass effect)が小さいと表現する。なお，この各変態のノーズの変化のしかたは，上述した合金元素の種類，添加量によってさまざまに変化する。焼入性評価のためには図 5.13 に示す**ジョミニ試験**(Jominy test)が行われる。加熱してオーステナイト化した円柱状の材料を下端から冷却する。その後，柱面から 0.4 mm だけ研磨して水冷端からの硬化深さを評価する。

C 量 0.25〜0.50％ 程度の鋼種を**強靭鋼**(high toughness steel)，C 量 0.13〜0.25％ 程度の鋼種を**肌焼鋼**(case hadening steel)とよんでいる。肌焼鋼は**浸炭鋼**(carburizing steel)ともよばれ，浸炭焼入焼戻される。歯車軸類に用いる場合，表面を硬くしつつ内部に靭性を持たせることが主目的であるが，同時に表面に圧縮残留応力が残り，疲れ強さにも有利である。

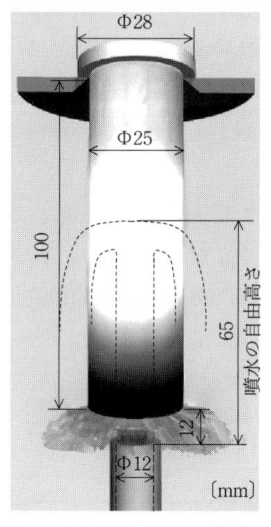

図 5.13 ジョミニ試験

5.2.4 ボロン（添加）鋼

ボロン鋼(boron steel)[4]はボロン B をごく微量（固溶ボロン 0.002%；20 ppm 以下）を添加することにより，鋼の焼入性を著しく向上させ，冷間加工性を損なわずに焼入性をあげることができる。おもに合金元素節約などの経済的見地から，建設機械用太径コイルばね，高張力鋼板，ハイテンボルト，自動車の足回り部品などに適用されている。

---

[4] JIS G 3508, JIS G 3545 に冷間圧造用ボロン鋼線材，鋼線の規定があり，炭素量 0.17〜0.40% の 24 鋼種が規定されている。

微量ボロンの焼入性向上メカニズムは，固溶ボロンが加熱時のオーステナイト粒界に偏析して，焼入れ時に生じるフェライト変態核の析出を抑制するためと考えられている。ボロンの焼入性向上効果は炭素含有量が高くなると減少するので，炭素含有量約 0.4% 以下の鋼に添加するのが効果的である。

5.2.5 冷間鍛造用鋼

冷間鍛造用鋼(steels for cold heading)は鍛造金型で目的の形状に成形するとともに，加工硬化を利用して強度を向上させる極めて有用な材料である。冷間鍛造用として使用されている鋼種は冷間圧造用鋼[5]のほかに，機械構造用炭素鋼・合金鋼，軸受鋼，各種快削鋼など多岐にわたっている。冷間鍛造品は一般に成形後機械加工なしで使用されることが多いために，熱間鍛造品に比して，素材の寸法精度，表面疵，硬さなどについてより厳しく管理された鋼材を使用している。

同じ炭素含有量の鋼材の変形抵抗は，**球状化焼なまし**(spheroidizing)，**焼なまし**(annealing)，焼ならし，圧延のままの順に高くなる。したがって，加工度に応じて焼なましあるいは球状化焼なましなどの軟化処理後，冷間鍛造用素材として使用するのが一般的である。

☕ 冷間鍛造技術の発展 ☕

1938 年ドイツで開発された鉄鋼の冷間押出法がアメリカに伝わり，1949 年頃に工業化された。わが国には 1954 年に紹介され，本格的な冷間鍛造技術の発展は 1957 年ドイツからマイプレスが輸入されて以降のことである。その後冷間鍛造技術は自動車産業の発展とともに急激な広がりをみせた。低炭素鋼主体のねじ，ボルトなどの小物部品から駆動系部品(たとえばアウターレース，シャフト)，差動装置部品(たとえば傘歯車)，変速機部品(たとえばヘリカルギア，シャフト)，など合金鋼主体の部品へ，さらに軸受鋼が使用される各種ベアリング部品など，さまざまな自動車部品が冷間鍛造品として実用化され，部品の強度向上と低廉化の有力な手法となっている。

---

[5] 冷間鍛造用として「冷間圧造用炭素鋼線材(JIS G 35071980)」，「冷間圧造用ボロン鋼線材(JIS G 35081991)」，「冷間圧造用炭素鋼線(JIS G 35391988)」，「冷間圧造用ボロン鋼線(JIS G 35451991)」が JIS に規定されている。

5.2 機械構造用炭素鋼・合金鋼：重要な自動車部品

5.2.6 快削鋼

快削鋼(free machining steel)[6]とは，削りにくい材料に苦しんだ経験のある技術者にとって非常に魅力的に響く名称である．その名の通り，基本鋼に他の元素を単独または複合添加し，切削性が良好で高速自動切削および深穴穿孔などに適する鋼種のことをさす．快削鋼は切削工程において工具寿命の延長，切りくず処理性の改善，切削能率の向上，切削加工工程の自動化・無人化，仕上げ面の向上などに効果を発揮することにより，加工費の低減に寄与している．被(切)削性を向上させる元素としては，硫黄 S，鉛 Pb，カルシウム Ca，テルル Te，セレン Se，ビスマス Bi などが知られている．S，Pb，Ca は主として構造用鋼向けに活用され，より高価な元素である Te，Se，Bi は主にステンレス鋼に活用されている．

図5.14に示す楕円形の介在物はマンガンの硫化物で，その両端に鉛が付着している．被削性向上元素の添加量は0.2〜0.3%程度の微量で顕著な効果をあらわすが，快削鋼は基本的に介在物を鋼に添加して鋼材の被削性を向上させ

(a) 普通鋼 SS400 の切削屑　　(b) 快削鋼 Mn-S-Pb 快削鋼の切削屑　　(c) 快削鋼のミクロ組織楕円状の介在物(Mn-S-Pb)

図5.14 快削鋼の鋼中介在物 (住友金属工業(株))

☕ **快削鋼のはじまり** 🍰

硫黄快削鋼は1920年代に米，独において製造開始されている．第一次世界大戦の頃，切削加工性の良い軟鋼材にはS，Pなど不純物元素が大幅に残留していることが注目され，それがきっかけとなって意識的にP，Sを添加した鋼種が商品化されたのが始まりである．鉛快削鋼は米国で1937年頃から研究開発され，1958年米国と企業間の技術提携がなされて，Pb 快削鋼の国産化が始まった．Ca 快削鋼は上記2鋼種に比べて歴史が新しく，1960年代初期に西ドイツで Ca 脱酸鋼の被削性に関する研究が発表されたのが始まりである．

---

[6] JIS G 4804, (JASO M10 6-85 参照)．JIS には C 量 0.08〜0.48% の鋼材が規格化されている．

ているため，鋼材の機械的性質低下はまぬがれない．被削性向上効果の機構として，① 切りくずと刃具の間の潤滑効果，② 切欠き効果による切り屑分断，③ 昇熱脆化(Pb 快削鋼は 250℃から 600℃の高温引張試験で著しい絞りの低下が観察される)による切りくずの微細分断などが考えられている．

5.2.7 非調質鋼

機械部品には，炭素鋼または合金鋼などを熱間鍛造後，焼入焼戻しにより必要な強度・靭性に調整してから使用されることが多い．この焼入焼戻し処理なしで，すなわち熱間鍛造のままで必要な特性を得ることができれば省エネルギー，あるいは工程省略の点から好ましいことである．これを**非調質鋼**という．

このような背景から中炭素鋼に微量の Nb(0.01～0.05% 程度)または V(0.03～0.20% 程度)を単独または複合添加し，熱間鍛造後そのまま放冷するだけで要求される強度が得られる非調質鋼が，1980 年代初めから実用化に入った．非調質によりマルテンサイトにすることはできないが，① フェライト＋パーライト，② フェライト＋ベイナイト，③ ベイナイトなどの金属組織が報告されている．フェライト＋パーライト組織で強度レベル 700～900 MPa の非調質鋼が最も多く使用されている．

5.3 表面改質

5.3.1 高周波焼入れ

高周波誘導電流によって鋼材の表面層のみを急速加熱した後，水で急冷する焼入れ方法を**高周波焼入れ**(induction hardening)という．焼戻しは表面硬さがあまり減らない程度の 150～200℃で行う．高周波焼入れは鋼材の表面だけを効率的に焼入れすることが可能で，熱処理炉を必要とせず工程の連続化も可能となる．このため自動車部品を中心に急速に発展している．図 5.15 に鋼材の形状に応じた高周波焼入れの作業事例を示す．急速加熱されるため，オーステナイト中へ炭素が拡散する十分な余裕がなく，鋼材の前組織に応じて焼入れ状態が異なってくる．そのため，事前に鋼材を調質して均一微細な組織にしておくことが望ましい．鋼材は炭素含有量が 0.35～0.50% の炭素鋼または合金鋼が適当である．有効硬化層の限界硬さは C：0.23～0.33% のとき HRC 36，C：0.33～0.43% のとき HRC 41，C：0.43～0.53% のとき HRC 45 である．

5.3 表面改質

図 5.15 高周波焼入れ

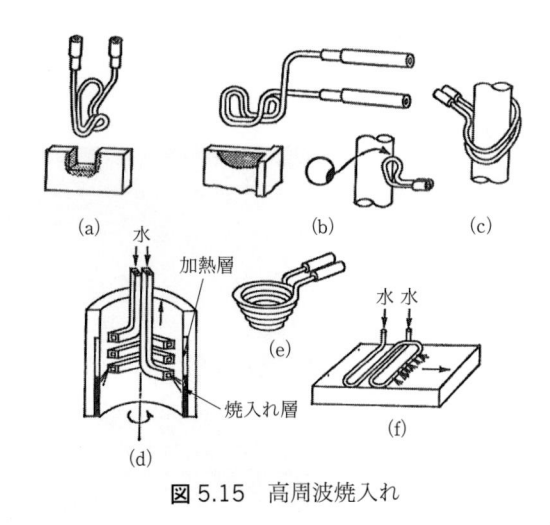

熱処理炉や浸炭では不可能な大型部品，局部焼き入れ品，深さ数 mm の表面層のみが硬く，内部は靱性を必要とする部品などに適している．

5.3.2 浸炭焼入れ

加熱した鋼材に適当な媒材(例えばプロパン・メタンなどの浸炭性ガス(気体)，青酸ソーダのような青酸塩浴(液体)，または木炭粉(固体)などを接触させ，炭素を拡散浸透して鋼材表層部の炭素含有量を 0.8～0.9% にする操作を**浸炭**(carburizing)とよんでいる．C 量は共析鋼付近の 0.85% がよく，これより増加すると割れが発生しやすい．浸炭による表面硬さは鋼種に関係なく HRC 58～63 でほとんど一定である．浸炭は 0.25% 以下の低炭素鋼や低合金鋼を用い，焼きならしまたは焼きなまし後，機械加工し浸炭する．同一部品で浸炭させない部分は銅メッキを施してマスクする．浸炭は 900～930℃ で長時間加熱保持した後，油または水焼入れをする．焼入れ後，150～200℃ で焼戻す．基材は靱性があり，表面の耐荷重性，耐摩耗性，耐曲げ疲れ強さが必要とされる歯車などに使用されている．図 5.16 に遊技用鋼球(パチンコの玉)の浸炭状況を示す．

5.3.3 窒　化

窒化(nitriding)は浸炭と異なり，焼入れ処理は不要で，表層部に形成され

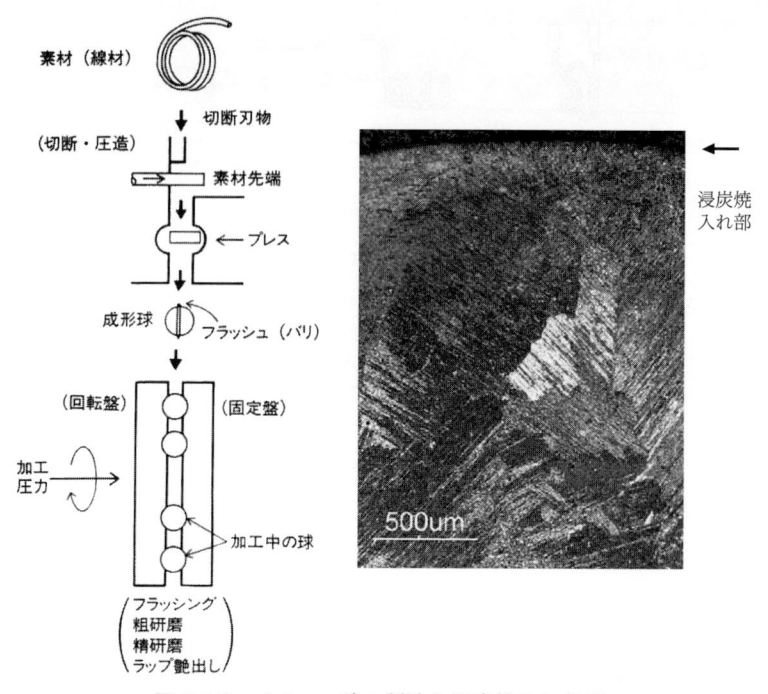

図 5.16 パチンコ球の製法と浸炭焼入れ状況

る硬質の窒化物によって硬化させる。加熱が 600℃ 以下と低温のため変形が極めて少なく，また耐摩耗性と耐食性に優れている。合金鋼では HV 600～1,200，炭素鋼では HV 300～600 と表面硬化処理の中では最も硬くすることができる。現在ではコストと性能の両面より，ガスまたは液体による軟窒化が主流になっている。ガスの場合，気密にした窒化箱に NH_3 ガスを流し，500～520℃ に加熱する。NH_3 ガスは高温で不安定となり分解して原子状の N および H を生じる。この N が Fe あるいは Al，Cr などの添加元素と化合し硬い微細窒化物を作り転位の移動を妨げる。表面硬化層が薄くもろいので面圧強度が高い部品や，衝撃の作用する用途には適さない。面圧が比較的低く，歯形精度が要求され，滑り摩耗抵抗が要求されるヘリカルギヤー部品には窒化処理が適している。

さらに上述の表面硬化法を複合させた熱処理もある。例えばクランクシャフトでは S 43 C～S 50 C を軟窒化後，部分的に高周波焼入れを行うことがある。

5.4 まとめ

自動車産業の発展とわが国の鋼材の進歩

戦後間もなく再開された乗用車生産は，米国や，欧州がトップを走っていた。わが国でも主として米国の大量生産方式を手本に血のにじむような努力が重ねられた。その結果，1960 年代にはモータリゼーションの急速進展時期と重なり，加工の自動化，無人化に対応できる鋼材として快削鋼の開発が始まった。さらに部品の生産能率向上のために，ボルトをはじめとする各種小物部品の冷間鍛造化が推し進められるようになった。引き続きスチールラジアルタイヤに使用されるスチールコード，バルブスプリング，軸受鋼用線材および各種非調質鋼，各種ボロン鋼，直接焼ならし鋼，直接焼なまし鋼などが続々と開発され，今やわが国の自動車用鋼材は世界のトップを走るようになった。

5.4 まとめ

1. 一般構造用圧延鋼材(SS 材)は熱間圧延のまま使用され，C は 0.1〜0.3% である。機械的性質(降伏応力，引張強さ，伸び，曲げ性)のみが規定され，SS 400 とは引張強さが 400 MPa 以上の鋼材で一般構造用鋼全体の 80%，橋梁，船舶，車両，産業機械その他の構造部材として使用されている。

2. 溶接構造用圧延鋼材(SM 材)は溶接熱影響部の脆化や割れ防止のため C 量の上限を 0.25% としている。

3. 高強度用鋼材は Si，Mn，Cr，Ni，Mo などを添加し焼入れ，析出硬化あるいは結晶粒を一様に微細化し，500〜800 MPa を超える強度部材として建築，橋梁に使用される。

4. 熱間圧延薄鋼板は再結晶温度以上で圧延，約 0.8 mm 厚以上，最大幅約 1,900 mm の鋼板で，自動車，建築，橋梁，車両，溶接 H 形鋼，ガス管やラインパイプなどがある。

5. 冷間圧延鋼板は常温(再結晶温度以下)で薄く延伸後，焼鈍する。0.15〜3.2 mm 厚の切り板，コイル状の鋼板として，自動車の外板，家電・音響・通信製品，建材に多く使用され，一般用(SPCC)，絞り用(SPCD)，深絞り用(SPCE)，耐候性鋼板，ほうろう用鋼板などがある。

6. 機械構造用炭素鋼(SC 材)は合金元素が炭素だけで，低・中・高炭素鋼に分類される。炭素鋼は S と C の間に規格炭素含有量の中央値の百倍を表示，S 10 C から S 58 C まで JIS で規格化されている。S 45 C は，炭素が 0.45% を中心に 0.42〜0.48% の間にある。

7. 機械構造用合金鋼は Ni, Cr, Mo, V などの合金元素の1種以上を比較的少量(数%以内)添加し焼入性を向上させている。クロム鋼(SCr)，クロムモリブデン鋼(SCM)，ニッケルクロム鋼(SNC)，さらに $-40°C$ 以下の低温にも脆性を示さないニッケルクロムモリブデン鋼(SNCM)がある。そのほかにボロン鋼(焼入れ性)，硫黄快削鋼，鉛快削鋼が使用されている。
8. 非調質鋼は中炭素鋼に微量の Nb または V などを単独または複合添加，熱間鍛造後そのまま放冷し強度が得られる鋼である。フェライト＋パーライト組織で強度 700～900 MPa の非調質鋼が多用されている。
9. 高周波焼入れは，鋼材の表面を急速に加熱し表面層だけ効率的に焼入れする方法，浸炭焼入れは高負荷用途にプロパンガス・青酸ソーダなどを用いて高温加熱された鋼材表面に，C を 0.8～0.9% に浸透拡散させる方法である。窒化はアンモニアガスを用い $600°C$ の低温加熱で鋼材に N を浸透拡散させる方法で，表面硬化層は薄いがひずみを嫌う鋼材に適している。

参 考 書

1) 金属材料のマニュアル(技能ブックス 20)，大河出版．
2) 大和久重雄：JIS 鉄鋼材料入門，大河出版(1992)．
3) 大和久重雄，村井鈍：鋼のおはなし，日本規格協会(1999)．
4) 林郁彦監修：先端自動車材料技術，社団法人日本工業技術振興協会(1992)．
5) 日本規格協会：JIS ハンドブック(鉄鋼)．
6) 菊地庄作，柳沢重夫：切削の理論と実際，共立出版(1980)．

演習問題

5.1 プリストレスコンクリート(コンクリートに鉄筋で予圧を与える)の構造とその特徴を説明せよ。
5.2 機械部品によく使われる鉄鋼材料 SS－材と S－C 材において，その略記号の意味を説明せよ。またそれぞれの用途を説明せよ。
5.3 下記に示す JIS 機械構造用鋼の種類の記号から主要合金元素名と炭素含有量の中央値を記せ。また高周波焼入れに適当な鋼種を選び，その理由を述べよ。S 45 C，SMn 443 H，SCr 420 H，SNC 631 H，SNCM 420 H，SMnC 443
5.4 曲げ，ねじりの疲労強度が焼入れ，浸炭，窒化などの表面硬化処理で格段に向上するのはなぜか。引張り・圧縮の疲労の場合はどうか。
5.5 非調質鋼とする目的およびその方法について述べよ。

6

鉄鋼材料III：軸受鋼・工具鋼および鋳鋼・鋳鉄

6.1 軸受鋼：機械のかなめ

　軸受とは機械類における回転物の軸を支持する部品であり，その鋼材を**軸受鋼**(bearing steel)とよんでいる。JISでは高炭素クロム軸受鋼と規定し記号はsteelのS，special useのU，journalのJをとってSUJとした。

　表6.1に代表的な軸受鋼の化学成分，図6.1に軸受部品を示す。軸受の軌道輪(race)と転動体(ball, roller)に使用されている鋼種は①高炭素クロム系，②肌焼合金系，③耐食耐熱系に分けることができる。歴史的には高炭素クロム鋼はヨーロッパで開発されてきた鋼種であり，肌焼鋼は米国で自動車産業の進展とともに開発実用化が進んできた鋼種である。これらの中で高炭素クロム鋼が最も多く使用されている。耐食耐熱系は極めて少量しか使われていない。

　軸受は高精度を保ちながら，高荷重，高速運転のもとで，摩擦，疲れ破損，摩耗，焼付き，騒音などが少なく，長期間の使用に耐える必要がある。そのた

☕ **軸受のはじまり** 🍰

　軸受利用の歴史は古く，約2,500年の昔メソポタミヤの遺跡から，固定された軸棒にはめ込まれた車輪つきの乗り物が発見されている。転がり軸受の出現はすべり軸受よりも後である。現在のところ，イタリアのローマ近郊で発見された紀元後50年頃建造された船の回転円形床を支えるスラスト軸受が最古である。これは木の溝の中を青銅の玉ころ，テーパーころが転動する方法であった。広く使われるようになったのは，産業革命に入って機械類の性能向上が強く要請されるようになって以降である。

表6.1 軸受鋼の成分と特徴 mass%

	C	Si	Mn	P	S	Cr	Mo	Ni
SUJ 2	0.95~1.10	0.15~0.35	0.025以下	0.025以下	1.30~1.60	1.30~1.60	—	—
SCM 420	0.17~0.23	0.15~0.35	0.55~0.90	0.030以下	0.030以下	0.85~1.25	0.15~0.35	—
SNCM 420	0.17~0.23	0.15~0.35	0.40~0.70	0.030以下	0.030以下	0.35~0.65	0.15~0.30	1.55~2.00
SUS 440C	0.95~1.20	1.00以下	1.00以下	0.040以下	0.030以下	16.00~18.00		

（マルテンサイト系ステンレス鋼）　　　　（注）・Moは0.75%以下・Niは0.6%以下

図6.1 産業の豆・軸受

めに，硬く，疲労強度が大きく，耐摩耗性があって組織変化しない鋼材が求められる．小さい体積内に高い応力が繰り返して加えられ，さらに材料の硬度が高いので，転がり疲れ破壊は応力集中による切欠き効果が大きい．そのため，精錬工程で除去し得なかった**非金属介在物**(non-metallic inclusion)である**硫化物**(sulfide)，**酸化物**(oxide)，**炭化物**(carbide)の影響が他の構造用鋼よりも著しく大きい．軟らかくて粗大な粒子(例えば非金属介在物の中でも塑性変形しやすい硫化物MnSのHVは200~240)よりも，硬く変形しにくい酸化物(たとえばアルミナAl_2O_3のHVは2,000~3,000)および粗大炭化物(例えばCr系のM_7C_3炭化物のHVは2,000~2,700)によって転がり疲れ破壊が誘発される．したがって，軸受用鋼材には低酸素・低介在物の真空脱ガス材が使用されると同時に炭化物の微細化にも細心の注意が払われる(図6.2)．

JIS高炭素クロム鋼には5種の鋼が規定されているが，SUJ 2が使用実績の9割程度を占めている．ただしSUJ 2は焼入性の制約から，直径が25 mm以

6.2 工具鋼：金属を削る鋼

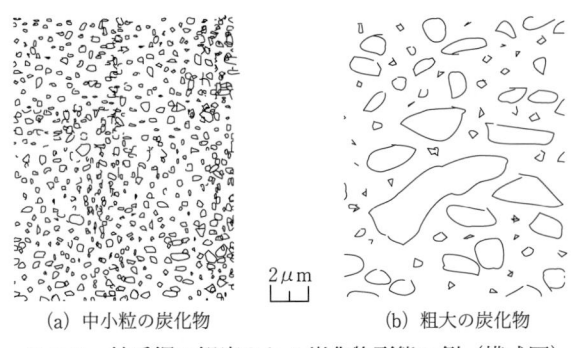

(a) 中小粒の炭化物　　　(b) 粗大の炭化物

図 6.2 軸受鋼で観察される炭化物形態の例（模式図）

下のボールやローラー，肉厚 25 mm 以下のレースに限られる。

　肌焼系の場合，浸炭された表層部は SUJ 2 と同等の硬さを有するため，耐摩耗性に優れ，かつ芯部は炭素含有量が低いため低硬度で靭性のある組織となっている。この特性が衝撃荷重を受けるベアリングに最適で，断続運転される機械装置の軸受に適用されている。

　耐食・耐熱系は腐食性環境や医療器具，食品工業，120℃を越える高温の使用環境などで用いられる。表 6.1 に記載の鋼種のほかに，高速度工具鋼やマルテンサイト系ステンレス鋼の炭素量を高くした鋼種が使用されている。

　軸受鋼の硬さは SUJ 2 のように Cr 炭化物の数が多く，大きさが小さいほど上昇する。靭性に対しては炭化物の数が少ないことが望ましく，また炭化物が粗大すぎても微細すぎても望ましくない。大きい炭化物は応力集中源として働き，微細な炭化物は地鉄結晶格子をひずませ靭性を低下させやすい。高温強さについては，高温になっても微細な炭化物が凝集粗大化せず安定で，高い硬さを維持することが望ましい。

6.2 工具鋼：金属を削る鋼

　工具鋼(tool steel)とは，金属材料をはじめとする被加工材に負荷を加えて，必要な形状とする工具に使用される鋼材である。はさみ，包丁，のこぎりなどの手工具から材料を切削するためのバイト類，塑性加工するための金型，ダイス，圧延ロールなどに用いられる。JIS には炭素工具鋼，合金工具鋼，高速度工具鋼の 3 種類がある。

6.2.1 炭素工具鋼

steel の S, kougu(工具)の K をとって**炭素工具鋼**(carbon tool steel)を SK とよんでいる。SC 材よりも C を多くし，0.6～1.5 mass% の間で 1～7 種に分けている。価格が安く簡単な焼入れで高い硬度が得られ，鍛造や機械加工も容易であるが，焼入深度が浅く焼戻し軟化抵抗が小さいために高温硬度も低く，切削耐久性も小さい。現在は，大きな負荷のかからない手工具，ハンドソー，ヤスリなどに使用されている。

☕ トライアングルの響き 🍰

ベートーヴェンの合唱の最終楽章で，前半の合唱が終わって静寂が訪れたそのとき，クライマックスに向けて澄み切ったマーチ風のリズムを奏でるトライアングルが鳴り響く。この材料は軟鋼ではだめで，焼入焼戻しされた炭素量 1 mass% の工具鋼が使用されている。バネのような弾力性を持ち容易に減衰しない特性が生かされているからである。楽器は形状も重要な意味を持つ。それではトライアングルは何故一隅が切れた正三角形状をしているのであろうか？

6.2.2 合金工具鋼

炭素工具鋼のもつ欠点を除くために，焼入深度を増す合金元素が添加されている**合金工具鋼**(carbon alloy tool steel)SKS, SKD, SKT がある。S は special, T は tanzo(鍛造), D は die(金型のダイ)である。SK より高温に耐えるように Cr, W, V などを加えることにより，フライスカッター，ドリルの他にタップ，ゲージ，ポンチ，組みやすり，帯鋸などに使われている。冷間引抜きやダイス用として Cr を 4～5 mass% 入れた SKD 11, 12，熱間金型として SKD 62 などがある。冷間鍛造用金型に要求される性質としては，① 硬度および圧縮強さ，② 靱性，③ 耐摩耗性，④ 不変形性，などがある。材料を押しつぶすパンチには約 2,000～3,500 MPa の高い圧縮応力が負荷される。材料を受けるダイにも 1,500～2,000 MPa という面圧が作用する。したがって，**残留オーステナイト**(retained austenite)が十分マルテンサイト化された均一で安定した硬さの鋼材を使用する必要がある。たとえば，パンチには HR 60 以上，ダイ・金型では HR 58～60 が標準である。ここで残留オーステナイトとは焼入鋼中に存在するオーステナイトを意味し，温度を降下するか常温加工を施せばマルテンサイトに変態し，寸法変化の原因となる。

工具鋼の熱処理は焼なまし，焼入れ，焼戻しの順でおこなわれる。ことに，

6.2 工具鋼：金属を削る鋼

球状化焼なましは工具鋼の性質（硬さ，靭性，金属組織の均一性と安定性など）を改善する重要な操作である．合金工具鋼の製造では，鍛造・熱処理時のひずみや割れに細心の注意が必要である．

6.2.3 高速度工具鋼

切削加工用のバイトとして使用される**高速度鋼**（high-speed steel，ハイス）は，18 W-4 Cr-1 V-0.8 C，mass% が基本で（以下%と略記）18-4-1 と称している．これが SKH 2 種である．記号 H は high speed から由来している．これにコバルト Co を入れて硬さを上げたのが SKH 3，4，5，10 である．タングステン W の代わりに，モリブデン Mo を増量したモリブデン系は SKH 50 番台で規定されており，2% V 添加鋼は切削中に赤熱しても，軟化しにくい特長がある．熱処理温度は，工具鋼が 700〜900°C の焼入れ温度であるのに対し，ハイスは 1,300°C 前後と高い．

6.2.4 工具鋼と炭化物

工具鋼の場合，多種類の炭化物形成元素を含むため，鋼中でいろいろな炭化物が形成される．これらの炭化物の存在形態が工具の特性に大きな影響を与える．工具の刃欠けや軸受鋼の転動疲労による割れ起点となり易いのは粗大な炭化物である．硬さおよび耐摩耗性に対しては炭化物の数が多く，大きさが小さいほど効果があるが，靭性に対しては炭化物の数は少ないほうがよい．

このような各特性に対して必要とされる炭化物の存在形態は，合金元素の添加と適切な熱処理によって実現される．たとえば，鉄中での W の拡散速度は遅く W 炭化物の凝集成長はセメンタイトなどに比べて遅れるため，高温での耐摩耗効果が著しい．V は微細な炭化物を形成し，そのため地鉄の硬度を高

☕ **工具鋼のはじまり** 🍰

炭素工具鋼はハンツマン（B. Hantzmann，英，1704〜1776）により発明され，その約 130 年後の 1868 年マシェット（R. F. Mashet，英，1811〜1891）によって，Mn-W 工具鋼が発明された．続いて，熱処理ミスがきっかけで高温焼入れ法を発明したテイラー（F. W. Taylor，米，1856〜1915）は，開発したばかりの工具鋼を High Speed Steel と名付けた．それを 1900 年パリの万国博に出品した．実演で，切れ刃がまっ赤（600°C 程度か？）になってもへたらないことを実証した．後年彼は「工業生産における科学的管理法の父」とよばれている．

めて高温での軟化を抑制する。Vの添加された工具鋼製チップは赤熱状態 (600〜650℃程度) で切削加工しても硬さが保たれる理由は，この析出硬化作用にある。Cr炭化物は耐摩耗性を向上させることで知られているが，一方で粗大な炭化物を形成しやすい。したがって，工具鋼や軸受鋼ではこの粗大炭化物の生成を防ぐため，高温加熱処理している。

　JISに規格化されている工具鋼から抜粋した鋼種，用途を表6.2に示す。このほか13%Crステンレス鋼，さらにMo添加した高級刃物用ステンレス鋼も用いられている。

表6.2　工具鋼の種類と特徴

鋼種		〈種類の記号〉	〈参考用途例〉
JIS工具鋼	炭素工具鋼	SK 1	刃やすり，組やすり
		SK 2	ドリル，小形ポンチ，かみそり。刃物，ぜんまい
		SK 3	たがね，ゲージ，ぜんまい，プレス型，治工具，刃物
		SK 4	木工用きり・のこ，たがね，ぜんまい，ペン先，チゼル，メリヤス針，プレス型，ゲージ
		SK 5	刻印，プレス型，帯のこ，丸のこ，ゲージ，針
		SK 6	刻印，丸のこ，ぜんまい，やすり，プレス型
		SK 7	刻印，プレス型，ナイフ
	高速度工具鋼	タングステン系	
		SKH 2	一般切削用，その他各種工具
		SKH 3	高速重切削用，その他各種工具
		SKH 4	難削材切削用，その他各種工具
		SKH 10	高難削材切削用，その他各種工具
		モリブデン系	
		SKH 51	じん性を必要とする一般切削用，その他各種工具
		SKH 52, 53, 54	比較的じん性を必要とする高硬度材切削用，その他各種工具
		SKH 55, 56, 57	比較的じん性を必要とする高速重切削用，その他各種工具
		SKH 58	じん性を必要とする一般切削用，その他各種工具
		SKH 59	比較的じん性を必要とする高速重切削用，その他各種工具
	合金工具鋼	SKS 11, 2・21, 5・51, 7, 8 (切削工具用)	・バイト，冷間引抜ダイス ・タップ，ドリル，カッタ，プレス型，ねじ切りダイス ・丸のこ，帯のこ ・ハクソー ・刃やすり，組やすり
		SKS 4・41, 43, 44 (耐衝撃工具用)	・たがね，ポンチ，シヤー刃 ・さく岩機用ピストン，ヘッディングダイス ・たがね，ヘッディングダイス
		SKS 3・31, 93・94・95 (冷間金型用)	・ゲージ，プレス型ねじきりダイス ・シヤー刃，ゲージ，プレス型
		SKD 1, 11・12 (冷間金型用)	・線引きダイス，プレス型，れんが型，粉末成形型 ・ゲージ，ねじ転造ダイス，金属刃物，ホーミングロール，プレス型
		SKD 4・5・6・61, 62, 7, 8 (熱間金型用)	・プレス型，ダイカスト型，押出工具，シヤーブレード ・プレス型，押出工具 ・プレス型，押出工具，ダオカスト工具
		SKT 3・4 (熱間金型用)	・鍛造型，プレス型，押出工具

6.2.5 工具鋼のコーティング

母材の工具鋼に各種の**コーティング**(coating, 被覆)を施して，表層部の耐熱性・耐摩耗性を高めた切削工具がある。さらに最近では粉体を焼結した工具が多数開発されている。C(炭素)やBN(窒化ボロン)などを高温高圧下で成形した焼結体やダイヤモンド焼結体などがある。超硬チップは，WC(炭化タングステン)を主成分として，粉末冶金法でつくられている。

切削工具用セラミックスは，一般に高純度で微細な酸化物(たとえばAl_2O_3やMgO)，窒化物(たとえばTiNやSi_3N_4)などの粉末を，加圧しながら焼結する方法(ホットプレス法や熱間静圧焼結法)でつくられ，緻密で微細な組織を持つ焼結体である。耐摩耗性に優れているばかりでなく，耐溶着性，耐酸化性，耐熱性に優れ，高い精度と良好な仕上面を得ることができる。

これら高硬度の刃具を有効に活用するには，刃欠けに対する注意が必要であり，また，剛性の高い切削加工機械を使用することが肝要である。

6.3 鋳鉄：古くて新しい鉄

6.3.1 鋳鉄の特長

Cを約2.1%以上含むFe-C合金を**鋳鉄**(cast iron)とよぶ。鋳鉄は，酸化被膜の密着性が強いために錆にくく，特に水に対する耐食性に優れている。鋳鉄は，一般に硬くて脆いというイメージが強いが，耐摩耗性，被削性，振動吸収能，熱衝撃に強いなど，他の材料にはない数々の優れた特性を有している。そのため，産業革命以降，鋳鉄は構造材料の中で常に主要な地位を占めてきた。今日，自動車の心臓部ともいうべきエンジンや駆動系を構成する部品の多くは鋳鉄製である。また，鋼の時代になっても，都市の地下水道管は鋳鉄管である。バルブ・コック類，マンホールの蓋も鋳鉄である。ねずみ鋳鉄の最大の欠点である脆さは，1940年代末の球状黒鉛鋳鉄の発明で過去のものとなった。

6.3.2 ねずみ鋳鉄(片状黒鉛鋳鉄)

ねずみ鋳鉄(gray cast iron)，別名**片状黒鉛鋳鉄**(flake graphite cast iron)は合金の炭素が**黒鉛**(graphite)の形で多く存在するため，その破面はねずみ色である。JIS記号はferrousのF，castingのCからFC，その後の3桁の数字で強度(MPa単位)を定めている。Fe-C系平衡状態図(図4.4)でCが約2.1%

鋳鉄の歴史

鋳鉄の製造は中国ではきわめて古く戦国時代の末期(紀元前3世紀頃)とされている。一方,ヨーロッパではこれより新しく英仏百年戦争の頃(14世紀)に出現した。ヨーロッパの鋳鉄製品は時代を反映して主に大砲と砲弾であったが,鋳鉄製大砲はしばしば暴発事故を起こした。時代が下るにつれて民生品も作られたが,ストーブと水道管が多かったという。最近でこそ減ったが,かつてわれわれの身近なところには,だるまストーブ,鍋,釜,鉄瓶,田舎に行けば五右衛門風呂と鋳鉄製品があふれていた。

以上になると溶融-凝固過程で生じる複数の結晶の晶出,すなわち**共晶反応**(eutectic reaction)をともなう。鋼と鋳鉄を分ける境界を C≒2.1% とした理由はここにある。鋳鉄の組織は,その組成が共晶点に対してどの辺に位置するかで大体の目安がつく。鋳鉄の共晶点は,式(6.1)に示すように,Si の量に応じて低炭素側へ移動する。

$$C(共晶点)\% = 4.3\% - Si\%/3.2 \qquad (6.1)$$

鋳鉄の共晶温度は 1,145℃ で,約 4.3% の C を含む溶鉄から黒鉛とオーステナイトが同時に析出する。共晶生成物は**共晶セル**(eutectic cell)とよばれ特異な形態をとる。すなわち,図 6.3 に示すように,凝固時に黒鉛は多数の湾曲した葉片の形をとって溶鉄中に成長し,それぞれの葉の周囲をオーステナイトが囲む。共晶セル全体は球状を呈し,黒鉛は"松かさ"状の骨格を形成している。顕微鏡で鋳鉄を観察すると,図 6.4 に示すようにフレーク(薄片)状の黒鉛が分散して見えるが,立体的にみれば松かさの切断面を見ていることになる。凝固完了後,さらに冷却を続けるとオーステナイトは共析温度(A_1)ですべて

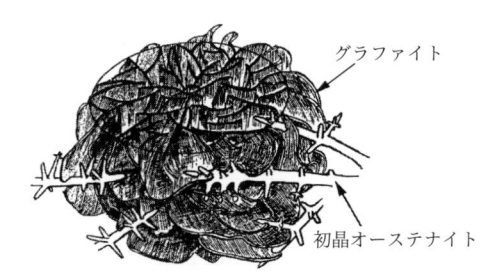

図 6.3　ねずみ鋳鉄の共晶セル (模式図)
(W. Hume-Rothery & G. V. Raynor:
The Structure of Metals and Alloys.
The Institute of Metals, (1962), p. 294.)

6.3 鋳鉄：古くて新しい鉄

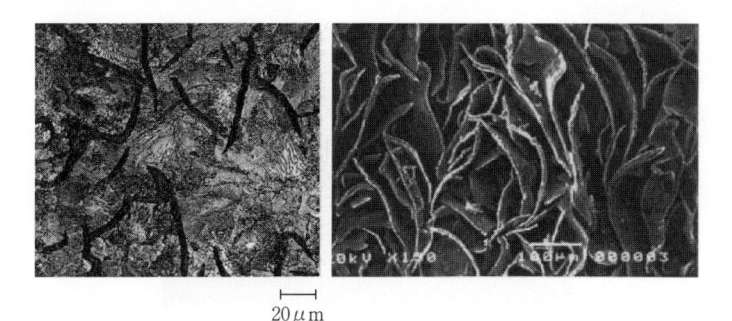

図 6.4 ねずみ鋳鉄の組織（American Society for Metals; Metals Handbook, Vol. 7, 8th ed., ASM, 1972, p. 86）

パーライトに変態する。この間，オーステナイトのC含有率は2.1％から0.8％に減少する。一方，黒鉛はオーステナイトが吐き出すCを吸収して肥大化する。共析温度以下ではパーライト＋黒鉛組織に変化は認められない。ねずみ鋳鉄はマトリックスがパーライトであるので硬いが，フレーク状あるいは片状（立体的には板状）黒鉛が存在するため，切欠き効果により靱性は著しく低い。ねずみ鋳鉄の機械的性質を表6.3に示す。ねずみ鋳鉄の耐摩耗性は良好であり，シリンダ，ピストンリング，ブレーキシューなどに使われる。その理由として，マトリックスが硬いことに加え，黒鉛に潤滑性能があること，黒鉛の脱落部分が潤滑油の溜りになること，さらに，熱伝導率の高い黒鉛が摩擦熱を速やかに逃がすことがあげられる。また，ねずみ鋳鉄の被削性は良好である。これは，黒鉛の存在が切削抵抗を下げ，切り屑を細かく破砕するためである。鋳鉄が異色な材料とされる理由の一つに，鉛と並んで振動減衰能（振動を吸収する能力）の高いことがあげられる（図6.5）。これは，振動エネルギーが黒鉛/マトリックス界面における相対運動で消耗されるためである。ねずみ鋳鉄は工作

表6.3 ねずみ鋳鉄の機械的性質 （JIS G5501）

記号	引張強さ MPa	ブリネル硬さ HB
FC 100	100 以上	201 以下
FC 150	150 以上	212 以下
FC 200	200 以上	223 以下
FC 250	250 以上	241 以下
FC 300	300 以上	262 以下
FC 350	350 以上	277 以下

注　各試験値は試験棒の直径30 mmにおけるもの．

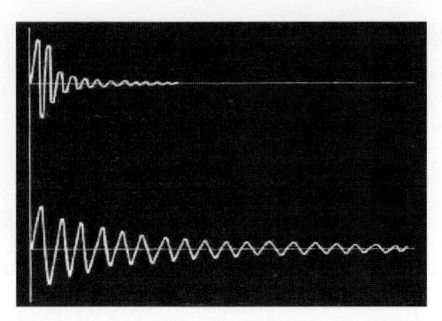

図 6.5　鋳鉄（上）と鋼（下）の振動減衰能比較

機械など作業中に振動をおこしやすい機械類のベッドに好適である。隠れたところでは，ピアノの20トンにおよぶ緊張した弦を支えるフレーム（口絵3）もねずみ鋳鉄である。

　CやSiの含有率が高い場合，あるいは冷却速度が特に小さい場合には，マトリックスのパーライトはフェライトと黒鉛に分解し，黒鉛は既存の黒鉛上に析出する。このようにフェライトマトリックス中に黒鉛が分散した鋳鉄をフェライト鋳鉄という。また，パーライトマトリックスなのだが黒鉛周辺にだけフェライトが析出したものもある。いずれも，マトリックス全体がパーライトのねずみ鋳鉄より強度は下がるが，靱性が向上する。

6.3.3　白鋳鉄

　ねずみ鋳鉄に比べてCおよびSiの含有率が低い場合，あるいは急冷された場合には黒鉛は析出せずセメンタイトが析出する。このような鋳鉄を破面の色から**白鋳鉄**（white cast iron）という。白鋳鉄はきわめて硬く切削加工は困難である。しかし，硬いことは，ボールミル（セラミックスや磁性材料などの原料を微粉化する粉砕機）のボールや圧延用ロールには好適である。チルドロールは表面だけ白鋳鉄化し，内部はねずみ鋳鉄である。

6.3.4　球状黒鉛鋳鉄

　ねずみ鋳鉄はきわめて有用な材料であるが，黒鉛形態がフレーク状であるために強度および靱性が低いという欠点があり，用途に制約がある。そこで，ねずみ鋳鉄の黒鉛形態をフレーク状から球状に変えた鋳鉄が開発された。これが**球状黒鉛鋳鉄**（spheroidal graphite cast iron）である。1947年，モロー（H.

6.3 鋳鉄：古くて新しい鉄

Morrogh, 英) は溶鉄にセリウム Ce を添加すると黒鉛が球状化する現象を発見した。また，翌1948年，ガグネビン (A. P. Gagnebin, 米) らは Mg 添加でも黒鉛が球状化することを発見した。その後，Ce より Mg の方が安価で球状化効果も大きいことが判明したため，Mg 添加法 (約 0.05 mass%) が広く普及するようになった。現在は Si 添加により黒鉛を球状化している。

球状黒鉛鋳鉄の組織を図 6.6 に示す。球状黒鉛鋳鉄のマトリックスは，ねずみ鋳鉄と同様，パーライト，フェライト，および黒鉛の周囲にのみフェライトが析出したパーライト ("ブルスアイ" bull's eye) に分けられる。これらは，ねずみ鋳鉄の場合と同様，C, Si 含有率および冷却速度によりきまる。一般的に

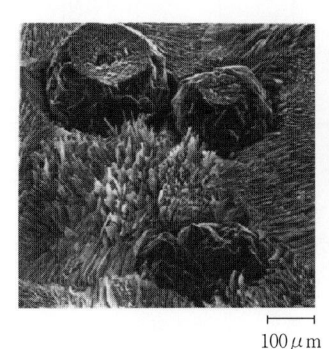

(a) 立体組織観察
(日立金属(株)五十嵐氏提供)
100μm

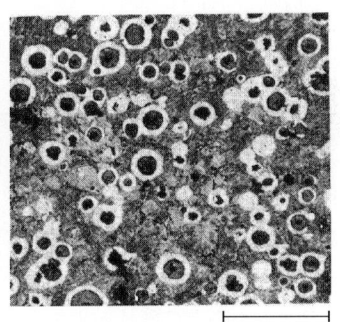

(b) 平面組織観察 (American Society for Metals; Metals Handbook, Vol. 7, 8thed, ASM, 1972, p. 88)
10μm

図 6.6 球状黒鉛鋳鉄の組織 (bull's eye)

図 6.7 球状黒鉛鋳鉄の水道用管への使用例
((株)クボタ)

表6.4 球状黒鉛鋳鉄の機械的性質（JIS G5502）

記号	引張強さ MPa	耐力 MPa	伸び %	シャルピー試験吸収エネルギー			硬さ HB	マトリックスの組織
				試験温度 ℃	3個の平均値 J	個々の値 J		
FCD 350-22	350以上	220以上	22以上	23±5	17以上	14以上	150以下	フェライト
FCD 350-22L				−40±2	12以上	9以上		
FCD 400-18	400以上	250以上	18以上	23±5	14以上	11以上	130-180	
FCD 400-18L				−20±2	12以上	9以上		
FCD 400-15			15以上					
FCD 450-10	450以上	280以上	10以上				140-210	
FCD 500-7	500以上	320以上	7以上				150-230	フェライト +パーライト
FCD 600-3	600以上	370以上	3以上				170-270	
FCD 700-2	700以上	420以上	2以上				180-300	パーライト
FCD 800-2	800以上	480以上					200-330	

は，マトリックスはフェライト・パーライト（ブルスアイ）が多い。

　球状黒鉛鋳鉄の機械的性質を表6.4に示す。球状黒鉛鋳鉄の性質はマトリックスの組織によって変化する。パーライトの場合は硬くて強く，耐摩耗性もよい。フェライトの場合は延性が大である。現在，ねずみ鋳鉄の一部および可鍛鋳鉄のほとんどは球状黒鉛鋳鉄に置き換わり，さらに鋳鋼の一部も鋳鉄化された。図6.7に遠心鋳造法で作られた水道用鋳鉄管を示す。

6.4　鋳鋼：機械部品の横綱

　JISでは炭素鋼鋳鋼品とよばれ，steelのS，castingのCをとってSCと定義されている。このあと3桁の数字が続き，強さを示す。FCと同じように成分の規定はない。鋳鋼（cast steel）は鋳鉄より強度や靱性に優れ，溶接性も良好である。また，Cr，Ni，Mo，Vなどの合金元素を添加することにより，耐摩耗性，耐食性，耐熱性など多様な特性を付与することができる。一方，鋳鋼は鋳鉄に比べて，凝固温度が高く（SC材で約1,520℃），また，鋳鉄が凝固時の黒鉛晶出により凝固収縮量が小さい（ねずみ鋳鉄で0.5〜2%）のに対し鋳鋼は7〜10%と大きいことから，一般に，鋳鋼の鋳造作業は鋳鉄より難しくコストも高い。しかし，車両連結器など複雑な形状の部品，または圧延用ロールな

6.5 まとめ

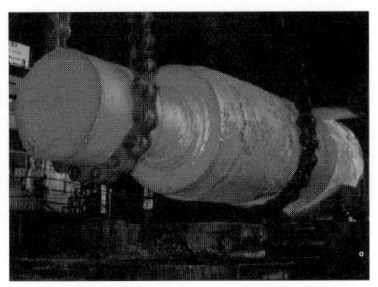

(a) 自動連結器　　　(b) 発電所用大型ロータ（熱間自由鍛造）

図 6.8　鋳鋼の事例

ど鍛造や溶接では製作困難な大型部品は鋳鋼で作られる（図 6.8）。

6.5　まとめ

1. 軸受用鋼には高炭素クロム系(SUJ)，肌焼合金系(SCM)，耐食耐熱系(SUS)がある。
2. SUJ2は過共析鋼のセメンタイト，クロム炭化物が微細分散することにより耐摩耗性に優れている。軸受用鋼の9割程度を占め，焼入性の制約から，直径が25 mmまでの部品のほとんどにこの鋼種が使用されている。
3. 肌焼系(SCM)軸受鋼の芯部は，炭素含有量が少なく低硬度であるが靭性は良好である。衝撃荷重や断続運転される機械装置の軸受に使用される。
4. 軸受鋼では，硬く変形しにくい酸化物および粗大炭化物によって転がり疲れ破壊が誘発されるため，低酸素・低介在物・炭化物の微細化鋼が使用される。
5. 炭素工具鋼(SK)は炭素が0.6～1.5%で，安価で簡単に高い硬度を得る。手工具，ハンドソー，ヤスリなどに適用されている。
6. 合金工具鋼(SKS, SKD, SKT)はCr，W，Vなどにより，硬度および圧縮強さ，靭性，耐摩耗性，不変形性，などの特色を生かし，冷間・熱間の工具・金型として使用される。
7. 切削加工用バイトの高速度鋼(SKH)は，W，Co，Mo，Vなどの添加鋼で高温でも軟化しにくい。
8. 鋳鉄(FC)はCを約2.1%以上含むFe-C合金であり，鋳造性，耐久性，

耐食性，耐摩耗性，被削性，振動吸収能にすぐれ，熱衝撃に強い．黒鉛が片状で分布しているねずみ鋳鉄，黒鉛のかわりにセメンタイトが析出する白鋳鉄，黒鉛が球状で分布し加工性の優れた球状黒鉛鋳鉄(FCD)などがある．

9. 炭素鋼鋳鋼品(SC)は鋳鉄より強度や靱性に優れ，溶接性も良好である．Cr，Ni，Mo，Vなどの合金元素添加で，耐摩耗性，耐食性，耐熱性など多様な特性を示す．一方，凝固温度が高く(約1,520°C)，凝固収縮量が大きく，鋳造作業は鋳鉄より難しい．

参 考 書

1) ツールエンジニア編集部：工具材種の選び方使い方，大河出版(1994)．
2) 加山延太郎：鋳物のおはなし，日本規格協会(1999)．

演習問題

6.1 パチンコ用鋼球(S15C相当)と玉軸受け用鋼球(SUJ2)の違いを，成分，製造方法，性能の面から説明せよ

6.2 機械構造用炭素鋼(標準組織)であるS15C，S55Cおよび炭素工具鋼SK5の3鋼種それぞれについて①組織名とその成分比率，②機械的性質の比較(延性，強度など)，③部材の用途を記せ．

6.3 代表的な軸受鋼・工具鋼の例と用途を示し，それらが適用されている理由について考察せよ

6.4 高強度鋼を実用化する上での注意事項を一つあげて，その理由を述べよ．

6.5 片状黒鉛鋳鉄は折り曲げただけで折損してしまうが，球状黒鉛鋳鉄は容易に折り曲げることができ，圧延も可能である．加工性が向上した理由を述べよ．

7

鉄鋼材料Ⅳ：ステンレス鋼・高合金鋼

7.1 ステンレス鋼：錆びず美しい

7.1.1 ステンレス鋼の種類

ステンレス鋼(stainless steel)はクロム系とクロム・ニッケル系に大別される。クロム系ステンレス鋼の組織は，CおよびCrの含有量によりマルテンサイトとフェライトに分類され，それぞれ**マルテンサイト系ステンレス鋼**(martensitic stainless steel)および**フェライト系ステンレス鋼**(ferritic stainless steel)とよばれる。いずれも室温で体心立方格子である。また，クロム・ニッケル系ステンレス鋼は，室温での組織がオーステナイトであるため，**オーステ**

☕ **クライスラービル** 🛸

ニューヨークを訪れると，マンハッタンにひしめく摩天楼群の中でひときわ優美にそびえるクライスラービルが目にとまる(口絵4)。クライスラービルは，1925年創立のクライスラー自動車会社のオフィスとして1930年完成したもので，当時流行のアールデコ様式の代表的建造物である(高さ319 m)。三角窓をあしらった尖塔は，設計者バン・アレン(W. v. Allen)が1929年型クライスラー車のホイールからイメージしたもので，朝夕の斜光をうけて美しく輝く。この尖塔部分にはクルップ社(独)が開発した約4,500枚のオーステナイト系ステンレス鋼板が張られている。翌年，エンパイアステートビルが完成し，クライスラービルは高さ世界一の座を明け渡したが，そのエンパイアステートビルの外壁にも大量のステンレス鋼板が採用された。前年に始まった大恐慌を尻目に20世紀に誕生した新材料ステンレスは輝かしい躍進を続けていた。

表 7.1 ステンレス鋼の成分と用途

鋼種		成分 mass%	特性	主な用途
マルテンサイト系	SUS 410	13 Cr-0.1 C	代表的 13Cr 鋼	バルブシート,ポンプシャフト
	SUS 420 J1	13 Cr-0.2 C	SUS 410 より高 C	タービン翼
	SUS 420 J2	13 Cr-0.3 C	SUS 420J1 より高 C のため高硬さが得られた耐摩耗性も大	刃物, ばね, ベアリング, プラスチック金型
	SUS 431	16 Cr-0.1 C-2Ni	Cr と Ni を増して耐食性と靱性を改良, マルテンサイト系中最も耐食性大	航空機用部品, 船舶用シャフト
	SUS 440 C	17 Cr-0.1 C	焼入れ硬さが高く, ステンレス鋼中最高の硬さをもっている	高級刃物, ゲージ, ベアリング, カム, ブシュ, ローラー
フェライト系	SUS 430	18 Cr	13Cr 系より耐食性大	自動車部品, 放熱器, 炉の部品
	SUS 405	13 Cr-0.2 Al	Al 添加によりフェライトを安定にし溶接性を改良	化学工業機器
オーステナイト系	SUS 302	13 Cr-8-0.1 C	SUS 304 より加工容易, 高 C のため炭化物が析出しやすく溶接に不適	食品工業用, 厨房用, 建築用
	SUS 304	18 Cr-8 Ni	SUS 302 の C を低め粒界腐食の害を軽減, 一般用として最も広く使われる	化学工業機器, 食品製造設備
	SUS 316	18 Cr-12 Ni -2.5 Mo	SUS 304 に Mo を添加, Ni を増量, 非酸化性の酸に対する耐食性大	化学工業機器
	SUS 309 S	22 Cr-12 Ni	SUS 304 の Cr と Ni を増加して耐食性, 耐酸化性, 高温硬さを改良	熱処理設備
	SUS 310 S	25 Cr-20 Ni	SUS 309 にさらに Cr と Ni を増加して耐酸化性, 高温硬さをさらに改良	熱処理設備
析出硬化系	SUS 630	17 Cr-4Ni- 4 Cu-0.3 Nb	溶接性良好, 耐食性はやや酸化性の酸に悪い	舶舶, 航空機の耐食耐摩部品, バルブ, ピストンロッド, ポンプインペラ, ばね
	SUS 631	17 Cr-7N-0.2 Al	溶接性良好, 耐食性は SUS 304 よりやや劣るが Cr 系ステンレスより良好	ワッシャ, 刃物, リンクベルト, バルブ, ばね

ナイト系ステンレス鋼(austenitic stainless steel)とよばれる。オーステナイトであるため結晶構造は面心立方格子で,非磁性である。

　マルテンサイト系およびフェライト系は SUS "400 シリーズ", オーステナイト系は SUS "300 シリーズ"で表す。SUS の頭の S は Steel, U は特殊用途鋼 special Use の U, 末尾の S は Stainless steel を示す。シリーズ内では番号が増すにしたがい合金元素の総量が増加する。表 7.1 に成分と用途を示す。

7.1.2　ステンレス鋼の耐食性

　1911 年, アーヘン工科大学(独)の研究生であったモンナルツ(P. Monnartz, 独)は Cr を含む鋼の**耐食性**(corrosion resistance)に関する学位論文を提出し

た。その内容は，現在でもそのまま通用する卓越したものであり，その後のステンレス鋼開発の指針となった。すなわち① Cr が 12 mass% 以上になると鋼の耐食性は著しく向上する。② Cr による耐食性の向上は鋼表面に**不動態被膜**(passivation film)すなわち，厚さ 1～3 nm の Cr 化合物層からなる保護被膜で，緻密かつ化学的に安定，疵ついても直ちに修復される膜が形成されるためである。③ **不動態**(passivity)は硝酸，溶存酸素を含む水などの酸化性環境では発現するが，希硫酸・塩酸などの還元性環境では消滅する。④ Mo は耐食性に優れ，特に Cl イオン環境で優れた効果を発揮する。モンナルツ以後の研究の結果，つぎに示す Ni の効果が明らかにされた。すなわち，① Cr は酸化性環境，Ni は中性および弱酸化性環境で鋼の耐食性を向上させる，② Ni は Cr の不動態形成を促進する，③ Cr，Ni とも，Cl イオン環境(例えば海水中)では不動態が形成されず，鋼の耐食性は向上しない，などである。

7.1.3　マルテンサイト系ステンレス鋼

1913 年，英国鉄鋼業の中心地シェフィールドで，ライフル銃の銃身材料の研究をしていたブレアリー(H. Brearley，英)は，中炭素高クロム鋼が腐食しにくいことにヒントを得て刃物用ステンレス鋼を発明し実用化した。これは，Cr＝13 mass%，C＝0.24～0.35 mass%(以下%と略記)で現在の SUS 420 J 2 に相当する。マルテンサイト系は強度重視のため，耐食性はフェライト系やオーステナイト系に劣る。通常の大気中および水中など比較的腐食性の弱い環境でのみ良好な耐食性を示す。また，耐食性は鋼の熱処理組織に強く依存し，焼入れ状態が最も良い。一方，500℃ 付近での焼戻しは，Cr 炭化物の析出によりフェライト中の固溶 Cr が減少するので耐食性は劣化する。代表的なマルテンサイト系ステンレス鋼は 13 クロム鋼とよばれる SUS 410 で，タービンブレードなど高応力部材にはこれに Mo を添加した SUS 410 J 1(13 Cr-0.5 Mo-0.10 C，%)が用いられる。タービン用鋼より C を増したものが刃物用鋼 SUS 420 J 2(13～14 Cr-0.35～0.40 C，%)で，マルテンサイトの硬さは C% が増えた分だけ高い。積極的に炭化物を増加させ耐摩耗性を高めたものが工具鋼やダイス鋼である(16～18 Cr-0.6～1.2 C，%)。

7.1.4　フェライト系ステンレス鋼

1914 年，米国ゼネラルエレクトリック(GE)社で，電球用リード線としてブ

レアリーより低炭素のクロム鋼を研究していたダンチゼン(C. Dantsizen)は，タービンブレード用ステンレス鋼を発明し実用化した。これは，14～16 Cr-0.07～0.15 C, % で現在の SUS 429 に相当する。フェライト系ステンレス鋼の耐食性はマルテンサイト系より優れているが，オーステナイト系より劣る。したがって，化学プラントなど過酷な腐食環境で使われることはなく，厨房用品など比較的弱い腐食環境で使用される。しかし，C や N を極度に減らした高純度フェライト系ステンレス鋼(SUS 444)はオーステナイト系に匹敵する耐食性を有する。SUS 444 はオーステナイト系の欠点である孔食や応力腐食割れ(後述)に対する抵抗性が強いため，化学プラントや温水機器などに使用される。

　フェライト系の有用性は優れた耐酸化性にある。特に Cr が 20% を超えると，耐酸化性が顕著となる。耐酸化性とは，高温での耐食性である。耐酸化性のメカニズムは，高温雰囲気との反応によりきわめて薄いが強靭なスケールが形成され，この被膜がその後の酸化を食い止めることである。25 Cr 鋼(SUH 446, 25 Cr-0.2 C, %)を代表とするフェライト系ステンレス鋼は高クロムフェライト系耐熱鋼とよばれる。ボイラーの燃焼室など高温強度より耐酸化性を重視した用途に用いられる。フェライト系はステンレス 3 鋼種の中で最も強度が低い。しかし，冷間加工性が高く，溶接性に優れているため，建物の内装や家電部品に広く使われている。代表鋼種は 18 クロム鋼とよばれる SUS 430(Cr=18, C≦0.12, %)である。フェライト系ステンレス鋼は Cr% が高くなるにともない耐食性は向上するが延性・靭性が低下するので注意を要する。

7.1.5　オーステナイト系ステンレス鋼

　第一次世界大戦直前の 1912 年，クルップ社(独)のマウラー(E. Maurer)とシュトラウス(B. Strauss)は硝酸プラント用ステンレス鋼(V 2 A)を発明した。これは，20 Cr-7 Ni-0.25 C, % で現在の SUS 304 に相当する。翌 1913 年，BASF 社(独)は V 2 A を使用して世界初の合成アンモニア(高温高圧下で窒素と水素を反応させる Haber process など)を原料とする硝酸製造装置を完成し，火薬原料の製造を開始した。オーステナイト系ステンレス鋼は，マルテンサイト系やフェライト系に比べ，耐食性，機械的性質，加工性，溶接性などが優れているため多くの用途に用いられている。特に，硝酸タンクを始めとする

7.1 ステンレス鋼：錆びず美しい

化学プラントには不可欠の材料である．また，耐食性をさらに向上させたものに SUS 310 S (25 Cr-20 Ni，％) がある．

室温でオーステナイトが得られる最低の合金組成は，17 Cr-7 Ni，％ である (この場合の C は 0.08％)．これが SUS 301 で 17-7 ステンレス鋼である．しかし，SUS 301 のオーステナイトは準安定オーステナイトであり，室温以下に冷却するとマルテンサイト変態を起こす．同様に，冷間圧延や引抜きなどの塑性変形を加えてもマルテンサイト変態を起こす．これを加工あるいは**ひずみ誘起変態** (strain induced transformation) という．加工誘起マルテンサイトが生成するため，SUS 301 ステンレス鋼の加工硬化率は高い．この特性を生かして SUS 301 は鉄道車両などの構造材や耐食性ばねなどに使用される．**準安定オーステナイト** (metastable austenite) をより一層安定にしたものが SUS 304 (18 Cr-8 Ni，％) で 18-8 ステンレス鋼とよばれている．SUS 304 は，非磁性で，優れた耐食性と加工性を有する．また，他の fcc 金属 (Al や Cu) と同様，延性脆性遷移を持たず低温靱性は高い．さらに，単一相のため溶接性も良好である．

オーステナイト系ステンレス鋼は万能材料のように見えるが，一方では，以下に述べる 4 つの弱点があることを十分認識しておく必要がある．

(1) 粒界腐食

オーステナイト系ステンレス鋼を 450〜850℃ で加熱すると，オーステナイト粒界に Cr 炭化物 ($Cr_{23}C_6$) が析出して Cr の欠乏層 (Cr＜12％) が生成する．その結果，粒界には安定した不動態被膜が形成されないため**粒界腐食** (intergranular corrosion) が発生する．防止対策として固溶 C を減らすことが行われている．

(2) 孔食

不動態被膜が局部的に破壊され，図 7.1 に示すようにピット (孔) があいたように腐食される現象を**孔食** (pitting corrosion) という．孔食は不動態被膜を破壊する Cl イオンの存在下で最も発生しやすい．孔食対策としては Mo 添加が有効である (SUS 316, SUS 317)．

(3) すきま腐食

SUS 304 の小さな板二枚をしばって海水中に浸しておくと，数ヶ月以内にすきま内に激しい腐食が発生する．**すきま腐食** (crevice corrosion) は，すきま内の酸素供給不足と Cl イオン濃度の上昇により，不動態被膜が破壊されるた

図7.1 オーステナイト系ステンレス鋼（SUS304）の孔食（ステンレス協会：ステンレスの初歩, (1997), p.91）

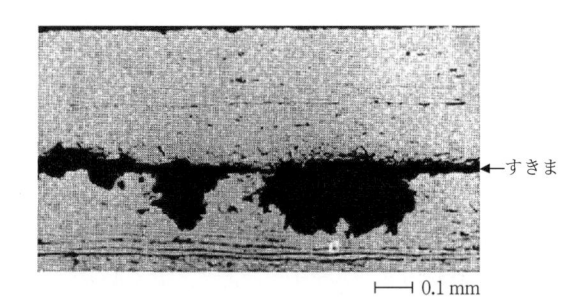

図7.2 オーステナイト系ステンレス鋼（SUS304）のすきま腐食（ステンレス協会：ステンレスの初歩, 1997, p.91）

めに起こる（図7.2）。すきまは，貝の付着部，塗膜下，ボルト締結部などいたるところに存在するが，防止対策としては，不動態化を容易にする Cr 量の増加や Mo 添加が有効である。

（4） 応力腐食割れ

オーステナイト系で最もやっかいな問題は Cl イオンによる**応力腐食割れ**(stress corrosion cracking)である。応力腐食割れは，ある種の腐食環境中で引張強さ以下の応力を加えておくと，時間経過後に破壊する現象である（図7.3）。短い場合は数日以内，長い場合は何年も経って突然破壊する。SUS 304 は応力腐食割

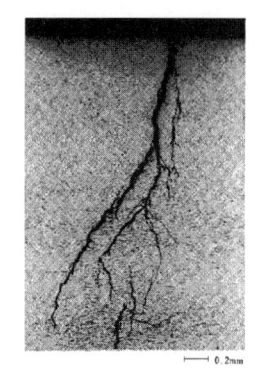

図7.3 オーステナイト系ステンレス鋼（SUS304）の応力腐食割れ（ステンレス協会：ステンレスの初歩, 1997, p.94）

7.2 耐食・耐熱鋼：腐食や熱に強い

れ感受性が非常に大きい。外力であれ残留応力であれ引張応力とわずかなClイオンがあれば，普通の腐食が生じない場合でも脆性的に破壊する。

7.1.6 オーステナイト・フェライト系ステンレス鋼（二相ステンレス鋼）

オーステナイト・フェライト系ステンレス鋼は，高クロム鋼にNi，Moなどの合金元素を添加したものである。一般に，**二相ステンレス鋼**(duplex stainless steel)あるいは329ステンレス鋼とよばれ，SUS 329 J 1(25 Cr-4.5 Ni-2 Mo, %)など3鋼種が規定されている。ほぼ等量のオーステナイトとフェライトが共存する。高強度で，特に降伏強さはオーステナイト系のSUS 304の約2倍である。耐食性がオーステナイト系に匹敵するうえ，耐海水性および耐応力腐食割れ性にも優れているため，海水用復水器，熱交換器チューブ，化学プラント用材料に用いられる。

7.1.7 析出硬化型ステンレス鋼

代表的な**析出硬化型ステンレス鋼**にはSUS 630(17 Cr-4 Ni-4 Cu, %)とSUS 631(17 Cr-7 Ni-1 Al, %)がある。いずれも，軟質で加工性の良好な低炭素マルテンサイト組織で，成形加工したのち析出硬化処理を行う。ここで，マルテンサイト組織とする目的は，**金属間化合物**(intermetallic compound)を析出させるための大量かつ均一な核生成サイト（格子欠陥）を用意することにある。析出物はCu(-Ni)，Ni_3Alなどである。延性および靱性を向上させるためにCは0.05%未満に抑えられている。析出硬化処理により，1.4 GPa以上の強度が得られるため，油圧機部品，シャフト類，ばね，ワッシャーなどに使用される。

7.2 耐食・耐熱鋼：腐食や熱に強い

7.2.1 耐 熱 鋼

ボイラーの熱交換器管，あるいはタービンのローターやブレードなどに使用される鋼材は，高応力状態で高温に長時間さらされる。例えば，最近の火力発電タービンの蒸気温度は593℃，蒸気圧力は3100 MPaに達しており，この状態で鋼材は通常10～15年間使用される。したがって，**耐熱鋼**(heat resistant steel)には，高温長時間加熱しても酸化が少ないこと，およびクリープ強さの

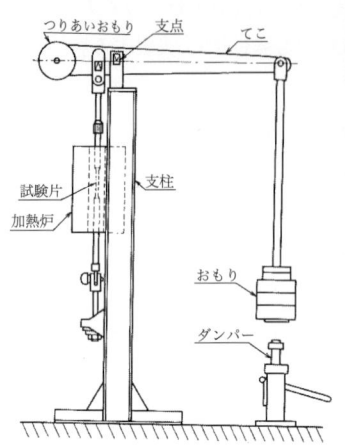

図 7.4　クリープ試験機（住友金属工業(株)）

大きいことが要求される．酸化抵抗性を高める最も重要な元素は Cr である．Si や Al も耐酸化性元素であるが，鋼の加工性を損なうため補助的な役割にとどまる．これらの元素は鋼の表面に緻密な酸化被膜を形成し，鋼と雰囲気とを遮断してそれ以上の酸化を防止する．

クリープ(creep)とは一定の応力状態にもかかわらずひずみが増大する現象で，高温になると顕著になる．これは主に転位運動と原子の拡散により進行する．耐クリープ性は，侵入型固溶原子によるコットレル効果や炭窒化物の析出硬化作用が有効に作用する比較的低温域（約 600℃ 以下）ではオーステナイトよりフェライトの方が優れているが，回復の影響が無視できなくなる高温域では逆転する．図 7.4 に一定荷重，一定温度で長時間の材料テストを行うクリープ試験機を示す．

7.2.2　フェライト系耐熱鋼

350℃ 以上になると侵入型固溶原子(C, N)の拡散速度が増大するため，転位はそれらを引きずって容易に運動できるようになる．そこで，C や N との親和力の大きい置換型固溶原子(Cr, Mo, V)を添加し，両者の相互作用により転位の運動を妨げたり，これらの微細炭窒化物が転位の抵抗となる．これが低合金耐熱鋼であり約 600℃ 以下の温度で使用される．しかし，550℃ 以上では耐酸化性の面から Cr 量を増量するため，この温度領域での耐クリープ性は主

7.2 耐食・耐熱鋼：腐食や熱に強い

表 7.2 フェライト系耐熱鋼の化学成分（JIS G4311） mass%

記号	C	Si	Mn	Ni	Cr	Mo	W	V	N	Nb
SUH 1	0.40~0.50	3.00~3.50	0.60 以下	―	7.50~9.50	―	―	―	―	―
SUH 3	0.35~0.45	1.80~3.50	0.60 以下	―	10.00~12.00	0.70~1.30	―	―	―	―
SUH 4	0.75~0.85	1.75~2.25	0.20~0.60	1.15~1.65	19.00~20.50	―	―	―	―	―
SUH 11	0.45~0.55	1.00~2.00	0.60 以下	―	7.50~9.50	―	―	―	―	―
SUH 600	0.15~0.20	0.50 以下	0.50~1.00	―	10.00~13.00	0.30~0.90	―	0.10~0.40	0.05~0.10	0.20~0.60
SUH 616	0.20~0.25	0.50 以下	0.50~1.00	0.50~1.00	11.00~13.00	0.75~1.25	0.75~1.25	0.20~0.30	―	―
SUH 446	0.20 以下	1.00 以下	1.50 以下	―	23.00~27.00	―	―	―	0.25 以下	―

に Mo_2C, V_4C_3, NbC などの微細析出物に依存することとなる。表 7.2 にフェライト系耐熱鋼の化学成分例を示す。SUH 1~11 はガソリンおよびディーゼルエンジンの吸気弁などに，また，SUH 600 および 616 は蒸気タービンの動翼，ローターシャフトなどに使用されている。

7.2.3 オーステナイト系耐熱鋼

融点（絶対温度）の約 1/2 以上の高温では拡散速度が増大し，回復が進行するためフェライト系耐熱鋼の耐クリープ性は著しく低下する。したがって，600~700℃のオーステナイト（fcc）では**自己拡散係数**（self diffusion ratio）がフェライト（bcc）の約 1/100 であるなどの利点により，オーステナイト系耐熱鋼が採用される。オーステナイト系耐熱鋼は Cr-Ni 系が主力で，通常のオーステナイト系ステンレス鋼に比べ C% が高くマトリックスは微細炭化物で強化されている。18-8 系ステンレス鋼（SUS 304 H），および，これに Mo (SUS 316)，Ti (SUS 321)，Nb (SUS 347) を添加した鋼は火力発電のボイラー管の代表的な鋼種である。繰返し加熱冷却を受ける自動車用排ガス清浄装置や加熱炉部品には 25 Cr-20 Ni 鋼（SUH 310）が使われる。

表 7.3 にオーステナイト系耐熱鋼の化学成分例を示す。SUH 35~38 は多量の C と N を含み，著しい析出硬化により高強度が得られる。これらは内燃機関の排気弁に使用されている。また，SUH 660 および 661 は航空機エンジン

表7.3 オーステナイト系耐熱鋼の化学成分（JIS G4311） mass%

記号	C	Si	Mn	Ni	Cr	Mo	W	Co	V	N	その他
SUH 31	0.35～0.45	1.50～2.50	0.60以下	13.00～15.00	14.00～16.00	—	2.00～3.00	—	—	—	—
SUH 35	0.48～0.58	0.35以下	8.00～10.00	3.25～4.50	20.00～22.00	—	—	—	—	0.35～0.50	—
SUH 36	0.48～0.58	0.35以下	8.00～10.00	3.25～4.50	20.00～22.00	—	—	—	—	0.35～0.50	—
SUH 37	0.15～0.25	1.00以下	1.00～1.60	10.00～12.00	20.50～22.50	—	—	—	—	0.15～0.50	—
SUH 38	0.25～0.35	1.00以下	1.20以下	10.00～12.00	19.00～21.00	1.80～2.50	—	—	—	—	B0.001～0.010
SUH 309	0.2以下	1.00以下	2.00以下	12.00～15.00	22.00～24.00	—	—	—	—	—	—
SUH 310	0.25以下	1.50以下	2.00以下	19.00～22.00	24.00～26.00	—	—	—	—	—	—
SUH 330	0.15以下	1.50以下	2.00以下	33.00～37.00	14.00～17.00	—	—	—	—	—	—
SUH 660	0.08以下	1.00以下	2.00以下	24.00～27.00	13.50～16.00	1.00～1.50	—	—	—	—	Ti 1.90～2.35 Al 0.35以下 B 0.001～0.010
SUH 661	0.08～0.16	1.00以下	1.00～2.00	19.00～21.00	20.00～22.50	2.50～3.50	2.00～3.00	18.70～21.00	—	0.10～0.20	Nb 0.75～1.25

やガスタービン部品などに使われている。

7.2.4 シェフラーの組織図

鋼の組織はフェライト生成元素とオーステナイト生成元素の競合できまる。ステンレス鋼の場合，主要なフェライト生成元素はCrであり，主要なオーステナイト生成元素はCおよびNiである。CrとCの競合を制御することにより，上述のマルテンサイト系およびフェライト系ステンレス鋼が得られる。一方，CrとNiの競合を制御することから生まれた鋼がオーステナイト系ステンレス鋼である。しかし，Fe-Cr-Ni系は平衡に至るまでの反応が遅いため，平衡状態図を使って組織を予測することができない。これは，500℃以下では置換型固溶原子の拡散速度が著しく小さくなるためである。

ステンレス鋼の組成が変化したとき，どのような相が存在するかを予測する**シェフラーの組織図**(Schaeffler diagram)がある。シェフラーの組織図は，1949年，A. L. Schaeffler(米)が完成させた。図7.5に示すように，横軸にフェライト生成能力の和としてCr当量，縦軸にオーステナイト生成能力の和としてNi当量をとっている。Cr当量を構成する元素はいずれもフェライト生

7.3 高合金鋼：航空宇宙から半導体まで

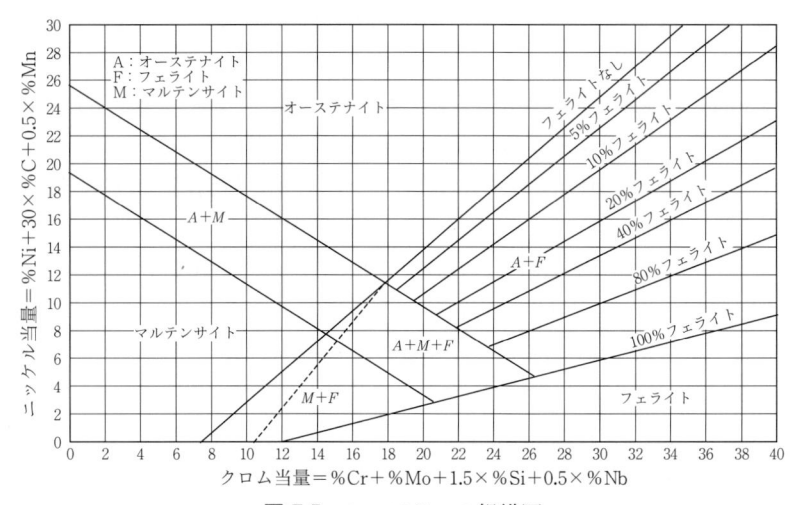

図 7.5 シェフラーの組織図

成元素，Ni 当量を構成する元素はいずれもオーステナイト生成元素である。シェフラーの組織図はもともと溶接時に空冷した溶着金属の組織を予測するために作られたものであるが，より一般的な組織予測に応用できる。

7.3 高合金鋼・ニッケル合金：航空宇宙から半導体まで

7.3.1 Ni および Ni を含む合金

高合金鋼(high alloy steel)とはそれぞれの目的・用途に応じて，炭素鋼に第3元素を多量に添加させた多元合金で，一般的には3種以上の元素を含み，耐食性，耐熱性，低熱膨張性，耐衝撃性，電気抵抗性，耐高温脆性，高温強度特性を与えることができる鋼である。通常，数パーセント以上の合金元素が含まれている鋼を指すことが多い。"高合金"は，Ni および Ni 合金を主体にした材質が多いが，本項では，機械構造用鋼の項に収まりきれなかった高強度鋼も含めて紹介する事とした。

Ni および Ni を含む合金の概略を述べよう。500〜800℃用の熱電対として**アルメル**(alumel)：95Ni-5(Al, Si, Mn) - **クロメル**(chromel)：90 Ni-10 Cr，%，200〜300℃用の**銅-コンスタンタン**(constantan)：43 Ni-57 Cu，% などはよく知られている。Ni の耐食性を改善した**モネルメタル**(monel metal)：

70Ni-28Cu は海水，ハロゲン，アルカリ溶液，希塩酸などいろいろな環境に対して耐食性を示す。アルミニウムとチタンを加え高強度化した**Kモネル**(K-monel)も開発されている。**インコネル**(inconel)：76Ni-16Cr-8Fe(600)は種類が多く，**ニモニック**(nimonic)：Ni-20Cr-2.3Ti-0.5Al とともに航空機のエンジン部品に使用されている代表的なニッケル基超合金である。低熱膨張率の**アンバー**(invar)：Fe-42Ni は1896年ギラウメ(Guillaume, 1920年ノーベル賞受賞者)が発明し名付けた合金であるが，Fe-36Ni合金を中心にいろいろ開発され，TVブラウン管のシャドウマスク，ICリードフレーム材，NASAの液体燃料輸送管などに使用されている。また，高熱膨張率の高Mn鋼と組合せて(バイメタル)機械式サーモスタットとしても使用されている。各鋼種の中で代表的な材料の概略成分を表7.4に，代表的な耐熱鋼のクリープ強さを図7.6に比較して示した。

耐熱合金の高温での耐クリープ性改善のために，結晶粒粗大化，各種酸化物の分散および金属間化合物の析出などさまざまな研究開発が行われている。そ

表7.4 各種耐熱鋼および耐熱合金の化学成分（図7.6参照）

区分	名称	主要化学成分 mass%
A級鉄基	17W	0.49C-13Cr-19Ni-0.5Mo-2W-残鉄
	Timkien 16-25-6	0.1C-16Cr-25Ni-6Mo-0.15N-残鉄
B級	N-155	20Cr-20Ni-34Fe-3Mo-12.5W-1Nb-20Co-0.1N-0.3C
	Discaloy 24	26Ni-13.5Cr-2.75Mo-0.1Al-1.75Ti-53.6Fe-0.8Si-0.4Cu
C級Ni基	Waspaloy	58.3Ni-19.5Cr-13.5Co-4.3Mo-1.3Al-7.5Ti-0.006B
	Nimonic 80A	74.7Ni-19.5Cr-1.1Co-1.3Al-7.5Ti
	Incone 1718	53Ni-18.6Cr-3.14Mo-0.4Al-0.9Ti-18.5Fe
C級Co基	X-40	10.5Ni-25.5Cr-54.0Co-7.5W-0.75Mn

☕ **Niの発見** ☕

17世紀の終わりごろに，紅色にもかかわらずいくら精錬してもCuが得られないKupfernickel(偽りのCuの意)とよばれている紅砒ニッケル鉱があった。1751～1754年頃，Cronstedt がはじめてNiの抽出に成功するまで，Ni は知られていなかったのである。Ni は純 Ni としてよりも，主に鋼の合金元素として有効に活用されている元素である。鋼の強度を高め耐熱性や耐食性を付与するために広く使用されている。

7.3 高合金鋼：航空宇宙から半導体まで　　　　　　　　　　　　　　139

の中から，金属間化合物そのものの活用あるいは粗大結晶粒を得るための凝固組織や単結晶の活用といった発想が生まれた．このような考え方を具体化した事例として，図7.7に示すように単結晶(single crystal)翼，一方向凝固(unidirectionl solidification)翼の柱状晶，多結晶凝固翼の等軸晶としたター

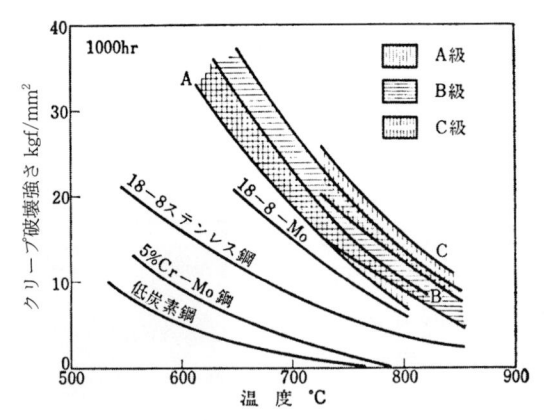

図7.6 各種耐熱鋼および耐熱合金の温度と1000時間クリープ破断強さの関係（大谷南海男：金属表面工学，日刊工業新聞社，p.162）

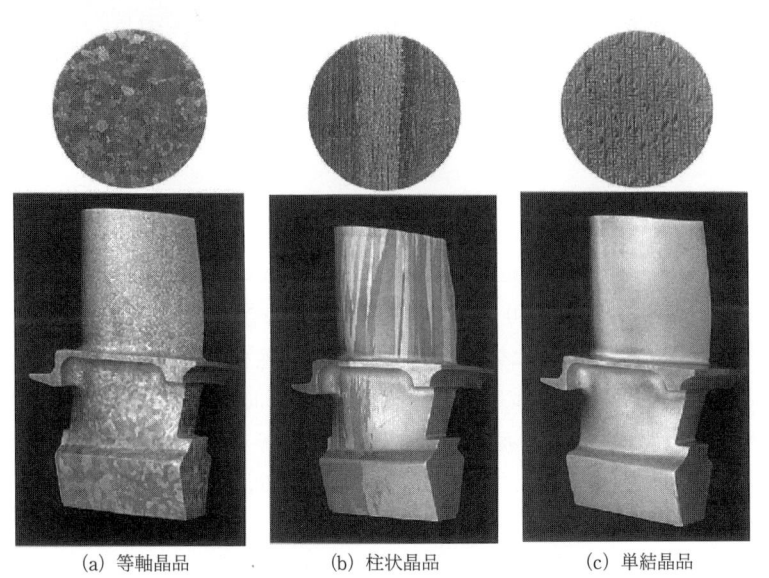

(a) 等軸晶品　　　(b) 柱状晶品　　　(c) 単結晶品
図7.7 航空機用各種タービンブレード（三菱重工業(株)）

ビンブレードが開発されている。一方向凝固，単結晶の優先方位が材料強度に耐えうる特性を示している。

革新的材料としてTiAl金属間化合物が今注目されている。**ニッケル(Ni)基超合金**(nickel-base superalloy)に比べて約半分の比重(約4)である。比強度，比クリープ強度はNi基超合金と同等でかつ比剛性が高い。またTi合金のような爆燃性がないことからジェットエンジンには魅力的な合金である。

7.3.2 高強度化を実現するための合金

航空機脚用材料の使用事例を図7.8に示した。航空機降着装置用には2,000 MPaに達する高強度材料まで使用されている。高強度鋼の使用に当たっては**遅れ破壊**(delayed fracture)が問題となる(12.2.7項参照)。遅れ破壊は固溶水素が原因とされ，降伏点以下の低い応力で破壊する現象である。これを防止するために，鋼中の固溶水素の排出あるいは生成防止対策が必要であり，現在もその原因と防止策が大きな研究テーマとなっている。

図 7.8 航空機降着装置

7.4 まとめ

1. ステンレス鋼にはクロム系とクロム・ニッケル系がある。クロム系ステンレス鋼(SUS "400シリーズ")はCおよびCrの含有量によりマルテンサイト系・フェライト系に分類され，いずれも磁性を有する体心立方格子である。クロム・ニッケル系ステンレス鋼(SUS "300シリーズ")はオーステナイト組織，非磁性の面心立方格子である。そのほか2相ステンレス鋼(SUS 329)，析出硬化型ステンレス鋼(SUS 630, SUS 631)がある。

2. ステンレス鋼においてCrが12%以上になると耐食性が向上する。これはCrによる鋼表面の不動態被膜(1～3 nmのCr化合物層)が緻密かつ化学的に安定で，疵ついても直ちに修復するからである。不動態は硝酸，溶

存酸素を含む水などの酸化性環境で発現，希硫酸・塩酸などの還元性環境で消滅する．

3. ステンレス鋼における Ni は中性および弱酸化性環境 (Cr は酸化性環境) で鋼の耐食性を向上，Cr の不動態被膜形成を促進する．ただし，Cl イオン環境 (例えば海水中) では不動態が形成されず，鋼の耐食性は向上しない．なおステンレス鋼の組成が変化したときの相を予測するシェフラーの組織図が重要である．

4. ステンレス鋼においても以下の腐食現象がある．① 粒界腐食：450～850 ℃ でオーステナイト粒界に Cr 炭化物が析出し，Cr が欠乏 ($\leq 12\%$) することにより不動態被膜が破壊される，② 孔食：Cl イオンの存在下で発生しやすく，Mo 添加が有効な対策である，③ すきま腐食：酸素供給不足と Cl イオンの濃度上昇が原因であり，Cr の増量，Mo の添加が有効である，④ 応力腐食割れ：腐食環境中で引張強さ以下の応力状態で，時間経過とともに腐食破壊を生じ，短い場合は数日以内，長い場合は数年後に突然破壊する．特に SUS 304 は応力腐食割れ感受性が大である．

5. 耐熱鋼は固溶強化，析出強化によりクリープ強度を向上させている．フェライト系耐熱鋼は置換型固溶原子 (Cr, Mo, V) およびその炭化物による析出強化，オーステナイト系耐熱鋼は面心立方のため回復・拡散が少なく，微細炭化物で強化される．ニッケル基超合金は，さらに耐熱性を高めた材料で航空機エンジンのタービンブレードなどに使用されている．

6. 高合金鋼は炭素鋼に Ni および Co などの合金元素を単独または複合で多量に添加した多元合金で，その特性としては耐食性，耐熱性，耐高温脆性，低熱膨張性，耐衝撃性，電気抵抗性，高温強度特性などがある．

参 考 書

1) 三島良績編：100 万人の金属学 (材料編)，(株) アグネ，(1965)．
2) 大山　正，森田　茂，吉武進也：ステンレスのおはなし，日本規格協会，(1992)．
3) ゾッフィー：ステンレス鋼入門，鋼材倶楽部，(1965)．
4) 松島　巖：錆と防食のはなし，日刊工業新聞社，(1987)．

演習問題

7.1 ステンレス鋼を結晶構造の面から分類せよ．また，磁性を示すもの，低温脆性を示さないもの，焼入れにより硬化するもの，高温構造材料に適している

もの，高強度で耐食性に優れているものどれか。
- **7.2** ステンレス鋼はなぜ錆にくいのか。また，同じ原理で錆にくい金属がある。その例をあげよ。
- **7.3** ステンレス鋼の最小 Cr% はいくらか。また，その理由を記せ。
- **7.4** ステンレス鋼における Ni の効果を記せ。
- **7.5** ステンレス鋼が苦手とする腐食環境がある。どのような環境か。また，なぜか。
- **7.6** 最も一般的なステンレス鋼はオーステナイト系の SUS 304 である。しかし，これにも耐食性の点で 4 つの弱点がある。それを列挙せよ。
- **7.7** 最近のジェットエンジン・タービンブレードに単結晶翼が用いられるようになった理由を示せ。
- **7.8** クリープと応力弛緩の相異について述べよ。またこれらの工業的事例について論ぜよ。

8

非鉄金属材料Ⅰ：アルミニウム

8.1 アルミニウムの概要：アルミ缶から航空機・自動車へ

8.1.1 アルミニウムの誕生

　アルミニウムはミョウバン($KAl(SO_4)_2 \cdot 12 H_2O$)をさすラテン語alumen(英語alum)に由来する。原鉱石としてはボーキサイト(bauxite)として存在する。1782年にフランスのラボアジェ(Lavoisier)によって酸化アルミニウムすなわち**アルミナ**(alumina)：Al_2O_3が発見され，1807年には英国のデービー(Davy)によって金属アルミニウムの存在が確認された。しかしながら酸素との結合が強く，精錬法の開発は困難を極め，工業化が遅れていた。1886年にホール(米)とエルー(仏)によって，アルミナからアルミニウムを取り出す電解製錬法(ホール・エルー法：Hall-Heroult process)が確立された。翌1887年，オーストリアのバイヤー(Bayer)はボーキサイトからアルミナを製造する湿式アルカリ法を発明した。これによって，ボーキサイトからアルミニウムまでの一貫製造法が確立された。このようにアルミニウムは工業的に利用されてまだようやく120年程度である。

8.1.2 アルミニウムの性質

　純アルミニウムは元素記号Al，原子番号13，原子量26.9815，周期表13族に属し，融点660℃，沸点2,467℃，密度$2.699 g/cm^3$(20℃)である。縦弾性係数は鉄の1/3の70 GPaである。アルミニウムの特長は，① 軽い：比重は2.7で鉄や銅の約3分の1，② 強い：比強度(強度／比重)が大きいので，軽い

割には強い，③耐食性がよい：アルミニウムの表面は緻密な酸化膜(Al_2O_3)でおおわれていて，腐食を自然に防止する．**陽極酸化処理**(いわゆるアルマイト処理)により，自然発色あるいは電解着色性に優れる，④作りやすい：融点が低く，湯流れ性がよいため鋳造しやすく，面心立方格子のためすべり系が多く優れた延性と成形性に富む，⑤低温で脆化しない，⑥再生しやすい，などがあげられる．

8.1.3 アルミニウム需要量の推移

わが国のアルミニウムの総需要は，1999年には395万トンである．建築(サッシなど)，輸送機器，包装分野で全体の3分の2を占めている．図8.1に示すように，60年代までは100万トン未満であったが，60年代後半のサッシ(押出材)，70年代のアルミニウム缶材(板材)の登場が需要を急増させた．1980年代以降は鉄道車両，自動車分野への需要が増加している．99年度の国内総生産量は約350万トンで，圧延品，押出材，鍛造品，電線などの展伸材で約250万トン，鋳物・ダイカスト約110万トン，その他となっている．その内訳は輸送用機器34%，建設22%，金属製品13%，食料品などが主用途となっている．アルミニウム地金のうち，純度99.0～99.9 mass%(以下%と略記)を**純アルミニウム**(pure aluminum)と称する．これらの地金をさらに三層式電解法，また

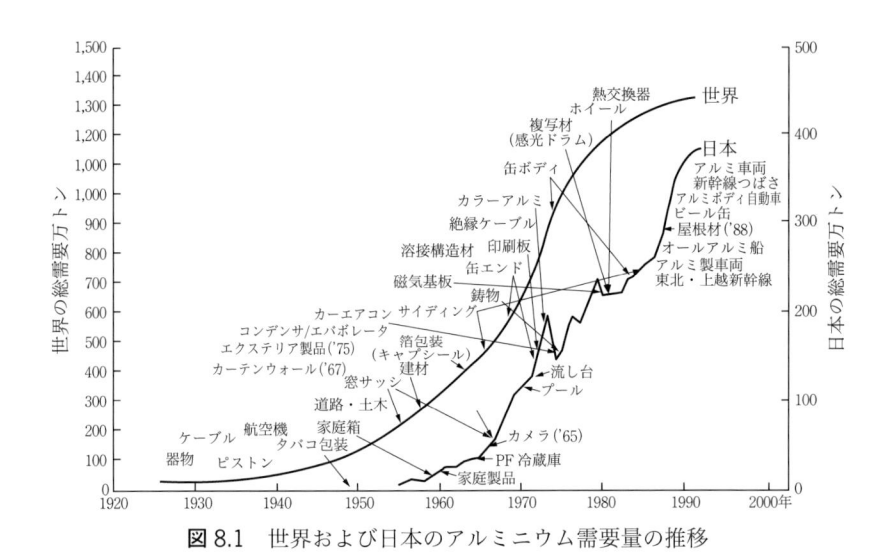

図 8.1 世界および日本のアルミニウム需要量の推移

は偏析法などで精製して，純度を 99.95% 以上に上げた状態を高純度アルミニウム(high purity aluminum)とよぶ．また，Mn，Cu，Si，Mg，Cr，Zr などの元素を添加したものをアルミニウム合金とよび，純アルミニウムとともにさまざまな分野で使用されている．

8.2 アルミニウム合金の種類

　純アルミニウムおよびその合金は最終製品の形態により，板(圧延品)，形(押出材)，棒，線，鍛造品に加工される**展伸用合金**(wrought alloy)と，鋳物，ダイカストなどの**鋳造用合金**(foundry alloy)に大別される．また，強化機構によって，**非熱処理型合金**(non-heat treatable alloy)と**熱処理型合金**(heat treatable alloy)とに分けられる．非熱処理型合金は主に Mg，Si，Mn などアルミニウムと原子半径差の大きい元素による**固溶体強化**(solid solution hardening)と，冷間加工による**加工硬化**(work hardening)によって強化される．一方，熱処理型合金は**ジュラルミン**(duralmin)の発見に知られるように，**溶体化処理**，焼入れ焼戻し(時効処理)を行い，生成される微細な金属間化合物(時効析出物)による**析出強化**(precipitation hardening)によって強化される．熱処理で柔らかくした材料を O 材，加工硬化させて硬くした材料を H 材として区分する．

8.2.1 展伸用アルミニウム合金

　展伸用アルミニウム合金は約 400 種が国際合金として登録されている．そのなかで，生産量が多く，重要な用途を占める展伸用アルミニウム合金の分類を表 8.1 に示す．まずこの合金番号を把握すると理解がしやすい．以下に合金系の開発の目的，特徴および代表合金を紹介する．

(1) 工業用純アルミニウム(1000 系合金)

　他の金属，不純物を含まない純アルミニウム材料である．ただし，不純物として Fe，Si を主として含有し，Cu，Zn を微量含有することがあるが，Fe と Si の含有量やその含有比率はもとより，存在形態まで制御して，必要な強度，加工性，成形性，表面処理性などを得ている．1100 系の材料は加工性，耐食性，溶接性，電気および熱伝導性が優れており，導電体，熱交換器に利用されている．純度が高いほど，耐食性は向上する．一般に，純アルミニウムは強度

表 8.1 展伸用アルミニウム合金の分類[1]
(日本航空宇宙学会編:航空宇宙工学便覧(第2版), 1995, p 181 より)

AA 登録番号	合 金 系	代表的な合金の特徴
1000 系	純 Al 系	耐食性, 成形性に非常に優れる。強度は低い。日用品, 電気器具
2000 系	Al-Cu(-Mg)系	時効硬化型。高い強度と靭性を有する。耐熱性も比較的良い。耐食性はあまり良くない。航空機
3000 系	Al-Mn 系	1000 系合金より強度が高い。耐食性, 成形性に優れる。飲料缶, 屋根板
4000 系	Al-Si 系	耐摩耗性に優れ, 熱膨張率も比較的低い。融点は低い。自動車のピストン, シリンダーヘッド
5000 系	Al-Mg 系	固溶強化型。比較的高い強度を有する。耐食性, 成形性, 溶接性なども良好。圧力容器, 磁気ディスク
6000 系	Al-Mg-Si 系	時効硬化型。中程度の強度を有し, 熱処理合金では最も成形性, 溶接性に優れる。新幹線のボディー
7000 系	Al-Zn(-Mg)系	時効硬化型。Al 合金中でも最も高い強度を有する。耐食性は良くない。航空機, スキーストック
8000 系	その他合金系 (Al-Fe系, Al-Li系 など)	Li は比重が 0.53 であり, Al-Li 合金は 1% の Li の添加により, 比重が 3% 低下し, 弾性率が 6% 上昇する。

が低く, 構造材には適さないが家庭用品, 日用品, 電気器具, 箔, フィン, コンデンサー(高純度アルミニウム), 反射板, 各種容器, 建築物の内外装板, 銘板などに多く用いられる。図 8.2 に高圧送電線の断面を示す。アルミニウム送電線は同じ電流を流すのに, 銅の 1/3 の重量ですむので, 従来の銅線に替わって用いられるようになった。

図 8.2 高圧送電用アルミニウム線。中央部にある高強度鋼線により, 送電線全体の自重を支えている (住友金属工業(株))

---

[1] A 5052 P-H 34 の表示の場合, A:アルミニウム, 5:合金系統, 0:制定順位 (0:基本合金, 1~9:合金の改良形, N:日本独自の合金), 52:アルミ合金の場合旧アルコア記号・純アルミニウムの場合アルミ純度小数点以下 2 桁, H 34:熱処理記号 (O:焼きなまし, F:製造のまま, H:加工硬化処理, T:熱処理).

8.2 アルミニウム合金の種類

（2） Al-Cu 系合金（2000 系合金）

Al-Cu 系合金は 1911 年に Wilm によって**時効硬化**（age hardening）現象が発見された合金系で，いわゆるジュラルミンとして知られる 2017 合金（Al-4.0 Cu-0.6 Mg-0.5 Si-0.7 Mn, %）がこれにあたり，リベットが主用途になっている。さらに高強度化する目的で，現在最も多く使用されている Al-Cu-Mg 系合金の 2024 合金（Al-4.5 Cu-1.5 Mg-0.6 Mn）すなわち**超ジュラルミン**（super duralmin）などが相次いで開発された。本合金系では Cu を多く含有するために，耐食性は劣り，腐食環境かつ引張応力が存在する環境下では**応力腐食割れ**（stress corrosion cracking）が発生する。このために，航空機の胴体外板に用いられる 2024 合金では防食を目的に表面に純アルミニウムを重ねて圧延した**クラッド材**（合せ板）が用いられる。このほか輸送機器，機械部品などに広く使用されている。

☕ **ジュラルミン** 🍰

ジュラルミンは 1906 年，ドイツ人ウイルムが発明したアルミニウム合金の一種である。アルミニウムに銅，マグネシウム，マンガンなどを少量混ぜて合金にすると，時間とともに強度が増すことが発見された（時効硬化現象）。この合金を初めて生産したジューレン工場の名を取って，ジュラルミン（duralmin）と名付けられた。その後，マグネシウムの量を増やした超ジュラルミンが開発され，つぎに日本で，1937 年，亜鉛とマグネシウムを含む超々ジュラルミンが開発され，零戦の主翼部に使用された。これは特殊鋼に相当する強度を有し，今日でも実用アルミニウム合金の中でも最高クラスの強さを保っている。その後アメリカがこれを改良したアルミニウム合金 7075 を開発し，日本を空襲した爆撃機 B-29 のプロペラなどに実用化された。

（3） Al-Mn 系合金（3000 系合金）

Al-Mn 系合金は添加元素 Mn により，Mn の固溶体強化と $MnAl_6$ 分散粒子回りの加工硬化と焼鈍の組み合わせで，強度と延性を調整した合金である。Mn は耐食性の犠牲なしに強度の向上が図れる。1906 年に 3003 合金（Al-1 Mn）が開発され，1929 年にさらに強度向上と耐食性維持を目的に 3004 合金（Al-1 Mn-1 Mg）が開発された。3004-H 38 材の強度は 285 MPa に達する。1980 年代に入り，3004-H 19 材は強度が高く，絞り，しごき性が優れ，耐食性も良好との理由から，飲料缶のボディ材に使用され，国内外を問わず，アルミニウム板材の最大使用合金になった。また 3004 合金はキャンボディ材のほ

か，電球口金，屋根板，カラーアルミなどにも用いられている。

（4） Al-Si 系合金（4000 系合金）

Si は溶融温度を低下し，展伸性が損なわれない最大 12% まで含有される。鍛造用合金として 4032 合金（Al-12 Si-1 Mg-0.9 Cu）があげられ，Cu，Mg，Ni の添加で，耐摩耗性，低膨張率化のほか，耐熱性を向上させている。4032 合金は自動車のピストン，シリンダーヘッド等に用いられている。

（5） Al-Mg 系合金（5000 系合金）

Al-Mg 系合金は高い強度，良好な成形性，耐食性および溶接性を併せ持つことを目的に，1930 年代に開発された合金である。強度は Mg の固溶体強化と加工硬化の組み合わせで調整される。Mg 量が増すにつれ，強度が増加する。実用合金としては製造性や耐食性の観点から Mg 含有量 6% までの合金が用いられている。また Al-Mg 合金では Mg が転位を固着し，成形時に 4.2 節で説明した鉄と同じようにストレッチャーストレインマークが発生し，外観を損ねることがある。固着は熱処理の温度でコットレル雰囲気が形成されるかどうかで決まる。高温では固着がなくなり，この状態を凍結することで自動車パネル材などに応用される。

これらの基本合金を受け，多くの派生合金が開発され，約 70 種もの合金が米国アルミニウム協会（AA）に登録されている。強度や加工性等を改善するために Cr を添加した 5052 合金（Al-2.5 Mg-0.2 Cr）は一般板金，船舶，車両，建築，コーヒー缶等の負圧缶エンドに用いられている。5083 合金（Al-4.5 Mg-0.7 Mn-0.1 Cr）は実用非熱処理合金中で最も高い強度を持つ耐食材料で，溶接性，耐海水性，低温特性に優れるので，船舶，車両，低温用タンクなどに用いられている。5182 合金（4.5% Mg）は成形加工性，耐食性が良いので，缶エンドや自動車材などに用いられている。5086 合金（Al-4.0 Mg-0.2 Cr）は耐海水性が優れた溶接構造に適した合金で，従来から船舶，圧力容器に用いられてきたが，現在では晶出物を低減し，磁気ディスク基板に主として用いられている。

（6） Al-Mg-Si 系合金（6000 系合金）

Al-Mg-Si 系合金は少量の Mg，Si を主要元素として含み，熱処理により Mg_2Si を析出させる熱処理型アルミニウム合金である。また，Mn や Cr などの遷移元素を添加し，強度向上と結晶粒制御を図っている。さらに，Cu が添加され，より一層の強度向上が図られている。本合金は中強度の強さと優れた

8.2 アルミニウム合金の種類

耐食性をもつために，構造用アルミニウム合金として用いられている。

代表的な **Al-Mg-Si 系合金**である 6061 合金(Al-1 Mg-0.6 Si)は，中強度の汎用構造用合金として使用が拡大した。さらに押出性を改善した 6063 合金(Al-0.7 Mg-0.4 Si)が開発され，押出用合金として幅広く用いられるようになった。この合金は複雑な断面形状の形材が得られ，耐食性，表面処理性も良好なので，建築，ガードレール，車両，家具，家電製品，装飾品に用いられる。わが国では押出性，プレス焼入れ性を改善するために過剰 Si 側の組成にした 6 N 01 合金(Al-0.6 Mg-0.7 Si)が開発された。現在，新幹線 300 系の屋根板や床，側外板・はり(中空構造)などに大型・長尺材として使用されている。

最近は自動車の外板にアルミニウム化の動きがある。Al-Mg-Si 系合金はストレッチャーストレインマークを生じない，高い塗装焼付け硬化性を有することから 6111 合金(Al-0.75 Mg-0.85 Si-0.7 Cu-0.3 Mn)が 1982 年に，6022 合金(Al-0.45 Mg-1.15 Si-0.02 Cu-0.04 Mn)が 1995 年に米国で開発された。また，欧州でも 6016 合金(Al-0.45 Mg-1.25 Si)が 1984 年に開発されている。わが国でも本系合金の開発が盛んになっている。

(7) Al-Zn-Mg 合金(7000 系合金)

Al-Zn-Mg 合金は Cu を含有する高強度合金系と含有しない中強度合金系の 2 系統がある。いずれも，熱処理により $MgZn_2$ を析出させる熱処理型アルミニウム合金である。1920 年代のドイツでの Al-Zn-Mg 系合金の発見を契機に，Al-Zn-Mg-Cu 系合金は日本，米国，欧州で，欠点である応力腐食割れの解明と克服および実用合金の開発が盛んに行われた。7075 合金(Al-5.6 Zn-2.5 Mg-1.5 Cu-0.2 Cr)はわが国で開発された**超々ジュラルミン**(ESD)に端を発する合金である。零式戦闘機に用いられて以来，今日まで 2024 合金とともに航空機用アルミニウム合金の主流を占めている。ESD 合金は Cr を用い，非再結晶あるいは微細再結晶組織とし，応力腐食割れ性の改善を図ったものである。7075 合金の T 6 材(溶体化処理後，120℃×24 h 時効)は 60 年以上前に開発された合金ではあるが，引張強さ 570 MPa と特殊鋼の強さに相当し，今日でも実用アルミニウム合金中，最高クラスの強度を誇る。航空機のほかスキーストックに用いられ，溶接性が劣るため，組み立てはリベット，ボルト等の機械的接合法により行われる。

（8） Al-Li系合金（8000系合金）

Liは比重が0.53と非常に軽く，Al-Li合金は1%のLiの添加により，比重が3%低下し，弾性率が6%上昇する。これは熱処理により準安定相のδ'-Al$_3$Liの析出により強化される高比強度・高弾性率という画期的特徴を有する熱処理型アルミニウム合金である。Liの効果は1920年代にドイツで見いだされていた。実用合金としては1957年に米国で2020合金（Al-1.1 Li-4.5 Cu-0.5 Mn-0.2 Cd）が開発され，海軍機に採用されたが，破壊靱性の問題が顕在化し，使用は中断された。その後，オイルショック，複合材等の進出により，航空機用アルミニウム合金のより一層の軽量化のため，1980年代になり開発が再び活発になった。鋳造の安全対策と高純度化，およびAl$_3$Zrを分散粒子に用いることによる破壊靱性の向上等に開発努力がなされた。その結果，2090合金（Al-2.2 Li-2.7 Cu-0.12 Zr），2091合金（Al-2.0 Li-2.1 Cu-1.5 Mg-0.10 Zr），8090合金（Al-2.4 Li-1.3 Cu-0.9 Mg-0.10 Zr），8091合金（Al-2.6 Li-1.5 Cu-0.8 Mg-0.10 Zr）が相次いで国際合金に登録された。これらの合金は現行の2024，7075合金に相当する強度を有する。Al-Li合金には鋳造時の割れ，難加工性や靱性，耐食性の改善などまだ課題が多い。

8.2.2 鋳造用アルミニウム合金

展伸用に対して，鋳造性，強靱性，耐食性の観点から**鋳造用アルミニウム合金**が利用されている。熱処理方法は展伸用と同じであるが，加工による強化は行われない。鋳造用アルミニウム合金の例を以下に示す。

（1） Al-Cu系

4.5% Cuにより析出強化された鋳造用合金で航空機油圧部品，自転車部品に使用されている。さらにMgにより固溶強化されたAl-Cu-Mg系，空冷シリンダーヘッド，ピストン用途としてAl-Cu-Mg-NiのようにNi添加により析出強化，耐熱性を狙った合金がある，

（2） Al-Si系

AlとSiの共晶組織で，溶融時に高い流動性を示し，凝固収縮率も小さいため良好な鋳造性を有する。シルミンとして親しまれ，機械ケースやハウジングとして多用されている。Al-Si-Cu，Al-Si-Mg，Al-Si-Cu-Mg合金がある。

（3） Al-Mg系

靱性と耐海水性に強く，光学機械フレーム，航空機用機体部品に使用され

る．Cu, Mg, Ni 添加による強度と耐摩耗性を向上させた Al-Si-Cu-Ni-Mg 合金があり，軸受けや，プーリー，自動車用ピストンに使用されている．

(4) ダイカスト用合金

ダイカスト法は溶融金属に圧力を加えて，金型に鋳造する方法で精密な鋳造が可能である．ダイカスト用合金としては ADC 1 (Al-12 Si)，ADC 3 (Al-9.5 Si-0.5 Mg)，ADC 10 (Al-8.5 Si-3 Cu) などがある．

8.3 アルミニウム合金の代表的な使われ方

8.3.1 住宅用サッシ

戦前は航空機部品に限られていたアルミニウムの用途に新しい分野を開き，需要の急増をもたらした住宅用サッシにまず触れなければならない．

アルミニウム建材が本格的に登場したのは 1960 年代のアルミサッシである．図 8.3 に住宅エクステリアに使用されているアルミ建材の例を示す．その中で 2/3 がアルミサッシである．1950 年代に 6063 合金を熱間プレス後に強制空冷して溶体化処理するというプレス押出技術が発達し，いろいろの断面形状をもつ押出材が多量に生産できるようになった．材料と生産技術の革新である．日本ではサッシのアルミ化率が 98% にもなり，欧米の 20〜35% と好対照である．これはアルミサッシが木製あるいはスチール製に比べ，気密性，水密性，

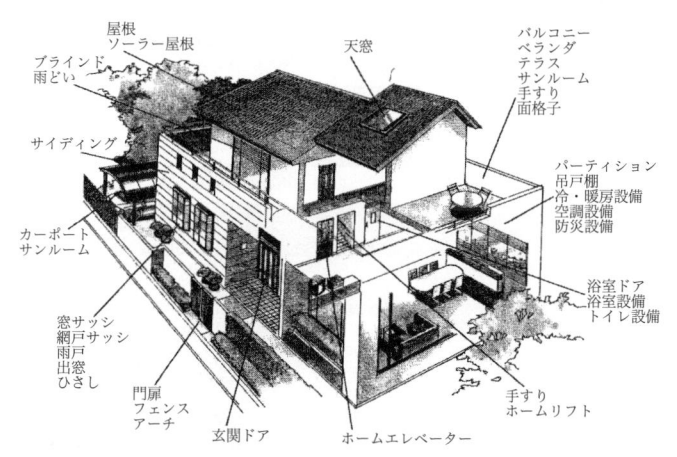

図 8.3 住宅エクステリアに使用されるアルミニウム製品
(日本アルミニウム協会)

耐食性が優れ，アルマイト処理(陽極酸化処理)により，木造建築とも調和する色調を施せたことにもよる。雨戸と一体になったサッシ，出窓，玄関ドア，引き戸，バルコニー，門扉，カーポートやビルの外装パネル(カーテンウオール)などにも多用されている。課題には熱伝導性が良好なために，室内外の気温差で結露しやすいことがあるが，最近では2重窓なども開発されている。

8.3.2 アルミニウム缶

　アルミニウム缶は1999年には170億缶(ビール102億缶，ソフトドリンク64億缶)が年間に使用され，日常生活になくてはならいものになっている。日本での登場は1971年である。アルミニウム缶は生ビール，熱処理ビール，炭酸飲料でそれぞれ約5，6，7気圧に耐える圧力容器であり，缶胴は厚さ$0.26〜0.28$ mmの3004合金で，缶蓋は約0.26 mmの5182合金である。米国ではDI(ドロー・アイアニング)法による製缶法が1955年に開発され，良好な開缶性もあって急速に普及し，飲料缶の100%がアルミニウム缶といわれる。缶胴底のドーム形状，缶蓋のカウンターシンクはいずれも耐圧に適した形状をしている。

　この25年間で薄肉・軽量化は大幅に進展した。たとえば原子力容器の設計技術の活用などで，高耐圧缶が実現し，25年前の2缶分の材料で，現在では約3缶を作っている。また，従来，缶蓋のプルタブは離脱式であったが，環境

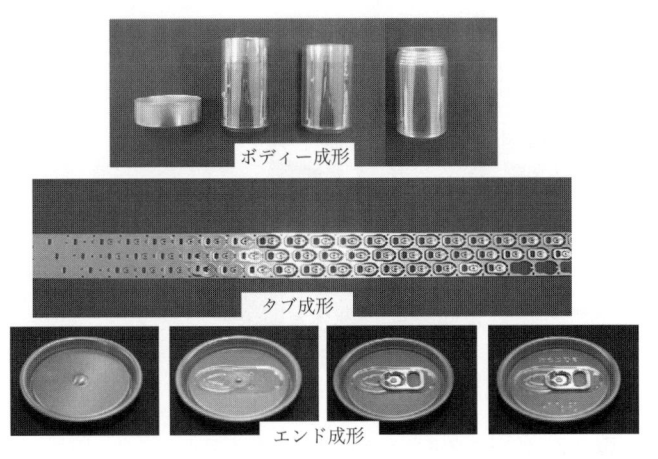

図8.4　アルミニウム缶胴および缶蓋の製造工程（東洋製缶(株)）

8.3 アルミニウム合金の代表的な使われ方

への配慮から離脱しないステイオンタブが1990年になり採用されている。図8.4に缶胴および缶蓋(エンドおよびタブ)の製造工程を示す。実操業ラインでは,100万缶／日・ラインの高い生産性のもとで,文字通り日夜製造されている。また,日本独特の用途として年間100億缶の需要のコーヒー飲料缶がある。これらの非炭酸飲料ではガス圧がないので,缶胴はスチールで,缶蓋のみ5052または5182合金であった。

近年,液体窒素充填法により窒素ガス圧力の活用が可能になり,非炭酸飲料でもオールアルミニウム缶が採用されるようになった。アルミニウム缶の特徴は熱伝導性,缶臭がないこと,耐食性,かつリサイクル性(現時点で80％のリサイクル)に優れる点である。わが国では優れたスチール缶や,ペットボトルの台頭により米国ほどには普及していなが,開封後に蓋のできるニューボトル缶が開発され,ビールやソフトドリンクに採用が拡大されつつある。

8.3.3 航空機用アルミニウム合金

民間航空機の機体重量の80％はアルミニウム合金である。たとえば,B747では機体重量が150トンなので,120トンがアルミニウム合金で占められている。機体外板は2024合金に純アルミニウムをクラッドしたアルクラッド2024合金が使われる。これは,クラッド材が犠牲陽極となり,厚さの90％をしめる2024合金を腐食からまもる仕組みである。また,そのアルクラッド材は空気抵抗の低減や塗料重量の削減から鏡面に仕上げられたポリシュドスキンの使用が多くなっている(米国の航空機会社ではアルミニウムの光沢を好む会社も多い)。主翼の上面は圧縮を受けるので7075合金や7050合金が使われ,主翼下面は2024合金あるいは高靭性の派生合金が使用される。

B767機では図8.5に示すように2524あるいは7150などの新合金が高靭性・長寿命化の観点から大幅に使用されている。これらの合金の採用には通常は10〜20年の信頼性を確認する試験が課され,素材の製造を行うメーカーの製造プロセスには統計的な製造プロセス管理法(SPC: Statistical Process Control)の厳守が要求される。旅客機では主翼の面積が揚力(＝運行乗員数)を決め,その能力の中で,胴体の延長を行う手順が多い。したがって,主翼は構造部材では最重要である。日本の航空機メーカーはこれまでは胴体の製造分担までに止まっていたが,ボーイング社やエアバス社の大型旅客機の開発では主翼の製造を分担し,文字通り「主翼」を担うことになりつつある。航空機用ア

航空機の機体重量の80%はアルミニウム合金
機体外板は2024合金に純アルミニウムをクラッドしたアルクラッド→空気抵抗の低減や塗料重量の削減から鏡面仕上げ

主翼の上面は圧縮を受けるので7050合金

B767機では2524あるいは7150などの新合金が高靱性・長寿命化の観点から大幅に使用増大

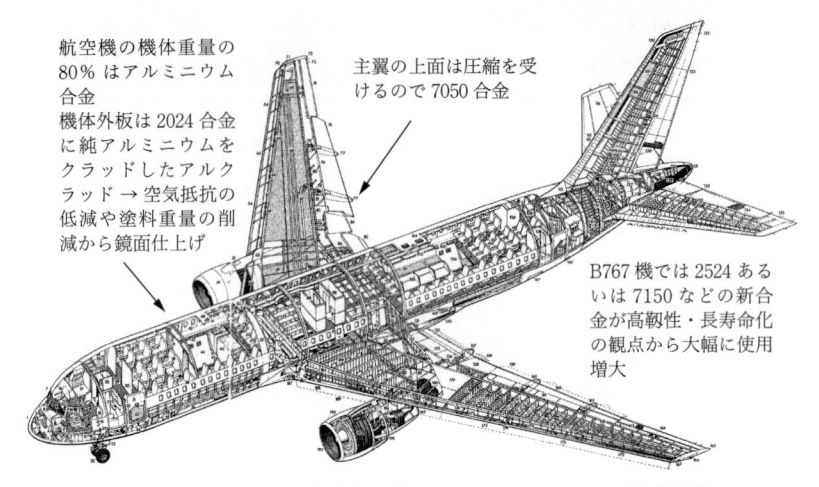

図8.5 アルミニウム合金が多用されているB767の機体構造

ルミニウム合金の動向は，素材開発者だけでなく機体設計に携わる技術者にもより重要となる．

8.3.4 鉄道車両用アルミニウム合金

アルミニウム合金車両は1962年に初めて車両構体に採用され，新幹線や地下鉄などで順次拡大している．2003年現在では累計で13,000両を越えている（ステンレス車両は19,000両，推計）．アルミニウム車両の特徴はまず軽量化による高性能化，積載部品の増加や乗り心地である．同時に軽量化は消費電力削減，加速性能向上，騒音・振動の低減，レール保線費用の削減などの効果がある．つぎに耐食性を活用した無塗装化ができることである．また，新たな動きとして，リサイクル性，すなわち，長寿命化と再資源化である．今後は解体しやすい構造なども設計者には求められる．材料は日本独自の6N01および7N01合金の大型押出材（プレス押出後，人工時効）が多用される．

図8.6に新幹線500系のアルミ構造体示す．屋根，軒けた，側はりなどには25mもの長尺押出形材が使われている．さらに軽量化を行うために，ハニカムパネル材などの新材料も積極的に採用された．また，図8.7に示すように最新の700系には中空押出材の内部に制振材を張りつけた「制振材つき中空型材」も使用されている．このように，機能の高度化が新しい材料の開発および

8.3 アルミニウム合金の代表的な使われ方

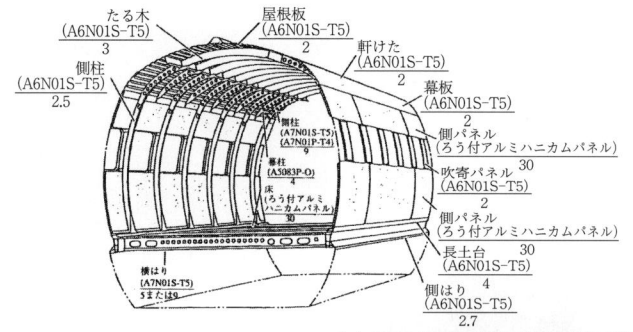

たる木 (A6N01S-T5) 3
屋根板 (A6N01S-T5) 2
軒けた (A6N01S-T5) 2
側柱 (A6N01S-T5) 2.5
幕板 (A6N01S-T5) 2
側柱 (A7N01S-T5) (A7N01P-T4)
側パネル (ろう付アルミハニカムパネル) 30
吹寄パネル (A6N01S-T5) 2
床柱 (A5083P-O)
床 (ろう付アルミハニカムパネル) 30
側パネル (ろう付アルミハニカムパネル) 2
長土台 (A6N01S-T5) 4
横はり (A7N01S-T5) 5または9
側はり (A6N01S-T5) 2.7

（ ）はアルミ合金の種類，下段の数字は材料の厚さ

新幹線 TEC 500　　　　　　　　　ろう付ハニカム施工例

図 8.6　500 系新幹線車体（アルミニウム加工品）（(株)神戸製鋼所）

中空型材

JR西日本 700 系新幹線

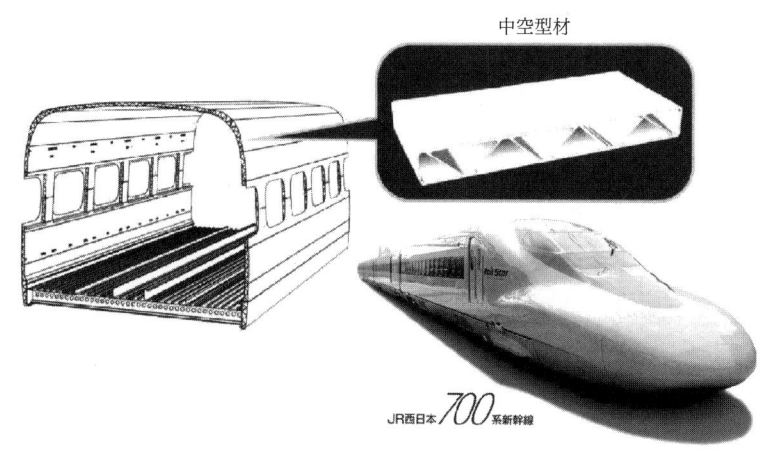

図 8.7　700 系新幹線車体（アルミニウム加工品）。軽量化と車外からの防音効果に役立っている（JR 西日本）

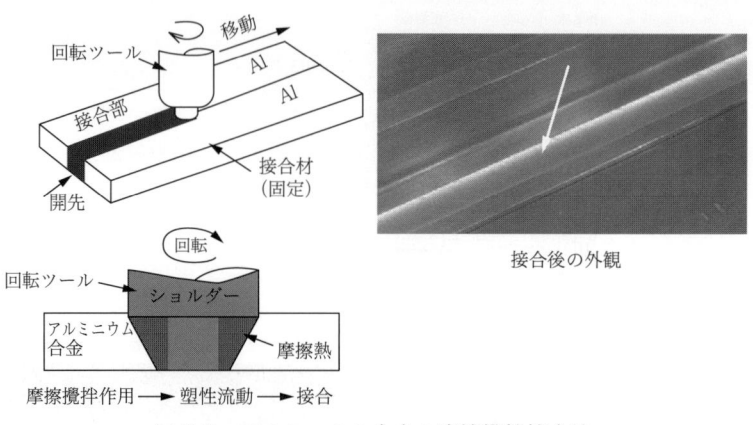

図 8.8 アルミニウム合金の摩擦攪拌接合法

実用化を促している．さらに，従来の組み立ては溶融溶接が主流であったが，溶接ひずみの発生などが課題であった．そこで，図 8.8 のように溶融させず塑性加工流動を活用した**摩擦攪拌接合法：FSW**(Friction Stir Welding)などの新接合技術が採用されはじめた．組み立て技術の動向などにも注意を払うことが必要である．

8.3.5 自動車用アルミニウム合金

自動車材分野へのアルミニウム材の適用はサッシ，飲料缶につぐ第 3 の興隆期を迎えている．自動車のアルミニウム化は 1980 年後半から，エンジン部品（鋳物），ラジエータ，足回り部品（鍛造品）と進み，90 kg／台，アルミニウム化比率約 7% と進展してきている．最近では環境問題対策から，1 リッターのガソリンで 30 km 走行性能の実現などの低燃費化や，あるいは燃料電池車化の背景を受けて軽量化のニーズが高まりつつあり，今後大幅なアルミニウム需要が高まると予測されている．車体の軽量化効果は 11% の軽量化で 10% の燃費向上と見込まれ，内燃機関の熱効率向上，最適な走行制御技術などとの複合効果でさらなる効果が期待される．オールアルミ車のボディーを図 8.9 に，またエンジン，足回り部品としての使用例を図 8.10 に示す．

自動車のアルミニウム化は蓋物といわれるエンジンフード（ボンネット）には日本で開発されたストレッチャーストレインの発生しにくい 5022／5023 合金が使用されてきた．最近ではさらなる高強度・軽量化効果と足回り部品やバン

8.3 アルミニウム合金の代表的な使われ方

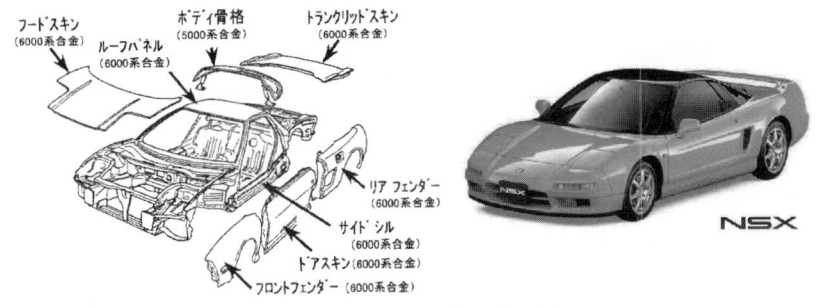

図 8.9 オールアルミニウム車体の自動車の例(本田技研工業(株))

図 8.10 自動車に使用されているアルミニウム加工品
(日経ニューマテリアル,92年6月1日号,p.10〜11)

パーなどに 6000 系合金が使用され,リサイクルの観点からも 6000 系合金の採用が主流になりつつある。自動車分野にはこれまで,鋼板が主流で,鋼板のプレス技術,スポット溶接技術などが成熟している。アルミニウム合金は鋼板に比べると,プレス成形性が劣ること,あるいは熱伝導性に優れるためスポット溶接時に熱が逃げたり,電極がアルミニウムと反応し連続打点数を減らすなどの課題も多く見つかっている。また,衝突安全性などの新機能付与といった課

題も現れてきている．当然，リサイクルの観点は必須で，材料技術者にはリサイクル性に優れた材料が，設計技術者には解体・再利用しやすい設計技術などが強く求められている．最終的な製品に求められる要求特性を描いた材料開発および周辺技術開発が不可欠である．

8.4 まとめ

1. 純アルミニウムは，融点660°C，密度2.699 g/cm^3で鉄や銅の約1/3，比強度(強度／密度)が大であり，緻密な酸化膜(Al_2O_3)で腐食を防止する．低融点，湯流れ良く鋳造に適する．成形性に富み，低温で脆化せず再生しやすい．
2. 展伸用合金と鋳物・ダイカストなどの鋳造用合金がある．強化機構はMg，Si，Mnなどによる固溶強化の非熱処理型合金と析出強化による熱処理型合金とに分類される．Al-Cu系合金(2000系)のジュラルミンは微細な金属間化合物(時効析出物)で析出強化される．
3. 展伸用の工業用品を以下に示す．

   ① **純アルミニウム(1000系)**は低強度のため構造材に適さない．家庭用品・電気器具・高圧送電線・箔・フィン・コンデンサー・建築物の内外装板などに使用される．

   ② **Al-Cu系合金(2000系)**は析出強化型で，ジュラルミンの2017合金，超ジュラルミンの2024合金などがある．耐食性は劣るが航空機外板，機械部品などに広く使用される．

   ③ **Al-Mn系合金(3000系)**はMnの固溶体で強化される．耐食性の犠牲なしに強度が向上し，飲料缶としてアルミニウム板材の最大使用合金となっている．

   ④ **Al-Si系合金(4000系)**ではAl-Siの共晶が形成される．耐摩耗性，低膨張率，耐熱性があり，4032合金は自動車のピストン，シリンダーヘッドなどに使用される．

   ⑤ **Al-Mg系合金(5000系)**はMgの固溶体強化と加工硬化により高い強度，良好な成形性，耐食性および溶接性を併せ持つ．5052合金は一般板金，船舶，車両，建築，コーヒー缶等の負圧缶エンドに使用される．

   ⑥ **Al-Mg-Si系合金(6000系)**はMg_2Siを析出させる熱処理型で，6061合

金および6N01合金に代表される．新幹線の屋根板や床，側外板・ハリなどに大型・長尺材として使用される．Al-Mg-Si系合金はストレッチャーストレインが発生せず，高い塗装焼付け硬化性から最近では自動車の外板に使用されている．

⑦ **Al-Zn-Mg合金(7000系)** は $MgZn_2$ を析出させる熱処理型で，7075合金は2024合金とともに航空機用アルミニウム合金の主流を占め，実用アルミニウム合金中最大の引張強さ570 MPaで，特殊鋼なみの強度を示す．

4. 鋳造性，強靭性，耐食性の観点から鋳造用アルミニウム合金が利用されている．熱処理方法は展伸用と同じで，加工による強化は行われない．

参 考 書

1) 小林藤次郎：アルミニウムのおはなし，日本規格協会，(1985)．
2) 日本航空宇宙学会編：航空宇宙工学便覧(第2版)，(1995)．
3) 神尾彰彦：アルミニウム新時代，工業調査会，(1993)．
4) 小林俊郎編著：アルミニウム合金の強度，内田老鶴圃，(2001)．

演習問題

8.1 アルミニウム合金の代表的な特性として，(1) 熱伝導性に富む，(2) 耐食性，装飾性に富む(3) 比強度が高い，軽い，(4) 加工性に富む，(5) 摩耗性に優れている，(6) 低温靭性に強い，がある．下記の工業用製品は上記のどの特性を必要としているか，また，その理由を簡潔に述べよ．
  a) 電線，b) 冷却用フィン，c) 航空機材料，d) 飲料缶，e) 箔，f) ピストン，g) 建材・サッシ，h) シリンダヘッド，i) 自動車用ホイール，j) VTRシリンダ，k) 車両，l) 船舶，m) ヒートシンク，n) 宇宙開発部品
8.2 アルミニウムの強度を上げる手段や条件を具体的に述べよ．
8.3 析出硬化型高張力Al合金の耐食性は悪いことが知られている．この欠点を補う方法について述べよ．
8.4 自動車や鉄道車両が軽量化のために鋼構造からアルミニウム合金構造に移行しつつあるが，鋼構造に比べた場合の長所および欠点(改良すべき点)について説明せよ．

9

非鉄金属材料Ⅱ：チタン・マグネシウムほか

9.1 チタン合金：航空・宇宙材料の主役

9.1.1 チタンの概要

ギリシャ神話の巨人タイタンはオリンポスの神々に敗れ地底の冥界に閉じこめられた。鉱石中に閉じこめられた元素はドイツのクラップロート(M. H. Klaproth)により発見され，巨人タイタンにちなんで**チタン**(Titanium)と名付けられた。純チタンは元素記号 Ti，原子番号 22，原子量 47.867，周期表の 4 族に属し，融点 1,667℃，沸点 3,285℃ である。常温で α 相の六方最密格子 (hcp)で，882℃以上で β 相の体心立方格子(bcc)になる。熱膨張係数は鉄と同程度(9.0×10^{-6}/℃)，縦弾性係数は鉄の約 1/2 の 120 GPa である。密度 4.50 g/cm^3 で鉄の 60% と軽く，金属の中では最も比強度(強度／密度)が高い。チタンは工業的には第二次世界大戦後に誕生した新しい金属である。日本でも欧米とほぼ同じ時期に研究を開始し，1950 年代には原料であるスポンジチタンおよびチタン展伸材の工業化に成功した。

生産量は世界全体で年間 5～6 万トンである。鋼の 8 億トンやアルミニウムの 1,500 万トンに比較すると極めて少ないが，今後着実に増大するものとみられる。現在はわが国全体で年間 1.1～1.4 万トン生産されており，主に純チタン系の耐食性用途(80% 位)に多く使用されている。一方，アメリカでは航空・宇宙用途(70～80%)に多くの種類のチタン合金が使用されている。EU はアメリカと日本の中間的位置付けにあり，純チタン系とチタン合金が半々の用途である。チタンの製造は砂鉄状の鉱石(イルメナイト)から塩化物(TiCl$_4$)を

経て，Mg還元によってスポンジ状の金属チタンを得る。酸素との親和力が極めて大きいため，酸素を排除した真空中またはアルゴン雰囲気で溶解して鋳塊（インゴット）を作る。合金元素の添加は，必要な組成量を単体または母合金の形で溶解電極の中心部に入れられる。

　鋳塊にした後は，酸化は表面だけなので，通常の金属同様大気中で加熱して鍛造や熱間圧延や冷間圧延で加工・製造される。最近は鉄鋼を生産している大型設備を使用し，鉄鋼製品と同じ形状寸法が製造されている。例えば，広幅熱延厚板(4～200 mm厚さ，2,000～4,500 mm幅)，広幅冷延コイル(0.1～7.0 mm厚さ，最大1,550 mm幅)，シート，棒，線，シームレス管，溶接管，鍛造品などである。鋳造品もカーボン鋳型や**ロストワックス法**による特殊鋳造法が用いられ，1トンを越す製品も可能になっている。

9.1.2　チタンの用途と材料

　チタン材料は純チタンとチタン合金に分けられる。純チタンとよばれるのは工業的な純度で使用されるためで，工業用純チタン(commercially pure Ti：CPTi)ともよばれる。純チタン中の主な不純物は強度調整にも人為的に添加される酸素である。表9.1に純チタンの種類，図9.1に純チタンおよびチタン合金の強度特性を示す。チタン合金はAlやV(Ti-6Al-4V，mass%)(以下%と略記)，Mo，Cr，Sn，Zrなどが合金元素として添加された1,000 MPaを越す高強度材が主体である。チタンは常温ですべり系の少ない六方最密格子

表9.1　純チタンの種類

	純チタンの種類	1種	2種	3種	4種
化学成分 mass%	H	0.013以下			
	O	0.15以下	0.20以下	0.30以下	0.40以下
	N	0.05以下		0.07以下	
	Fe	0.20以下	0.25以下	0.30以下	0.50以下
	Ti	残部			
機械的性質	厚さ mm	0.2以上15以下			
	引張強さ MPa	270-410	340-510	480-620	550-750
	耐力 MPa	165以上	215以上	345以上	485以上
	伸び　%	27以上	23以上	18以上	15以上

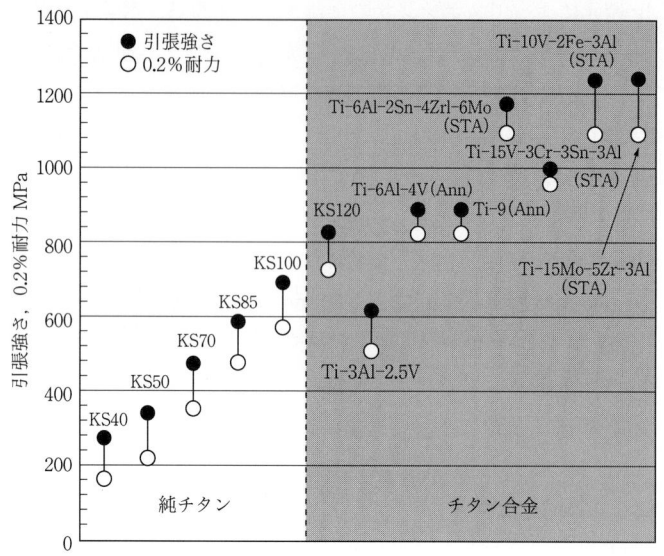

図9.1 純チタンおよびチタン合金の強度特性

hcp であるが，双晶変形が起こりやすく加工硬化性が小さいため，塑性加工性は良い。$\alpha\beta$ 変態時（882℃）には，さらに塑性加工性が著しく向上する（超塑性加工）。

9.1.3 純チタン

工業的には JIS 1 種および 2 種が最も多く使用されている。1 種は酸素含有量が低く柔らかいため，成形性の要求されるプレートタイプの熱交換器の本体パネルとして，または深絞り加工されて建物の屋根や壁材として使用されている（図9.2）。2 種は火力・原子力発電所の熱交換器として 100 トン単位の薄肉溶接管に使用されている。従来は銅合金が使用されていたが，臨海工業地帯の海水の汚れにより腐食が多発し，次第にチタン管に変換され，新規の発電所ではオールチタン復水器が一般的となっている。銅合金管の場合には肉厚 1.2～1.25 mm が使用されていた。チタン化によって肉厚は耐食性に優れているため 0.4～0.5 mm まで減らされ，比重も銅合金の約 1/2 のため全体では総使用重量が銅合金管に比較して 1/5 まで低減されている（図9.3）。このことはプラントの軽量化にも寄与しうることを示している。その他に化成品の基礎資材であるテレフタール酸，アセトアルデヒドなどの化学プラント反応容器，

9.1 チタン合金：航空・宇宙材料の主役

図 9.2 純チタン成形材の屋根・壁材への適用(東京ビッグサイト)。約150トンの純チタン板が使用されている

図 9.3 火力発電用オールチタン復水器
(住友金属工業(株))

東京湾横断道路の橋脚
(ふぇらむ, Vol. 1, 1996, No. 4, p. 235.)

ゴルフクラブのヘッド
(ふぇらむ, Vol. 1, 1996, No. 3, p. 174.)

眼鏡のフレーム
(住友金属工業(株))

自転車
(住友金属工業(株))

図 9.4 チタン製品の事例

ならびに配管・バルブ類，製紙パルプ漂白プラントや海水淡水化装置の本体・パイプ材としても利用されている。

最近では，民生用とよばれる一般消費者向けの用途が顕著に増加している。たとえば時計・カメラの外装ケース，コンピューターの外装，メガネフレー

ム，車椅子，自転車の構造パイプおよびギア部品，オートバイマフラー，コッフェル・マグ等のキャンプ用品などである（図9.4）。表面の薄い酸化膜は光の干渉によりさまざまに発色し装飾品にもなる（口絵5）。

9.1.4 構造用チタン合金

チタン合金には Ti-5 Al-2.5 Sn, ％（以下略），Ti-8 Al-1 V-1 Mo に代表される α 合金，Ti-6 Al-4 V，Ti-6 Al-2 Sn-4 Zr-6 Mo に代表される α-β 合金，ならびに Ti-15 V-3 Cr-3 Al-3 Sn，Ti-15 Mo-5 Zr-3 Al に代表される β 合金の3種類がある。α 合金は耐クリープ性に優れ低温脆化もなく，単相合金であるため溶接性も良い。α-β 合金は最も種類の多いタイプで，β 相が多いほど熱処理性が良く，高強度化が可能である。β 合金は Ti-V 系と Ti-Mo 系があり，Ti-Mo 系が高強度化に適している。

これらのチタン合金は図9.5に示すように工業用金属材料中350℃までの比強度が最も高く，航空機の機体構造部材・ジェットエンジン部品として採用される理由がここにある。航空機においては最新の民間ジェット機で全機体重量の5～10％がチタン合金を中心に使用されており，足回りには大型(1トン以上)鍛造品が，胴体連結部には大型リング圧延材が使われている。板材も主翼フラップやドアー類に使用されており，超塑性＋拡散接合加工されている例もある。この他にファスナー類（ねじ類），ドアー開閉用バネなどもチタン合金で

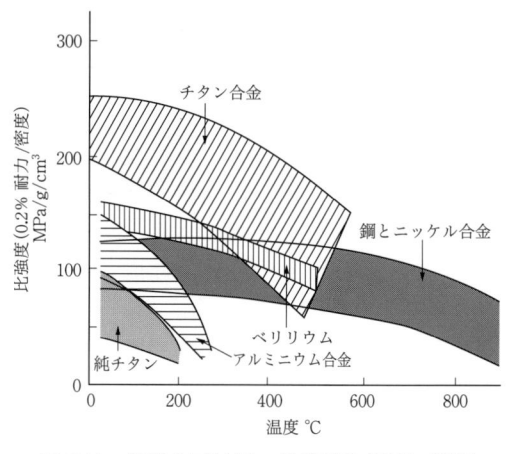

図9.5 各種金属材料の比強度と温度の関係

9.1 チタン合金：航空・宇宙材料の主役

図9.6 最新のジェットエンジン断面図

（燃焼室　高圧タービン　低圧タービン）
（ファン部　低圧圧縮機　中圧圧縮機　高圧圧縮機）

ある．合金としては Ti-6 Al-4 V が多い．

図9.6は，最新のジェットエンジンの断面図であるが，全重量の約25%はチタン合金製部品である．使用部位は最高到達温度が400℃以下のファン・低圧圧縮機および中圧圧縮機のブレード・ディスク類である．これらは高速で回転する過酷な条件で使用される部品であり，チタン原料の段階から厳しく管理されている．たとえばディスク類では，鋳塊段階で3回の真空溶解を義務付けているものもある．低温側のファン，低圧圧縮機部は Ti-6 Al-4 V が多く，温度が上がる中圧圧縮機部からは β 相のより少ない α-β 合金が使用されている．

航空機用チタン合金に要求される特性としては，引張強さは1,000～1,200 MPa と高く，疲労強度（10^7 サイクル耐久限）は引張強さの約50%，破壊靱性は25～30 MPa・$\sqrt{m}$ が一般的である．さらに疲労亀裂伝播速度も規定される．これらの強度因子の多くは熱処理によって調整される．ジェットエンジン中圧段では，温度が上がってくるため耐クリープ性，高温疲労強度，耐酸化性なども重要である．図9.7はクリープ特性であるが，より高温側まで安定なのは α 合金であり，微量添加元素（Si, Bi など）も入れて微細析出物を出させ高温での転位の移動を妨げる．熱処理は溶体化と時効の条件を組み合せ，強度と靱性を適切にしている．実際にはミクロ組織上，溶体化では丸い形状の等軸晶と針状組織の量比ならびに針状晶の形態を調整し，時効ではさらに析出相の量と形態

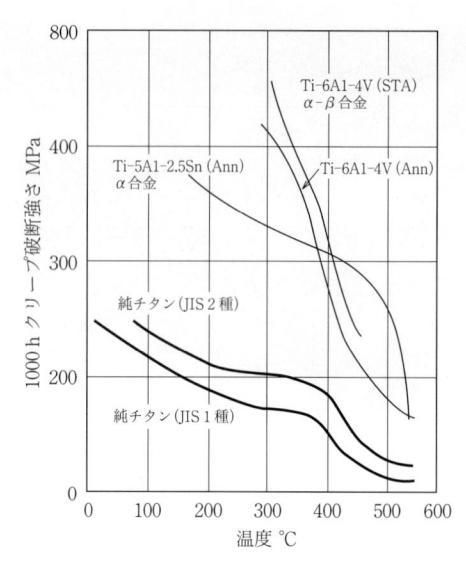

図 9.7 純チタンおよびチタン合金のクリープ破断強さ
(STA：溶体化時効処理，Ann：焼きなまし処理)

を調整することになる．

9.1.5 機能性チタン合金

　チタンをベースとした上記以外の合金では，金属間化合物を中心に各種機能を有するものがある．Ti-Ni 系は**形状記憶効果**(shape memory effect)および**超弾性**(superelasticity)を有し，形状記憶を利用した用途としては医療用で気管の形状を内側から支える保持ステントや衣料の形態保持芯に，超弾性は携帯電話のアンテナやメガネフレームとして実用化されている(11.2.1 項参照)．Ti-Fe-Mn 系は水素吸蔵能があり，**水素吸蔵合金**(hydrogen storage material)として今後の燃料電池への利用が期待されている．また Ti-Al 系は超軽量耐熱材料としてガスタービン(ジェットエンジン)をはじめガソリンエンジンの排気バルブなどにすでに採用されており，合金設計の点で一層の耐熱性が検討されている．Ti-Nb 系は**超伝導材料**としての基礎合金系であり，極低温域での作動からより高温側へ上げるべく合金設計，加工法の両面から検討が進められている．

9.2 マグネシウム：21世紀の新材料
9.2.1 マグネシウムの概要
マグネシウム(Magunesium)は元素記号 Mg，原子番号12，原子量24.3050，周期律表の2族に属し，融点649℃，沸点1,105℃，密度1.738 g/cm^3 である。縦弾性係数は鉄の約1/4の45 GPa である。原産地であるギリシャの古代都市名 Magnesa(ia)に由来するといわれている。その最大の特徴は密度がアルミニウムの約2/3，鉄の約1/4と構造用実用金属中最も軽く，優れた比強度，比剛性を示すことである。また金属特有の優れたリサイクル性を有することから，低環境負荷循環型社会の実現に資する新構造材料として最近特に注目されている。しかし，マグネシウムはきわめて活性な金属であるため，溶湯が大気中に触れると発火しやすく，耐食性に難があるなど実用化に向けて解決すべき課題が残されている。

9.2.2 化学的特性
マグネシウムは電気的に電位が卑であり耐食性が一般に悪い。さらに，Fe，Ni，Cu などの金属が不純物として含まれると，耐食性は著しく劣化する。たとえば，AZ 91 マグネシウム合金では Fe＜0.005％，Ni＜0.002％，Cu＜0.03％ が混入限度とされている。一方，Al を合金中に約4％以上添加すると腐食速度が減少する。なお，大気中では $Na(OH)_2$，$MgCO_3$ の混合物による被膜が生成し，腐食の進行は抑制される。

一般的に，マグネシウム合金の名称は ASTM 規格にのっとり，主要合金元素の元素記号の頭文字とその元素量(mass％)を用いて表記される。たとえば AZ 91 D は Al を9％，Zn を1％ 含むことを意味し，最後の D は開発された順番を表す。

Al，Zn の固溶限はそれぞれ 12.7％(473℃)，8.4％(344℃)と比較的大きいため，第2相を時効析出して高強度化を図ることが可能である。Mn の少量添加は合金の耐食性を向上させる。また，Zr の少量添加は結晶粒の微細化をもたらす。そのため，Mn と Zr は副次的に合金に添加される場合が多い。また，RE，Y，Si は耐クリープ性を向上させるために添加される。

表9.2 ダイカスト用マグネシウム合金の室温における代表的な機械的性質

合金	引張り強さ MPa	0.2%耐力 MPa	破断伸び %	せん断弾性係数 GPa	ブリネル硬さ HB
AZ91D	240	160	3	140	70
AM60B	225	130	8	—	65
AM50A	210	125	10	—	60
AM20	190	90	12	—	45
AS41B	215	140	6	—	60
AS21	175	110	9	—	55
AE42	230	145	10	—	60

9.2.3 力学的特性

マグネシウム合金は冷間加工性が悪く，せいぜい10%から20%の加工が限度である．この原因はマグネシウムの結晶構造に起因する．マグネシウムはチタンと同様の六方最密構造(hcp，3.2.1項参照)を有しており，底面，柱面，錐面の三つのすべり面を有する．室温では底面すべりが最も起こりやすく，他の二つのすべり系は高温にならないと活動しない(柱面，錐面すべりをまとめて非底面すべりとよぶ)．そのため，マグネシウムの塑性加工では，温度を柱面，錐面すべりが生じやすくなる約200℃以上に設定することが多い．

表9.2にASTMで規格化されたダイカスト用マグネシウム合金の代表的な機械的性質を示す．マグネシウム合金の強度は結晶粒径に大きく依存し，結晶粒径が小さくなると効果的に耐力が増加する．結晶粒微細化によりAZ91合金で400 MPa以上の高い強度が得られている．

9.2.4 マグネシウム合金の用途

国内のCO_2排出量(1997年)の約2割は輸送機器から排出されており，燃費の向上は自動車技術の最重要課題の一つである．また，車重100 kgの軽量化で約1 km/lの燃費向上を見込めることから，良好な比剛性，比強度を有するマグネシウム合金の導入は，強度を保ちつつ車重の軽量化を達成できる有効な手段であり，図9.8に示すようなシートフレーム，ステアリング芯金，エンジンカバー，ホイールなどの自動車部材としての適用が急速に進んだ．さらに最近では，エンジン，足回り等の部品への導入を目指した合金設計，表面処理技術の研究開発が進みつつある．また，Mg-Ni系合金は軽量かつ高い水素吸蔵

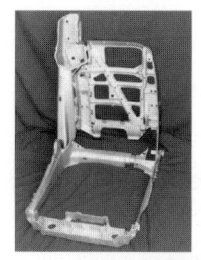

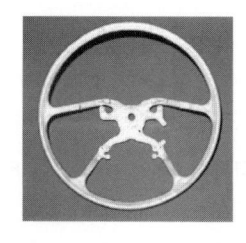

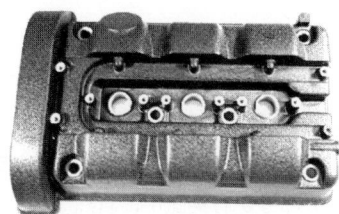

9.2 マグネシウム：21世紀の新材料

(a) シートフレーム(AM60)　(b) ステアリングホイール芯金(AM60)　(c) エンジンカバー(AZ91)

(d) ホイール(AM60)　(e) パソコンの筐体

図9.8 各種マグネシウム合金使用事例
（日本マグネシウム協会ほか）

量を示すことから，次世代自動車の燃料電池としての導入が期待されている．現時点では，水素吸蔵，脱蔵温度を200℃以下にするための研究が盛んに行われている．また，MDやパソコン筐体（図9.8(e)）など家電製品，携帯電話，各種情報機器の筐体としても利用が急増している．この理由として，高比強度・高比剛性を有し，かつ電磁波シールド性，振動吸収特性に秀でていることが挙げられる．最近開発された二足歩行ロボットのボディー部材にもマグネシウム合金が試用されている（図9.9）．

図9.9 ロボットのボディーもマグネシウム合金

9.3 金，銀，銅，特殊金属

9.3.1 貴金属とその合金

貴金属とは**金**(Au)，**銀**(Ag)と**白金**(Pt)を代表とする**白金族金属**をさす。金は大部分が石英脈中に自然金として産出し，銅についで古くから知られ，紀元前2,600年くらい前の王墓から装飾品が発見されている。銀は紀元前3,000年前には人間生活に登場した。当時は金よりも高価だったらしい。新大陸の発見で多量の銀が見つかり，ヨーロッパに流入し，銀食器などに用いられるようになった。白金も古代から知られていたが，やはり新大陸の発見以後に，金と一緒に産出され，ヨーロッパに流通するようになった。

これらの貴金属の特徴は，容易に化学変化を受けず，空気中で熱しても酸化されず，イオン化傾向は小さい。美しい**金属光沢**を有し，展伸性に富む。産業的には産出量が少なく，高価である。

9.3.2 金およびその合金

金の特長は王水(濃塩酸：濃硝酸＝3：1)などにしか溶けない耐食性と，0.07 μm の**金箔**および1gの金を直径5 μm の長さ3,000mの極細線に加工できる展伸性である。純金のままでは軟らかすぎるので，銅，銀，白金，ニッケルなどとの合金として利用される。その時の純度は**純金**を24金として表す。従来から歯科医療素材などに用いられたが，今日では導電性と耐食性から直径30 μm の極細のボンディング・ワイヤが集積回路の結線に用いられ，最先端技術の一翼を担う材料として多用されている。ワイヤは300℃に加熱され，リードフレームの金メッキされたピンに数10個／秒の高速度で熱圧着あるいは超音波接合される。

9.3.3 銀およびその合金

銀は**導電性**が金属の中で最も高く，光の反射性も高いので，電子部品や銀メッキなどに用いられる。展伸性は金についで高く，厚さ0.15 μm の銀箔や1gで直径5 μm×長さ1,800mの極細線加工が可能で，金糸とともに着物や帯などの刺繍用の糸に用いられる。銀合金は写真感光材としての**臭化銀**がよく知られている。歯科医療用，接点用合金，あるいは原子力容器や電子機器部品など

の接合用に銀ろう(Ag-Cu 共晶合金など)として用いられる。そのほか装身具、食器、貨幣に広く利用される。

9.3.4 白金族およびその合金

白金族元素には他にパラジウム Pd，ルテニウム Ru，ロジウム Rd，オスミウム Os およびイリジウム Ir などがある。化学的に安定で融点が高いことから、細線は白金-白金ロジウム**熱電対**(PR 熱電対)として，1,000℃ までの温度範囲の基準温度計として使用される。そのほか、白金製のるつぼ、はさみ、加熱容器、蒸発皿などの実験器具がつくられている。耐食性にすぐれているため電気機器の接点や電極、高温測定用の測定器に使用される。表面積を大きくした白金海綿や、微粒粉末の白金黒は、触媒として化学工業に広く利用される。自動車の排ガス処理用の触媒にも使われる。白金は、金との合金として装身具に使用されている。白金には歯科用の充填剤としての用途もある。加工性は Pt と Pd が優れるが、その他の白金族は劣る。

9.3.5 銅およびその合金

銅は古代から知られる代表的な非鉄金属で紀元前 8,000 年頃の北イラクには銅の子玉が発見されている。それ以来、純銅のほかにすずとの合金である**青銅**、亜鉛との合金である**黄銅**(真ちゅう)およびニッケルとの合金である洋白として広く使われだした。特に青銅は石器時代から青銅器時代への人類の文明上も大きな意義を持った。英語の Copper は地中海の島キプロス(Kypros)のラテン名 Cuprum に基づく。電気伝導性と熱伝導性が高く、展性・延性に富み加工が容易で、見た目が美しいなど数多くの長所がある。そのため銅はさまざまな用途に利用されている。

(1) 生産および製造方法

いおう、鉄、酸素と結合し、黄銅鉱、赤銅鉱のような銅鉱石として産出する。鉱石は硫化銅と酸化鉄の混合物とされ、二酸化けい素とともに反射炉に入れて、酸化銅を分離する。ついで、これを転炉で還元して、粗銅とする。粗銅を電気分解し、純度 99.94% 以上の電気銅を得る。1999 年度の世界生産量は 1,430 万トン／年で、生産順位はチリ 19%，米国 15%，日本 9%(約 130 万トン)になっている。わが国での用途は電線向けに 62%，伸銅品向けに 36% がとなっている。銅線はビレット(円柱状の鋳塊)を押出し引抜き加工で、銅管は

ビレットを押出し抽伸加工で作られる。銅板はスラブ（矩形断面鋳塊）から熱間および冷間圧延により作られる。

（2） 銅の特徴とその用途

銅は原子番号29，原子量63.546，周期表11族の遷移元素であり，融点1,084℃，沸点2,580℃，密度8.95 g/cm^3 である。銅の特徴はアルミニウムよりも自由電子が多く，電気・熱伝導性が極めて高く，展伸加工性に富むことである。たとえば，リチウム電池負極用の銅箔は100 μm である。以下に特徴とそれを生かした用途を示す。

① 電気伝導性が銀についで高い：現在の高純度銅は103，純アルミニウムは61，銀は108% IACS である。電線，モータの既存分野からリードフレームなどの電子部品の先端分野まで広範囲に使われている。なお，金属材料の電気伝導度は1913年頃より，焼鈍した純銅の20℃での平均値を100% IACS(International Annealed Copper Standard，国際軟銅標準)として用いている。

② 熱伝導性が良い：化学工業の熱交換器，蒸留釜，クーラーの熱交換器，家庭用風呂釜などに使われる。

③ 耐食性が優れる：イオン化傾向が小さく，耐淡水・海水腐食性に優れるので，屋根板，雨樋などの建築材や船舶，発電所，造水プラントの復水管などに広く使われる。

④ 光沢が美しい：純銅は淡赤桃色，黄銅は黄金色，洋白は銀色を持ち，建築材や器物に使われる。

⑤ 強度を高くできる：すずや亜鉛の固溶体強化により，青銅，黄銅などの合金や析出硬化，加工硬化により高強度材が得られる。

⑥ 合金化により機能を付与できる：りん青銅，洋白，ベリリウム銅はばね特性，疲労特性に優れるので，通信機，精密機器，電気計器などに使われる。また，Cu-Zn-Al系合金は室温で熱マルテンサイト変態を起こし，形状記憶能を示し，温室開閉装置や自動バルブ装置などに用途を広げている。

⑦ めっきおよびはんだ付けが容易にできる：金，銀，ニッケル，クロムなどのめっきが簡単に行え，かつ酸化膜が薄く，強固でないためにはんだ付けが容易である。一方，密度が大きい，高価である，鉄などとの分離が困難でリサイクル性が悪いなどの欠点がある。

9.3 金，銀，銅，特殊金属

(3) 代表的な伸銅用銅合金

伸銅品とは，圧延，押出し，引抜きなどの塑性加工(熱間または冷間)で作られた銅および銅合金の板，条(コイル)，管，棒および線の製品の総称であり，現在 JIS 規格には 68 種が登録されている。合金分類は Cxxxx 5 桁(最初の C は銅を表す)で表される。

伸銅用銅合金は以下のように理解しておくとよい。まず，工業用純銅は**無酸素銅，タフピッチ銅，リン脱酸銅**の 3 つに分類される。特長は電気伝導性および熱伝導性がきわめて高いことである。強度を得る手段は加工硬化で，耐力は 400 MPa まで高まる。より高い強度をもつ高銅合金は，微量添加元素を添加して，固溶体強化で得られる。固溶体強化はすず Sn，ベリリウム Be，けい素 Si，アルミニウム Al，ニッケル Ni，亜鉛 Zn の順に大きい。また，より大きい強化は析出強化で，Cu-Be，Cu-Cr，Cu-Zr，Cu-Fe-P，Cu-Ni-Si，Cu-Ni-Sn などの合金系が開発されている。また合金は加工性，耐食性，耐熱性に重点を置いて開発されてきた。最近では電子部品の小型化で薄肉化・放熱性などが特に重要視されている。

(4) 代表的な伸銅品

(a) エアコン用内面溝付管

年間 500～600 万台出荷されるエアコンの熱交換器には，図 9.10 に示す外径 4～7 mm の内面溝付管(材料はタフピッチ銅)が 1980 年代から用いられている。エアコンではこの管の外側をアルミニウムフィンが取り囲んでいる。内面溝付管は熱交換効率を向上するために，溝付転造加工により，内面に多数の微小らせん溝をほどこしている(加工速度 60～70 mm/min)。熱交換効率は従来の平滑管に比べ，10～20% 向上した。

(b) リードフレーム材料

リードフレームは図 9.11 に示すような形状を持つ薄板(厚さ 100 μm)で，

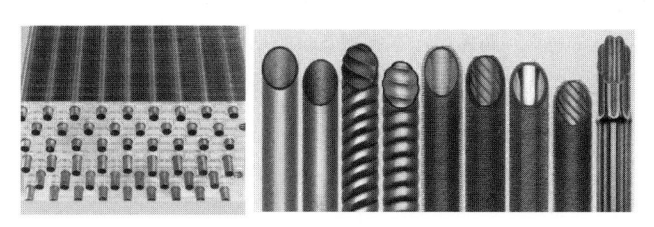

図 9.10　エアコンの熱交換器とその溝付管

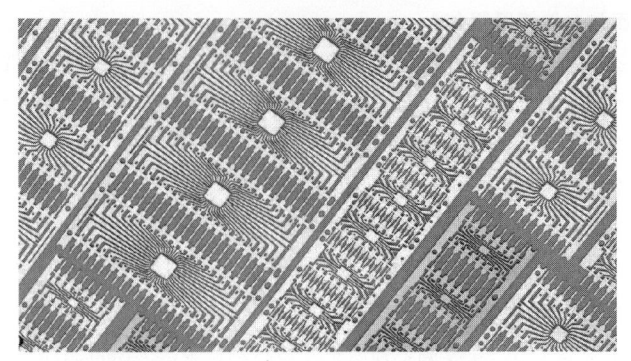

図 9.11 リードフレーム ((株)神戸製鋼所)

半導体チップを搭載し，チップと外部回路を電気的に接続し，熱の放散を行う役目を持つ．また，IC の製造工程の組み立て基盤で，製造工程の搬送の役目も持つ．従来は 42 合金(Fe-42% Ni)が主流であったが，IC の小型化のために，熱伝導度が 42 合金の 10～30 倍高い銅合金が取って代わった．材料としては C 1940，C 5111 と各社の独自合金が使用されている．要求性能は，高強度，高電導率，曲げ加工，耐熱性など総合的な性能が網羅され，最も古い金属が最先端産業を支えている好例である．

9.3.6 特殊金属

特殊金属は単独での使用量はアルミニウムや銅合金より少ないが，材料の特性向上や接合などに用いられる「縁の下の力持ち」の役目を担う．特殊金属の例として，低融点金属，希土類金属(Rare Earth metal : RE)，希少金属(rare metal)をあげる．

（1） 低融点金属(白色金属)

亜鉛 Zn(zinc)，**鉛 Pb**(lead)，**すず Sn**(tin)は融点が低く，古くから単独あるいは合金として広く使用されている．**イオン化傾向**が大きいので，電極材や鋼板を腐食から守り，**亜鉛めっき鋼板**は自動車材，**すずめっき鋼板**は**ブリキ**として缶詰に使用されている．また，鉛-すず合金ははんだや**ホワイトメタル**などとして，機械部品の接合や軸受けに多用されている．最近では鉛などは環境問題から敬遠される傾向があり，鉛に代わるはんだ，快削合金などの開発が盛んに行われている．

(2) 希土類金属

スカンジウム（Scandium：Sc），イットリウム（Yttrium：Y）に，ランタノイド15種（ランタン，Lanthanum：La，セリウム，Cerium：Ce，ネオジウム，Neodymium：Ne など）を**希土類元素**と称する（発見当初に稀な鉱物からしか採取されなかことに由来）。空気中で酸素と反応しやすい。希土類金属の混合物はミッシュメタル（Mishmetall）と呼ばれ，ライター石や磁石，耐熱合金の添加元素などに広く利用されている。

(3) 希少金属

地球上の存在がまれ，鉱石品位が低い，純度が低いなどの理由で従来あまり利用されなかった金属である（酸化物や化合物の形としては多くの量がつかわれている）。ベリリウム，ゲルマニウム，ニオブ，タンタル，タングステン，ウラン，チタンや希土類金属が入る。エネルギー需要などの社会的要請や採鉱技術・精製技術の進歩で，工業化は急速に進展している。超軽量のアルミニウム合金に用いられるリチウムなどはその例である。

9.4 まとめ

1. 純チタン Ti は，融点 1,667℃，常温で α 相の六方最密格子 hcp，密度 4.50 g/cm^3 で鉄の60%，比強度が高い。882℃ で hcp から bcc に変態する。純チタンは耐食性良好，化学プラント反応容器・海水淡水化装置の本体パイプとして利用。双晶変形が起こりやすいため，すべり系の少ない六方最密格子にしては成形性が良い。深絞り加工され屋根や壁材として使用される。チタン合金は α 合金，α-β 合金，β 合金の3種，350℃ までの比強度が最大，航空機構造部材・ジェットエンジン部品として採用，α-β 合金合金の Ti-6 Al-4 V が多く使用される。

2. マグネシウム Mg は融点 649℃，密度 1.738 g/cm^3 でアルミニウムの約2/3，鉄の約1/4と構造用実用金属中最軽量，優れた比強度，比剛性を有する。きわめて活性で発火しやすく，腐食しやすい。六方最密格子のため室温では底面すべりを生じるが，他の柱面，錐面のすべり系は高温にならないと活動しないため約200℃ 以上で塑性加工する。携帯電話，ノートパソコン，家電製品など情報機器の筐体として利用が急増，自動車の軽量化でも注目されている。

3. 銅 Cu は融点 1,084°C, 密度 8.95 g/cm³ であり, ① 電気伝導性が銀について大きい, ② 熱伝導性が良い, ③ 耐食性に優れる, ④ 光沢が美しい, ⑤ 合金化により機能を付与できる, ⑦ めっきおよびはんだ付けが容易にできるなどの特長がある。一方, 比重が大, 高価, 鉄との分離が困難でリサイクル性が悪いなどの欠点がある。

参 考 書

1) 日本航空宇宙学会, 航空宇宙工学便覧, 丸善, (1995).
2) 塩谷義, 航空宇宙材料学, 東京大学出版会, (1997).
3) 塩谷義, 先進機械材料, 培風館, (2002).
4) 日本航空広報部：航空実用辞典, 朝日ソノラマ.
5) 鈴木敏之, 森口康夫：チタンのおはなし, 日本規格協会(1999).
6) 田中良平：極限に挑む金属材料, 工業調査会.
7) ASM Specialty Handbook (Magnesium and Magnesium alloys), ed. by M. M. Avedesian and H. Baker, ASM International, USA, (1999), 7.
8) 中川龍一：新しい金属材料, 工業調査会(1988).
9) 日本伸銅協会：伸銅品データブック, (1997).

演習問題

9.1 鉄鋼材料(引張強さ：500 MPa, 比重：7.9, 価格：100 円/kg), アルミニウム合金(引張強さ：400 MPa, 比重：2.7, 価格 800 円/kg), チタン合金(引張強さ：1,200 MPa, 比重：4.5, 価格 4,000 円/kg)の工業材料としての得失を論ぜよ。

9.2 軽量化に必要な非鉄系合金を2例挙げ, その理由を簡単に説明せよ。

9.3 マグネシウム合金の加工性が悪い理由を説明せよ。温度を 200°C 以上に上げると加工性がよくなるのはなぜか？

9.4 エアコン用配管やリードフレームに銅合金が使われる理由を, 材料および加工特性の面から述べよ。

9.5 電気のスイッチ, ばねにはベリリウム銅が用いられる理由を述べよ。

10

非金属材料

10.1 セラミック材料

10.1.1 セラミックスおよびファインセラミックス

セラミックス（ceramic）は「人工的に作られた無機質固体材料」と定義されている．ガラス，セメント，耐火物などがその中心であったが，現在では人工的に精製された原料を用いて作られた**ファインセラミックス**（fine ceramic）も含めるようになった．

ファインセラミックスには，高温強度と耐摩耗性に優れる機械構造材料，さまざまな電磁気機能を有する電気・電子材料（誘電性，強誘電性，圧電性，焦電性，半導性，イオン導電性，超伝導性，強磁性，各種センサー機能），優れた光学特性を示す光学材料（レーザー発振用材料，光ファイバー），原子炉材料，炭素材料（黒鉛，炭素繊維，フラーレン），複合材料，生体材料，合成単結晶などがある．ファインセラミックスは，産業の高度化になくてはならない材料として急速に発展しつつある．

セラミックスの語源

セラミックスの語源はギリシャ語で粘土を表す Keramos で，当初は粘土などの天然原料を火で焼き固めた陶磁器，レンガ，タイルなどを意味した．日本では，明治の中頃，大量生産するために電気やガスを利用してトンネル窯により高圧硝子や洋食器が作られたのが工業化のはじまりである．今ではスペースシャトルの耐熱タイルから，セラミック製の人工歯まであらゆる産業に浸透している．

表 10.1 高強度耐熱セラミックスの種類

元素	酸化物	炭化物	窒化物	ホウ化物	ケイ化物
Be, Mg, Ca	BeO MgO				
Y, La	Y_2O_3 La_2O_3	LaC		LaB_5	$LaSi_2$
Ti, Zr, Hf	TiO_2, ZrO HfO_2	TiC, ZrC Ti_3SiC	TiN, ZrN	TiB_2 ZrB_2	
V, Nb, Ta		Vc, TaC NbC	TaN, VN NbN		
Cr, Mo, W	Cr_3C_2	Cr_3C_2, Mo_2C WC	CrN		$CrSi_2$, $MoSi_2$ WSi_2
B, Al	Al_2O_3	B_4C	AlN, BN	(BN, B_4C)	
Si	SiO_2	SiC	Si_3N_4		
その他	Eu_2O_3, UO_2 ThO_3, Gd_2O_3	C	Si-Al-O-N	EuB_5C	$EuSi_2$

以下の各節では，ファインセラミックスに焦点を当てて，その種類，製造法および特性について概観する．

10.1.2 セラミックスの特徴

高強度耐熱材料として注目されている各種セラミックスを表10.1に示す．これらはまず酸化物系と非酸化物系に大別され，非酸化物系はさらに炭化物，窒化物，ホウ化物，ケイ化物，炭素系に分けられる．セラミックスの融点は大略，炭化物，窒化物，ホウ化物，酸化物，ケイ化物の順になっており，鉄や銅などの一般の金属に比べてはるかに高い値を示す．

(1) 原子間結合様式

セラミックスにおいては**イオン結合**(ionic band)と**共有結合**(covalent band)が主であり，これらは**金属結合**(metallic band)や**分子結合**(molecular band)に比べるとはるかに強固であるため，融点・弾性率・硬度が高く，化学的に安定である．しかし，金属結合とは異なってイオン結合や共有結合は強い方向性を示すため，一般にセラミックスの結晶構造は複雑で，平均原子間距離が大きく，密度と熱膨張係数が低く，表面エネルギが小さい．そのため金属に比べると転位の移動・増殖が起こりにくく，表面や内部に存在する欠陥まわり

10.1 セラミック材料

の応力集中が緩和されないため,脆性破壊しやすい。これがセラミックス最大の欠点であるもろさと強度信頼性の低さの原因となっている。一方,密度および熱膨張係数が小さいことはセラミックスの利点となっている。

(2) 結晶構造

セラミックスの物性は結晶構造に大きく依存する。一般に結晶の単位格子は7つの結晶系(三斜晶系,単斜晶系,斜方晶系,六方晶系,三方晶系,正方晶系,立方晶系)と14の空間格子(単純三斜,単純単斜,底心単斜,単純斜方,底心斜方,体心斜方,面心斜方,単純六方,単純三方,単純正方,体心正方,単純立方,体心立方,面心立方)に分類される。セラミックスは一般に複数種類の原子から構成されるため,純物質からなる金属の結晶構造と比べて複雑である。

10.1.3 セラミックスの製造法

セラミックス製品の製造法には,大略下記の3種類の方法がある。

① 単結晶の合成 → 切断・研磨 → 各種コート／積層 → 切断 → 部品
② 粉体合成 → 混合 → 成形 → 乾燥／脱脂 → 焼結 → 機械加工・接合 → 製品
③ 薄膜形成(CVD[1], PVD[2], MBE[3], ディップコート等) → 切断 → 部品

このうち,①と③は電磁気用セラミックスの主製造工程になっている。単結晶や薄膜以外のバルク材とよばれるセラミックスは,その大部分が②の粉体経由で製造される。

成形とは,目的に合った形状を粉体に付与する工程のことで,その良し悪しは製品の特性に大きな影響を与える。乾燥や脱脂が終わった成形体は,所定の雰囲気および温度プログラムにしたがって焼成される。焼成は融点以下の高温に保持することにより,構成粒子同士が原子の拡散によって合体・成長し,気孔を排除しながら進行する。通常,粒成長を抑制しながら焼結を促進させる目的で,各種焼結助剤が使用される。焼結助剤の種類によって物性が大きく変化することがあるので,使用目的に応じて最適な助剤系を選択する必要がある。

焼結品は多くの場合機械加工(研削,切断,研磨)が必要であるが,セラミックスは極めて高硬度かつ脆性的であるため,加工コストが非常に高い。そのた

---

[1] CVD(Chemical Vapor Deposition, 化学蒸着)
[2] PVD(Physical Vapor Deposition, 物理蒸着)
[3] MBE(Molecular Beam Epitaxy, 分子線エピタキシー)

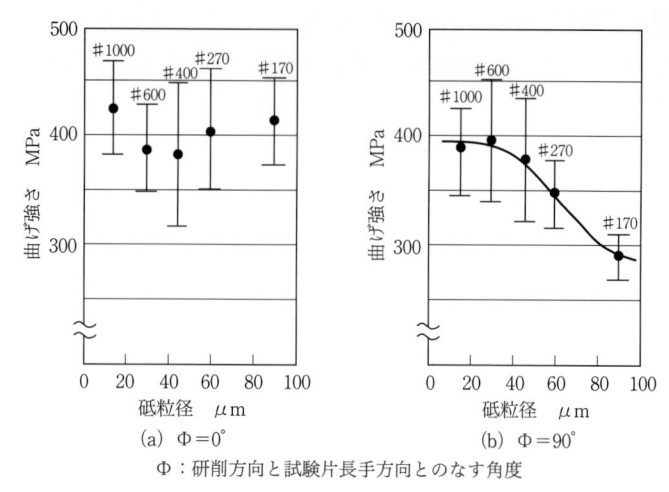

図 10.1　研削砥石の砥粒径と 4 点曲げ強さの関係(アルミナ)

めニアネットシェイプ(near net shape)，すなわち機械加工を最小限に抑えるために，焼結体を最終製品の形状に近づけるように成形後，仮焼体での加工方法が主流になっている．なお，研削加工により亀裂が導入され，強度が著しく低下することがあるので注意が必要である(図10.1参照)．

10.1.4　機械構造用セラミックス
(1)　酸化物系セラミックス

　酸化物系セラミックスにおいて，構造材料として最も大量に使用されているのはアルミナ(Al_2O_3)である．その他，耐摩耗性に優れる部分安定化ジルコニア(ZrO_2)，耐熱衝撃性に優れるムライト($3Al_2O_3 \cdot 2SiO_2$)，耐火物の主要原料として使用されているマグネシア(MgO)やクロミア(Cr_2O_3)がある．酸化物系セラミックスは高温の酸化雰囲気中で安定して使用可能で，一般に安価であるという利点がある．

(2)　非酸化物系セラミックス

　非酸化物系セラミックスは共有結合性が高く拡散係数が小さいため，反応焼結，ホットプレス，**熱間静水圧プレス**(HIP, Hot Isostatic Press)などにより焼結される．炭化物と窒化物を中心に多くの有用な材料が開発されている．

(a) 炭化物系セラミックス　　炭化物系セラミックスで重要なものに**炭化けい**

10.1 セラミック材料

素 SiC，主として工具鋼の表面コーティング用に使用される**炭化チタン** TiC，超硬工具として知られている**タングステン・カーバイト** WC(Co を結合剤として焼結される)がある。

SiC の焼結助剤として最も優れているのは，B と C(1 mass% 程度)で，焼結温度は 2,000〜2,100℃ である。SiC は高温強度が高く，高硬度かつ化学安定性・耐酸化性・耐摩耗性に優れるため，高温構造材料のみならず各種摺動材料としても期待が高いが，破壊靱性が 4 MPa・$\sqrt{m}$ 程度と低いため，使用上注意が必要である。

(b) 窒化物系セラミックス　窒化物系セラミックスの代表は**窒化けい素**(Si_3N_4)で，高温強度，耐熱衝撃性，強度信頼性に優れ，非酸化物系構造用セラミックス中で最も多用されている。

B，C 系焼結助剤を用い加圧焼結した SiC(HPSC)や，希土類元素を添加し加圧焼結した Si_3N_4(HPSN)が 1,500℃ という高温でも高い強度を有する。自動車部品，セラミックガスタービン材料，金属線延伸用ダイス，製鉄用各種支持ローラ，燃焼筒などに使用されている。

その他の重要な窒化物セラミックスには，耐摩耗性コーティング材である TiN(美しい金色を呈し，装飾品にも使用される)，熱伝導率が高く，LSI 等の基板材料として使用量が急増している AlN などがある。

(c) ホウ化物系セラミックス　TiB_2 は熱的・化学的に安定で強度(約 1 MPa)・硬度(約 2,500 HV)とも SiC 並に高い有望材料であるが，破壊靱性が 3〜4 MPa $\sqrt{m}$ と非常に低いことが欠点である。電気伝導性があり，放電加工が可能である。

B_4C の硬さはダイヤモンド，立方晶 BN(c-BN)についで高く，研磨剤や切削工具などに用いられ，また半導体的性質を持つ($7×10^3$ Ω・cm)。B_2O_3 膜を形成するため，大気中で 1,000℃ まで安定であるが，それ以上の温度では急速に酸化される。

BN はホウ素のチッ化物で，結晶学的には炭素に似ている。黒鉛に似た六員環からなる層状構造の h-BN，ウルツ鉱型の w-BN，立方晶系の c-BN が存在する。h-BN は常圧において安定相，白色・薄片状であり潤滑性に富んでいる。自由電子を持たないため高温でも高い絶縁性を示し，高温用固体潤滑剤，離型剤，高周波絶縁剤として用いられる。空気中では 1,000℃ 付近から酸化して B_2O_3 となる。

c-BNは超高圧法(原料：h-BN，触媒：Li$_3$N，Mgなど，温度1,200℃～2,000℃，圧力5～10 GPa)によって初めて合成された材料で，ダイヤモンドにつぐ硬さと高い熱伝導率をもち，空気中では1,300℃まで安定である。ダイヤモンドがFe，Ni，Coと約1,000℃で反応するのに対し，c-BNは安定なので，合金鋼の高速切削工具・研削工具に使用されている。

(d) 炭素系セラミックス　　ただ一種類の元素Cからなる。結晶学的には，高圧相である**ダイヤモンド**(daimond)，層状構造をした黒鉛，無定形炭素，近年新たに発見された図10.2に示すC60，C70などの球状ないしは楕円体状をした**フラーレン**(fullerece)，電磁気的性質が注目されている**カーボンナノチューブ**(carbon nanotube)，鎖状炭素であるカルビンなど，多種多様である。

　ダイヤモンドは共有結合性が高く，電気絶縁体であり，自然界に存在する物質の中で最も硬く，耐摩耗性に優れ，屈折率および熱伝導率が高い。主として研削工具，切削工具，加工工具，研磨剤として使用されている。気相法ダイヤモンド薄膜は，電子材料，耐摩耗性コーティング材として使用されつつある。ダイヤモンド類似でダイヤモンド・ライク・カーボンとよばれる**炭素系薄膜**(DLC)も高い硬度と耐摩耗性，耐薬品性を示すため，ダイヤモンド薄膜と同様に耐摩耗性コーティング材等への応用が期待されている。

　炭素材料は有機物を中性もしくは還元性雰囲気で熱処理することにより製造される。六角網目状の層面がよく発達した炭素を黒鉛という。逆に層面が3次元的に入り組んだ構造のガラス状炭素，層面が未発達の無定形炭素がある。

　黒鉛(graphite)は電気良導体であり，層面間の結合が弱いため，良好な固体潤滑材となる。耐熱性に優れ，溶融金属やガラスに濡れ難い。これらの優れた

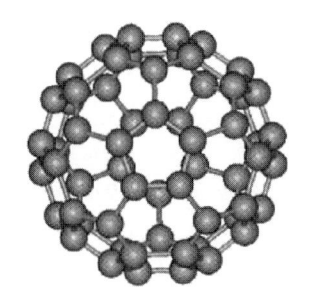

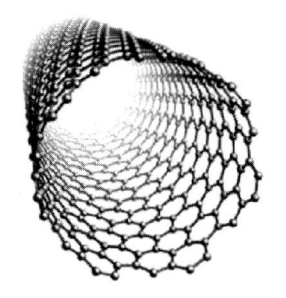

図10.2　フラーレン(左)およびカーボンナノチューブ(右)
(名古屋大学篠原久典研究室)

10.1 セラミック材料

性質を有するため，炭素材料は電気精錬用電極，高温炉用電極，モーターのブラシ，摺動材，パッキン，ガスケット，耐火物，るつぼ，原子炉用減速材，反射材などに幅広く使用されている。

炭素繊維(carbon fiber)は，2～3 GPa という高強度を示し，強化繊維としてプラスチックやセラミックス複合材料に大量に使用されている。黒鉛はある種の元素，化合物，イオンなどが層間に容易に侵入していわゆる層間化合物を作るため，燃料電池の負極材料として期待されている。カーボンナノチューブは電子放射機能やドーピングによる超伝導性発現により，熾烈な実用化競争が行われている。

10.1.5 機械的・熱的性質

表 10.2 に各種多結晶セラミックスの弾性率(ヤング率とポアソン比)を示す。ほとんどのセラミックスのヤング率は金属のそれと比較して数倍高い値となっている。セラミックスは複雑な結晶構造を持つため，すべり系が制限されており，すべり開始温度も金属に比べて著しく高い。常温ですべることが可能であ

表 10.2　各種多結晶セラミックスの弾性率

セラミックス材料	弾性定数 E GPa	ポアソン比 ν
ダイヤモンド	965	—
炭素繊維	250-750	—
WC	534	0.22
SiC	420	—
Al_2O_3	339	0.23
AlN	310-350	—
BeO	320	—
Si_3N_4	320	0.25
BeO	300	—
TiO_2	290	—
MgO	250	—
$MgO \cdot Al_2O_3$	250	—
ZrO_2(PSZ)	210	0.31
$3Al_2O_3 \cdot 2SiO_2$	210	—
hBN	84	—
石英ガラス	73	0.17
パイレックスガラス	72	0.27
磁器	70	—
多結晶黒鉛	10	—

表10.3 セラミックスのモース硬さとビッカース硬さ

物質	化学式	モース硬さ	ビッカース硬さ
滑石	$Mg_3(Si_4O_{10})(OH)_2$	1	2.4
石膏	$CaSO_4 \cdot 2H_2O$	2	36
方解石	$CaCO_3$	3	109
蛍石	CaF_2	4	189
リン灰石	$Ca_5(F, Cl)P_3O_{12}$	5	536
正長石	$KAlSi_3O_8$	6	795
石英	SiO_2	7	1120
黄玉	$\{Al(F, OH)_2\}AlSiO_4$	8	1427
溶融ジルコニア	ZrO_2	8.7	—
鋼玉	Al_2O_3	9	2060
炭化ケイ素	SiC	9.3	2700
炭化ホウ素	B_4C	9.6	2800
窒化ホウ素	c-BN	—	5000−7000
ダイヤモンド	C	10	10060

るのは MgO のみで,大多数は 1,000〜2,000℃ の高温においてのみすべることができる。他方,結晶粒径をナノメートルオーダーまで微細化すると,ZrO_2,Si_3N_4,SiC などのセラミックスにおいても金属と同様に超塑性を示すことが見いだされ,加工,鍛造,およびガス圧接合への応用が始まっている。

表10.3にモース硬さとビッカース硬さの一例を示す。構造用セラミックスである Al_2O_3,SiC,B_4C,c-BN およびダイヤモンドのビッカース硬さは金属のそれより遥かに大きい。一方セラミックスの破壊靱性は金属のそれの数分の一から十数分の一であり,破壊靱性が低いことがセラミックス最大の欠点となっている。

セラミックスの熱伝導率はダイヤモンドの 900〜2,300 W/mK から耐火煉瓦の 1 W/mK や石膏の 0.13 W/mK まで,約4桁の幅がある。他方,平均線膨張係数は熱伝導率より差が小さく,MgO の 15×10^{-6}/K からコージエライトの 1.7×10^{-6}/K まで約1桁の差しかない。

以上のように,セラミックスは1万年以上の長い歴史を有し,社会の発展とともに進化してきた材料である。特にエレクトロニクス技術とエネルギー技術において,セラミックスが果たしてきた役割は極めて大きく,今後もますます発展することは間違いない。また人工歯根・人工骨などの医療やさまざまなエネルギー・地球環境問題を解決するための材料(図10.3)として,セラミックスに大きな期待がかけられている。

(a) エンジン部品。1400℃の高温でも硬さを維持できる窒化ケイ素セラミックス

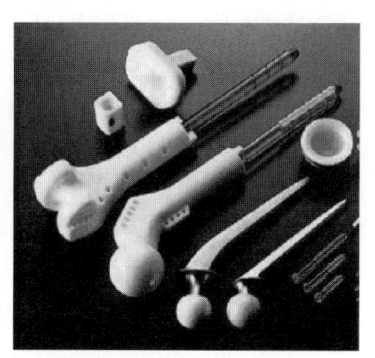

(b) 人工歯根・人工骨。絶縁性・耐摩耗性に優れた酸化アルミニウム(アルミナ)

図10.3 セラミック部品の活用例

10.2 プラスチック材料

10.2.1 プラスチックの発展と経緯

　多種多様の**プラスチック**(plastics)すなわち合成樹脂は，日常生活品をはじめ工業材料として確固たる地盤を築き，さらに原子力から宇宙・海洋開発に至るまで幅広く用途が拡大した。

　化学工業の発達とともに著しく進展したプラスチックも，本質を解明する分野の歴史は新しい。代表的なプラスチックの**ポリエチレン**(PE)，**ポリ塩化ビニル**(PVC)，**ポリスチレン**(PS)などが近代的工業材料として大量に生産されるようになったのは，第二次大戦後のことである。以来，わずか60年の短期間で目覚ましい躍進を遂げ，我国は世界トップの座につくプラスチック王国と

☕ **プラスチック時代の幕開け** 🎂

　プラスチックの元祖ともいうべき**セルロイド**(celluloid)が誕生(1869年)してから，わずか130年程の歳月である。ハイアット(米)は，硝化繊維素からビリヤードの玉を発明し，セルロイド製造会社を設立した。明治10年，西洋文化が花開いた神戸に，当時の新素材として，6.6cm角のセルロイドが輸入された。大正2年，日本橋三越にセルロイド玩具が初めて陳列され，プラスチックの普及の幕開けとなった。

なった。プラスチックは他素材に見られない独特の性質と可能性を秘めた材料として，多くの期待とともに発展してきた。このプラスチックの代表的な特徴は，軽く，強く，耐食性に優れ，その上，いかなる大きさの製品も自由に，しかも任意の形状に成形加工できることである。

10.2.2 プラスチックと金属：材料の科学

プラスチックは，化学依存度が大きく，化学工業技術によって生産される。したがって構成分子の種類，組み合わせ，配列，構造などにより無限に近いプラスチックの出現やその改質を秘めている。プラスチックは金属に比べ，軽い，錆びない(耐食性)，耐薬品性に強いなど大きな長所がある反面，熱に対してきわめて弱い。

軽さの点では，プラスチックの比重は鉄の1/8〜1/6にすぎない。この比重は無機物や有機物などの充填によって広範囲に調整することができ，さらに発泡させることにより極端に比重を小さくできる。また，比強度が高い。プラス

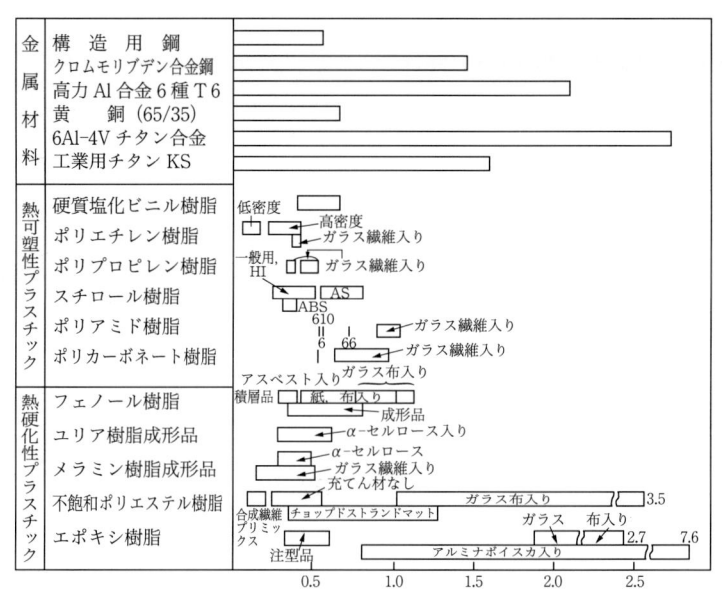

図10.4 プラスチック材料の比強度
(日本塑性加工学会編：プラスチックの溶融・固相加工, 1991, コロナ社, p.2)

チックの力学的強度は，金属に比べてかなり低いが，ガラスやカーボンなどの繊維で補強した繊維強化プラスチック(FRP)になると格段に強度は増し，なかにはアルミニウムやチタン合金などと同等な強度の材料もある．図10.4の比強度(引張強さ/密度)で比べると，繊維強化熱可塑性プラスチックは構造用鋼や黄銅と同程度であり，繊維強化熱硬化性プラスチックはクロムモリブデン合金鋼(SCR)などに匹敵する．

金属が空気中の酸素や水分で錆びが発生し，酸やアルカリによって腐食されるのに対し，プラスチックはまったく影響なく格段に強い．しかし，この化学的強さが廃棄物処理やリサイクル技術の悩みを生んだ．また，金属は自由に動く電子を持っているが，プラスチックの構造には，そのような電子が存在しないため電気を通しにくい．

プラスチックは優れた特質を有する反面，熱に弱い難点がある．プラスチックの熱膨張係数は鉄鋼に比べて10倍以上にもおよぶ．また環境温度の変化にも敏感に作用し，精密さを要求される製品・部品には概して不向きである．熱可塑性プラスチックでは100℃前後で変形するものが多く，温度の上昇とともに溶ける．見方を変えると，低い温度で溶けることは成形加工性が良いことにつながる．また，プラスチックが燃える点は金属や無機材料に比べて不利で，用途面で制約され，燃焼時に有毒なガスや煙が出ることも大きな問題である．

10.2.3　構造の違う多彩なプラスチック

金属の結晶は，規則的に正しく並んだ原子配列を有し，その結晶内で自由電子の移動によって結合している．これに対しプラスチックは，原子の共有結合により分子を構成した合成高分子化合物である．また，加熱による性質の違いから**熱硬化性プラスチック**(thermosetting resin)と**熱可塑性プラスチック**(thermoplastic resin)に大別される．図10.5に，プラスチックの種類と分類を示す．

可溶・可融性の比較的低分子量の物質が，熱や触媒などによって化学反応を起こして3次元網目構造を造り，不溶・不融性の物質に変化した樹脂を熱硬化性プラスチックとよんでいる．また，硬化反応の違いから**重縮合**(polycondensation)と**重付加**(polyaddition)の2通りの製造過程がある．

重縮合あるいは縮合重合とは，2種類以上の化合物が反応して巨大な高分子に成長し，分子の中から水が遊離して反応する現象をいう．代表的な材料に**フ**

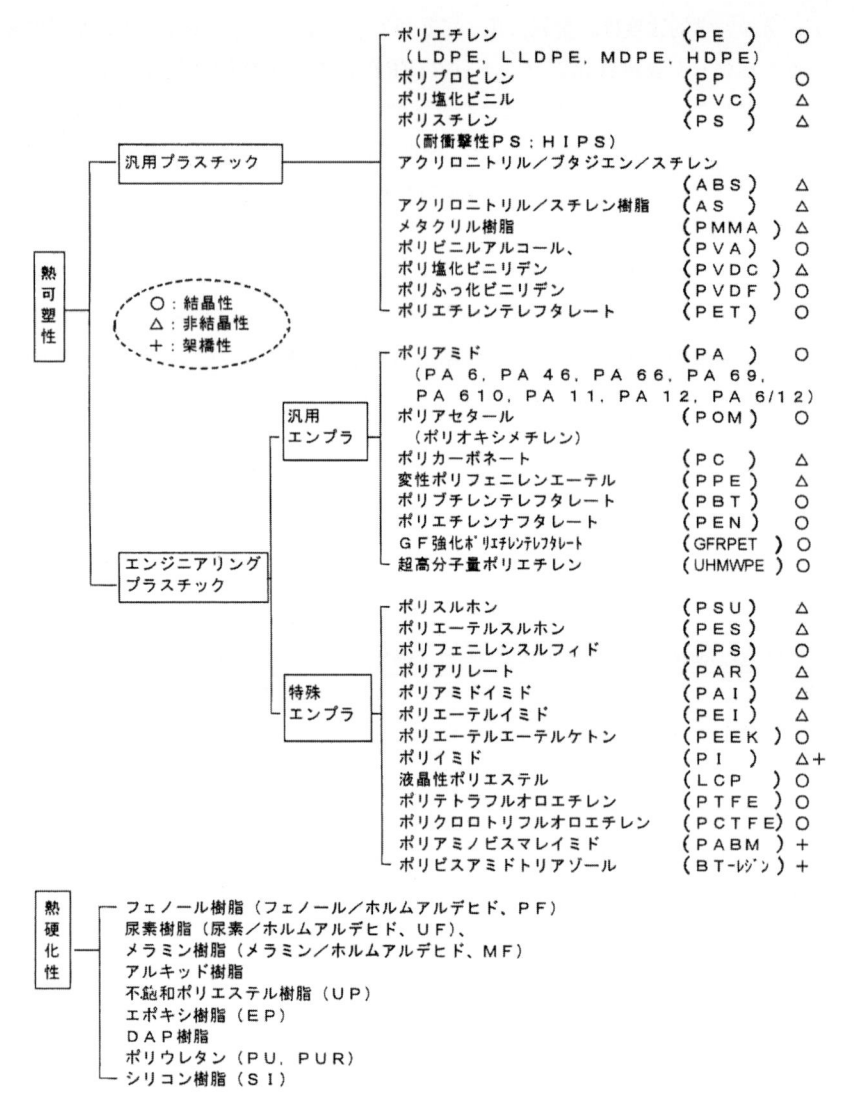

```
熱可塑性
├─ 汎用プラスチック ──┬─ ポリエチレン                        （PE    ） ○
│                     │   （LDPE, LLDPE, MDPE, HDPE）
│                     ├─ ポリプロピレン                      （PP    ） ○
│                     ├─ ポリ塩化ビニル                      （PVC   ） △
│                     ├─ ポリスチレン                        （PS    ） △
│                     │   （耐衝撃性PS：HIPS）
│                     ├─ アクリロニトリル／ブタジエン／スチレン
│                     │                                      （ABS   ） △
│                     ├─ アクリロニトリル／スチレン樹脂      （AS    ） △
│                     ├─ メタクリル樹脂                      （PMMA  ） △
│                     ├─ ポリビニルアルコール、              （PVA   ） ○
│                     ├─ ポリ塩化ビニリデン                  （PVDC  ） △
│                     ├─ ポリふっ化ビニリデン                （PVDF  ） ○
│                     └─ ポリエチレンテレフタレート          （PET   ） ○
│   ○：結晶性
│   △：非結晶性
│   ＋：架橋性
│
├─ エンジニアリング
│   プラスチック
│     ├─ 汎用エンプラ ─┬─ ポリアミド                        （PA    ） ○
│     │                │   （PA 6, PA 46, PA 66, PA 69,
│     │                │    PA 610, PA 11, PA 12, PA 6/12）
│     │                ├─ ポリアセタール                    （POM   ） ○
│     │                │   （ポリオキシメチレン）
│     │                ├─ ポリカーボネート                  （PC    ） △
│     │                ├─ 変性ポリフェニレンエーテル        （PPE   ） △
│     │                ├─ ポリブチレンテレフタレート        （PBT   ） ○
│     │                ├─ ポリエチレンナフタレート          （PEN   ） ○
│     │                ├─ ＧＦ強化ポリエチレンテレフタレート（GFRPET） ○
│     │                └─ 超高分子量ポリエチレン            （UHMWPE） ○
│     │
│     └─ 特殊エンプラ ─┬─ ポリスルホン                      （PSU   ） △
│                      ├─ ポリエーテルスルホン              （PES   ） △
│                      ├─ ポリフェニレンスルフィド          （PPS   ） ○
│                      ├─ ポリアリレート                    （PAR   ） △
│                      ├─ ポリアミドイミド                  （PAI   ） △
│                      ├─ ポリエーテルイミド                （PEI   ） △
│                      ├─ ポリエーテルエーテルケトン        （PEEK  ） ○
│                      ├─ ポリイミド                        （PI    ） △＋
│                      ├─ 液晶性ポリエステル                （LCP   ） ○
│                      ├─ ポリテトラフルオロエチレン        （PTFE  ） ○
│                      ├─ ポリクロロトリフルオロエチレン    （PCTFE ） ○
│                      ├─ ポリアミノビスマレイミド          （PABM  ） ＋
│                      └─ ポリビスアミドトリアゾール        （BT-レジン） ＋
│
熱硬化性
  ├─ フェノール樹脂（フェノール／ホルムアルデヒド、PF）
  ├─ 尿素樹脂（尿素／ホルムアルデヒド、UF）、
  ├─ メラミン樹脂（メラミン／ホルムアルデヒド、MF）
  ├─ アルキッド樹脂
  ├─ 不飽和ポリエステル樹脂（UP）
  ├─ エポキシ樹脂（EP）
  ├─ ＤＡＰ樹脂
  ├─ ポリウレタン（PU，PUR）
  └─ シリコン樹脂（SI）
```

図10.5　プラスチックの種類(松岡：図解,プラスチック成形加工,2000,コロナ社,p4.)

ェノール樹脂(PF)，**メラミン樹脂**(MF)，**ユリア樹脂**(UF)などがある．重付加は，2種類以上の低分子化合物が反応して高分子になるさい，結合が切れて放出された原子が，成長した高分子の中に再び結合し反応を繰り返す方法で，この場合，水は発生しない．代表的な材料に**エポキシ樹脂**(EP)，**ポリウレタ**

ン樹脂(PUR)などがある。

　熱可塑性プラスチックは，加熱し軟化・流動した状態で成形し，冷却・固化して製品とする。したがって成形サイクルは熱硬化性プラスチックより短く，大量生産に適する。また，再加熱によって軟化・流動が可能なため，リサイクルをはじめ再加工が容易であることも大きな利点である。

　熱可塑性プラスチックを力学的強度や耐熱性などから分類すると，**汎用プラスチック，汎用エンジニアリングプラスチック，特殊エンジニアリングプラスチック**に分けられる。汎用プラスチックは価格も比較的安価で大量に生産され，耐食性，耐摩耗性，電気絶縁性などが生かされて，一般構造用，工業材料，食料用品など広範囲に利用されている。汎用プラスチックに対して，力学的強度が大きく，耐熱性，耐薬品性などに優れたエンジニアリングプラスチックあるいは特殊エンジニアリングプラスチックがある。工業用材料をはじめ機械部材や構造部材などに多用されている。また，結晶構造の違いから結晶性プラスチックと非結晶性プラスチックに分類され，分子量や分子量分布，充填材，補強材の種類・割合などによって，その物性や特性が大きく変わる。

10.2.4　代表的な熱可塑性プラスチックの性質
（1）汎用プラスチック

(a) ポリエチレン(PE)　　ポリエチレンは，結晶性プラスチックで比重 0.91〜0.925 の低密度ポリエチレン(LDPE)，0.926〜0.94 の中密度ポリエチレン(MDPE)，0.941〜0.96 の高密度ポリエチレン(HDPE)に分類される。LDPE は，結晶化度も低く(60%)，フィルムは透明で，強度は高密度 PE より低い。衝撃に強く耐寒性，電気絶縁性に優れる。HDPE は半透明の結晶性(90%)プラスチックである。剛性が高く，耐衝撃性，耐寒性，耐薬品性，電気絶縁性などに優れる。フィルムは水蒸気や空気を通さない。また，成形品の表面は比較的柔らかく，125℃で溶け，燃焼時にはロウの臭いがする。

(b) ポリプロピレン(PP)　　比重 0.90〜0.91 の透明で結晶性(95%)プラスチックである。常温での耐衝撃性は良いが，低温(−5℃以下)では弱い。耐摩耗性，耐熱性，耐薬品性，電気絶縁性などに優れる。PE と同様，紫外線や熱(100℃)で徐々に劣化する。

(c) ポリスチレン(PS)　　比重 1.04 で，透明性，剛性に優れ硬度も大きい非結晶性プラスチックである。熱変形温度は 90℃前後で比較的低い。衝撃に弱

いが，ゴムをブレンドすると改善できる．

(d) ポリ塩化ビニル(PVC) 比重1.45(硬質)で，透明な非結晶性プラスチックである．硬質PVCは強靭であるのに対し，可塑剤を加えることにより軟質化する．硬質PVCは分子量が小さく，熱安定性が悪い．軟質化には分子量の高いものを用いる．難燃性で誘電率が大きく，耐候性に優れる．

(d) ポリメタクリル酸メチル(PMMA) 透明性，耐候性に優れ，硬度が高い非結晶性プラスチックである．水，塩，弱酸に耐えるが，アルカリに弱い．耐衝撃性は若干低い．

(2) 汎用エンジニアリングプラスチック

(a) ポリアミド(PA) ナイロン6，ナイロン66，ナイロン12などがあり，結晶性プラスチックである．それぞれの溶融温度T_mは，220，255，172℃近傍にある．強靭なエンプラ(エンジニアリングプラスチックの略)で耐衝撃性が高く，電気絶縁性や耐アーク性などの電気特性，耐薬品性，低温特性に優れる．表面硬度が大きく，摩耗係数が小さく，自己潤滑性に優れる．また，若干の吸水性により多少の寸法変化が生じ，物性も変化する．

(b) ポリオキシメチレン(POM) 通称ポリアセタールは，比重1.42の結晶性プラスチックである．機械的性質に優れ，ホモポリマーとコポリマーがある．融点T_mは，前者が170〜185℃で，後者は160〜170℃である．耐疲労性，耐クリープ性，耐摩擦，耐摩耗性，耐薬品性などに優れている．なお，結晶化による寸法変化，強度変化に注意する必要がある．

(c) ポリカーボネイト(PC) 比重1.2〜1.4の非結晶性プラスチックである．強靭で耐衝撃性が高い．**ガラス転移温度**(glass transition temperature) Tgは145〜150℃で耐熱性が大きく，低温特性も良い．電気特性，耐候性などに優れている．フィルムはガスバリヤー性に優れる．

(3) 特殊エンジニアリングプラスチック

(a) ポリイミド(PI) 比重1.4〜1.5の非結晶性プラスチックである．熱変形温度が300℃以上で超耐熱性の特殊エンプラである．低温から高温まで特性の変化が少なく，さらに250℃での連続使用が可能で，耐衝撃性，耐摩耗性，耐薬品性に優れる．

(b) フッ素樹脂(fluorocarbon resin) ポリ四フッ化エチレン(PTFE)を代表とする，比重1.76〜2.15のフッ素系の結晶性プラスチックである．耐熱性，耐薬品性，電気特性に優れる．特にPTFEは，溶融温度と分解点が接近して

10.2 プラスチック材料

いるため，微粉末を加熱・加圧して製品化することが多い。また，不燃性で耐候性もよく，摩擦係数も小さい。

10.2.5 各種プラスチック材料の力学的強度と耐熱性

プラスチック材料の性質は，おおむね引張強さ，伸び，耐熱性，耐衝撃性で決まるといっても過言ではない。一般に引張強さの大きい材料は耐熱性(熱変形温度)も高く，また衝撃強さの大きいものは伸びも大きい。

図10.6に各種プラスチック材料の引張強さ(a)および耐熱温度(b)を示す。同図に表示した値は一般的なもので，プラスチックの強度や弾性率は分子量，結晶化度，分子配向度などを含む構造の変化によって大きく影響を受ける。

プラスチック材料の弱点である耐熱性については，非鉄金属材料と比べてもかなり劣っている。また，引張強さや耐衝撃性をはじめ電気抵抗，硬さ，曲げ強さなどは温度の影響を大きく受ける。熱膨張率は金属材料より大きく，熱伝導率は極めて小さい。

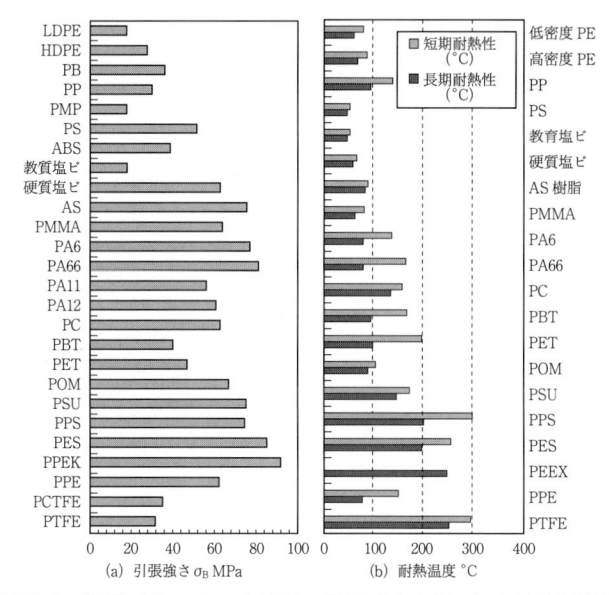

図10.6 各種プラスチック材料の引張強さ(a)および耐熱温度(b)
(松岡：図解，プラスチック成形加工，2002，コロナ社，p.17)

10.2.6 製品と加工法

日用品から先端工業製品まで幅広く利用されているプラスチックは，用いる成形材料や加工法および用途などにより，つぎのように分けられる。例えば，食器類・プリント基板には，熱変形温度が高く寸法安定性に優れた熱硬化性プラスチックが多用されている。電気機器・精密部品・日用雑貨等には，熱可塑性プラスチックが採用され，主に射出成形(成形材料を加熱・溶融し，金型内へ注入した後，冷却・固化して製品とする)により製造される。パイプ・繊維・電線等の長尺物は押出し成形(成形材料をバレル内のスクリューの回転に

応用分野	部品例	適応樹脂と主な成形法
機構部品 構造部品	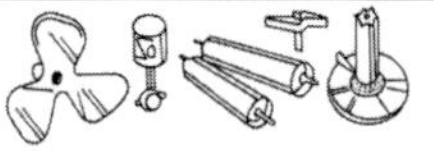 歯車，カム，ピストン，ローラー，バルブ，羽根(ポンプ)，羽根(ファン)，ロータ，洗濯機の羽根，各種シール	熱硬化性（フェノール樹脂） 熱可塑性（汎用・特殊エンプラ） 射出成形，押出成形
軽機構部品 装飾部品	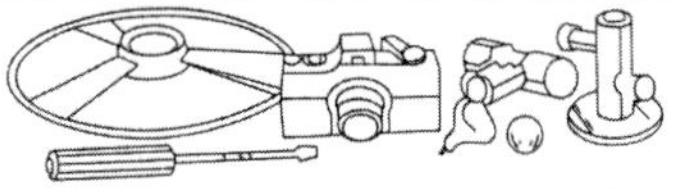 ノブ，ハンドル，バッテリーケース，配線用クランプ，装飾品，カメラボデー，管継手，眼鏡フレーム，自動車ハンドル，工具類の取っ手	熱硬化性（フェノール樹脂） 熱可塑性（汎用プラ） 射出成形
小形ハウジング 小形中空体	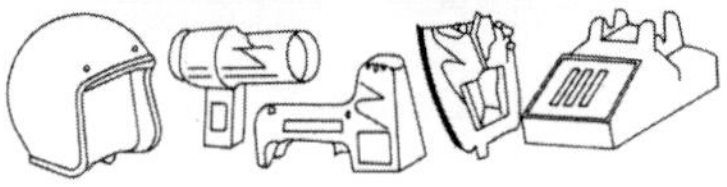 受話機・ケース，フラッシュライト・ケース，スポーツ用ヘルメット，ヘッドライト枠，事務器ハウジング，電動工具ハウジング，ポンプハウジング，小形品具ハウジング	熱硬化性（フェノール樹脂） 熱可塑性（汎用プラ，特殊エンプラ） 射出成形
大形ハウジング 大形中空体	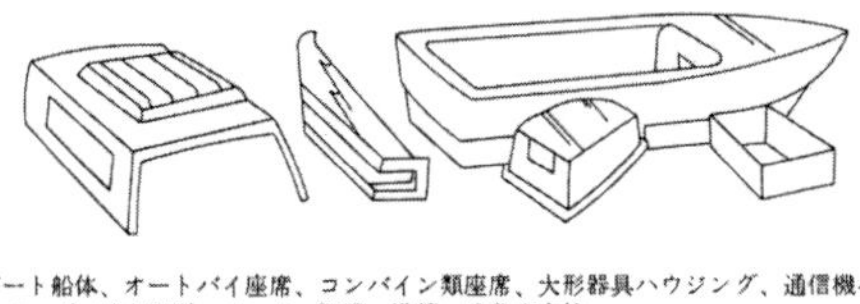 ボート船体，オートバイ座席，コンバイン類座席，大形器具ハウジング，通信機ハウジング，圧力容器，タンク，浴槽，導管，冷蔵庫内箱	熱可塑性（汎用プラ，特殊エンプラ） FRP，FRTP， 射出成形の押出成形，ブロ成形，発泡成形，ハンドレイフップ成形，スタンピング加工
光学部品 透明部品	 安全眼鏡，眼鏡レンズ，オプチカルファイバー，テールライトレンズ，安全カバー，冷蔵庫たな，研究室用器具，メーター類カバー，透明標識，調理器具，スノーモービル風防	熱可塑性（特殊エンプラ） 射出成形，押出成形， 熱成形，
耐摩部品	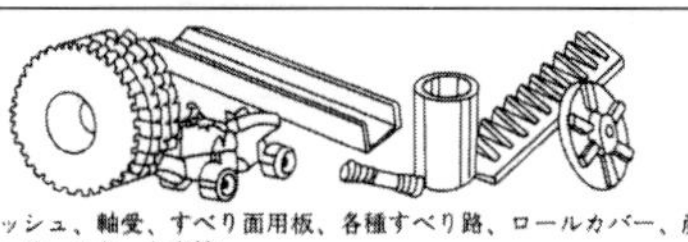 歯車類，ブッシュ，軸受，すべり面用板，各種すべり具，ロールカバー，産業機械用車輪，ローラースケート車輪	熱硬化性（フェノール樹脂，ポリエチレン） 熱可塑性（特殊エンプラ） 射出圧縮成形，押出成形

図 10.7　各種機械構造用部品のプラスチックとその加工法
(松岡：図解，プラスチック成形加工，2002，コロナ社，p.2)

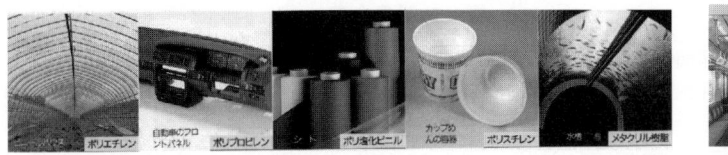

10.3 複合材料

(a) 熱可塑性樹脂　　　　　　　　(b) 熱硬化性樹脂

図 10.8　プラスチック製品の使用例

よって溶融と混練を与え，目的形状のダイから連続的に押出して製品とする），ボトル・タンク類はブロー成形（金型内で圧縮空気を吹き込むことにより目的形状の中空製品を製造する），カップ・トレイ等の薄物製品は真空・圧空成形で製造される。フィルム・繊維類には延伸成形，断熱材，緩衝材には発泡成形が採用される。

図 10.7 に，各種の機械構造用部品および工業用製品に対する適応樹脂とその加工法の一例，図 10.8 にプラスチック部品の使用例を示す。機械部品をはじめ各種ハウジング部材，耐摩耗性部品など多方面に利用され，また用いる成形材料もフェノール樹脂や汎用エンプラ・特殊エンプラなどが多い。

10.3　複合材料

10.3.1　複合材料の概要

複合材料(composite materials, composites)とは性質の異なる 2 種類以上の材料を組み合わせ，単一材料には無い特性を発揮する材料である。広義の複合材料としては，「経験的に材料を混ぜ合わせてできた材料」や「生体の組織」も含まれる。複合材料には大別して**粒子分散複合材料**(particulate composite)，**繊維強化複合材料**(fiber reinforced composite)，**積層複合材料**(laminar composite)がある。さらに繊維強化複合材料には，**繊維強化プラスチック**(Fiber Reinforced Plastic：FRP)と**繊維強化金属**(Fiber Reinforced Metal：FRM)の 2 種がある。繊維強化金属は強化繊維で基材の金属を強化した材料で，基材が金属のため，熱に対して安定で高温強度が高く，熱や電気伝導度が高い。強化材としてタングステン，SiC 系，炭素繊維などがある。基材金属はアルミ合金が主流であり，軽量化，高強度化の観点からマグネシウムやチタン合金の適用も期待される。複合材料の使途範囲は拡大しつつあるが，航

> **複合材料の今昔**
>
> 3000年前のエジプトでは,煉瓦の間にわらを混ぜて建造物を建てた形跡が見られる。日本の土塀にも先人は土とわらを混ぜ壁の強さを確保している。現在でもコンクリート中に金属繊維を分散させて強化させたり,セメントと鉄筋が複合し,圧縮力と引張り力をうまく分担した鉄筋コンクリートやプリストレスコンクリートが建築・土木分野で活躍している。機械部品においても,例えば自動車のタイヤの強化と軽量化のため,ゴムの中に高強度のピアノ線を複合したり,車両・航空・宇宙分野ではプラスチックで固めた繊維強化プラスチック,さらにはプラスチックを金属材料で置き換えた繊維強化金属などが生まれている。

空・宇宙分野,スポーツ用品,建設・住宅分野での利用が中心となっている。

12章の表12.1に単一材料と代表的な複合材料の比剛性・比強度などの比較を他の工業材料と比較して示した。特に繊維強化プラスチックは,材料の軽量性を重視する分野において,とくに重要な指標となっている。

また,複合材料のもう一つの特徴として**異方性材料**(unisotropic materials)であることが挙げられる。このことは,剛性ならびに強度に方向性があり,方向によって機械的特性が異なることを意味している。この性質を利用して,ある方向に力学的特性が優れた材料を設計する「テーラーメイドマテリアル(tailor-made materials)」としての利用が航空・宇宙分野でなされている。テーラーメイドとは「既成の(レディーメイド)」の反対語で「注文仕立ての」という意味である。つまり,複合材料には金属材料や高分子材料などの**等方性**(isotropic materials)とは違った用途が期待でき,積極的に異方性を活用した構造部材の設計(例えば,特定の方向に強くすることなど)が可能となる材料である。ここでは主として繊維強化プラスチックについて説明する。

10.3.2　繊維強化プラスチック材料の分類

繊維強化プラスチック材料を体系的に理解するために,母材による分類と強化形態による分類をまとめておく。主として,強化材は力学的特性を表していると考えてよい。強化材には繊維状に成形された材料がよく用いられる。この理由は,材料を繊維状に成形することによって欠陥が少なく,高強度を達成しやすいことにある。工業材料としての分類を優先した場合,母材による複合材料の定義が最も理解しやすい。このことは,母材が複合材料の工業材料としての機能性(耐食性,電気絶縁性,耐摩耗性など)を表しているためである。

10.3 複合材料

強化材や母材のことを複合材料の構成基材と称するが，特に複合材料の開発段階では力学的特性を追求する考えから，強化繊維の開発に重点がおかれた。強化材は繊維形状で供され，繊維を母材とともにシート状にして中間基材(プリプレグシート)[4]を作成し，それを積層することがよく行われる。複合材料の成形法に関しては，本節後半でまとめて解説した。表10.4にプラスチック基複合材料(polymeric matrix composites)用の強化繊維を示す。

強化繊維の種類は有機材料，無機材料，金属材料とさまざまであり，直径数ミクロンから10数ミクロン程度の極めて細い形状をしている。最初に製造された複合材料は，**ガラス繊維**(glass fiber)とポリエステル樹脂から成形された。ガラス繊維は**強化材**(reinforcement)，高分子材料であるポリエステル樹脂を**母材**(matrix)とよぶ。ただ単に強度を求めるのならば，高強度鋼や転位のない単結晶などがあるが，「軽くて強い材料」とは「比剛性(E/ρ)・比強度(σ/ρ)」が大きいことを意味し，この数値が複合材料の性能の目安とすることができる。中でも**炭素繊維**(carbon fiber)は，前駆体の違いからPan系とPitch系があるが，どちらも特筆すべき高剛性・高強度繊維として知られている。この炭素繊維を強化材とした複合材料は，**炭素繊維強化プラスチック**

表10.4　強化繊維の種類と機械的性質

強化繊維の種類	比重	弾性率 GPa	引張強さ MPa
ガラス繊維 (E-glass)	2.54	72.4	3450
(S2-glass)	2.49	86.9	4300
(C-glass)	2.49	69	3030
PAN系カーボン繊維 (T300)	1.76	231	3650
(IM-7)	1.78	301	5310
Pitch系カーボン繊維 (P-100)	2.15	758	2410
アラミド繊維 (Kevlar 49)	1.44	125	3620
(Kevlar 149)	1.47	179	3450
ボロン繊維	2.7	393	3100
アルミナ繊維	3.05	190	2000

---

[4] FRPの前駆体。強化材に液状の母材を含浸させたものに温度を加え，母材である樹脂を半硬化の状態(硬化のBステージ)にした成形品で，再加熱することによって硬化が完了し，FRPとなる。

(Carbon Fiber Reinforced Plastic：CFRP)として宇宙・航空分野での利用が拡大し，代表格的な高機能材料となっている．一方で，一部の金属繊維を除いて，いずれの強化繊維も破断ひずみが小さく，複合材料としては圧縮強度が低い(繊維の座屈破壊のため)，層間強度が低い(積層形態のため)などの問題点が指摘されている．

身の回りに目を向けてみると，複合材料の利用形態がさまざまであることに気がつく．例えば，プリント回路基盤(ガラス繊維強化プラスチック)，スポーツ用品(スキー板，テニスラケットなど)，オートバイ用のヘルメット，自動車の内装品やバンパーなどがある．それぞれ，用途別に電気絶縁性，高剛性，軽量性，耐衝撃性などを反映している．

10.3.3　強化理論

複合材料では，歴史的に見ても構成基材の開発と同時に「いかに強化材と母材を接着させるのか」が常に問題となり，複合材料の界面をいかに適切に創製するかが成否の鍵を握っている．複合材料が所定の力学的特性を発揮できるのは，界面を通して応力の伝達がなされ，弾性係数の大きな強化材が複合材料に作用する大半の応力を分担しているからである．

(1) 複合則

一方向強化複合材が繊維方向に引張荷重を受けているとき，複合材料のひずみが一様であると仮定すると式(10.1)が成り立つ．ここでσは応力，vは体積であり，下添字のcは複合材料，fは強化繊維，mは母材を表わしている．

$$\sigma_c = \sigma_f v_f + \sigma_m v_m \tag{10.1}$$

さらに，複合材料の弾性係数をE_c，繊維および母材の弾性係数を各々E_f，およびE_mとすると，全体のひずみは等しいとの仮定から，

$$E_c = E_f v_f + E_m v_m \tag{10.2}$$

が求められ，複合材料の弾性係数を構成基材の割合(体積含有率)で表すことが可能となる．これを複合材料における**複合則**(law of mixtures)と称する．代表的な複合材料では，強化材の弾性係数は母材に比べて2桁以上大きい．したがって，体積含有率が30〜60%程度の複合材料の弾性係数は，強化材の剛性に支配されることが理解できる．

(2) 応力伝達機構

複合材料の全般的な力学特性(剛性や強度など)は，主として繊維の特性の影

10.3 複合材料

響を受けるが,もう少し正確にいえば,繊維と母材の界面物性のバランスが反映されたものであるといっても過言ではない.工業的には,繊維に化学的な処理(例えば,シラン処理など)を施して母材との接着強度を適度に増加させ,工業材料として利用価値の高い強度特性にすることが行われている.

さて,界面は母材から強化繊維に応力を伝達し,強化繊維が応力を分担できるようにしている.繊維形状は必ずしも連続繊維でなくてもよく,ある長さ以上ならば繊維が応力(せん断応力)を分担し,結果として材料は強化されることになる.このメカニズムを簡単な力学モデルを用いて考えてみよう.図10.9に示すように,不連続繊維(discontinuous fiber)が荷重方向に配列されている場合,繊維中の応力のつり合いを解析すると

$$\sigma_f = \frac{2\tau_y}{r_f} x \tag{10.3}$$

が得られる.ここで,σ_f は繊維端から x の所の応力,τ は繊維/界面でのせん断応力,r_f は繊維半径である.ここでは簡単のため,界面上のせん断応力が一定($\tau=\tau_y$)であると仮定している.これより,繊維中の応力 σ_f は一様でなく,ある繊維長さまで増加し,有限な値となることが導かれる(図10.10).繊維中の応力の最大値は $x=1/2(l_t)$ で生じるとすると,

$$\sigma_f|_{\max} = \tau_y \frac{l_t}{r_f} \tag{10.4}$$

となる.ここで,l_t は荷重伝達長さであって,繊維が応力を分担するのに必要な繊維端からの長さとなる.

一方,繊維のもつ破断強度まで応力を分担することのできる最小繊維長さ l_c (臨界繊維長,critical length of fiber)は,繊維強度を σ_{fu} として,次式で求め

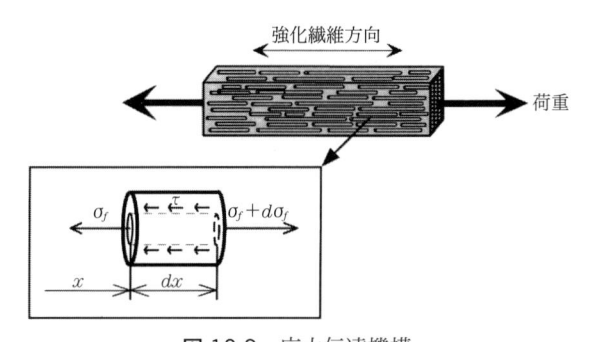

図 10.9 応力伝達機構

図 10.10　伝達長さと臨界繊維長

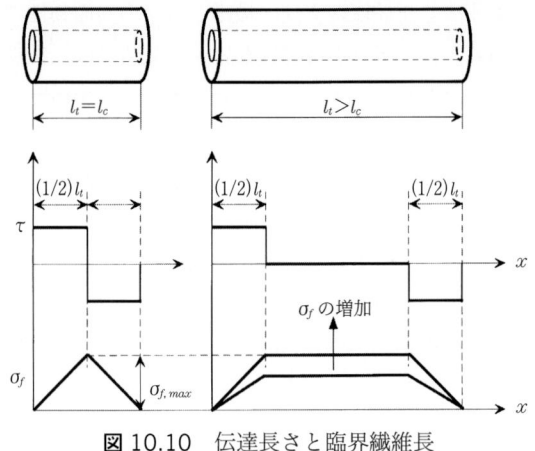

られる。

$$l_c = \frac{\sigma_{fu}}{\tau_y} r_f \tag{10.5}$$

　以上のように，臨界繊維長以上でかつ弾性係数の大きな繊維を母材中に埋め込んだ結果，繊維への応力分担が界面を通して行われるのである。したがって，強化繊維として期待される点は，母材からのせん断応力を伝達するのに耐えうる接着界面と，繊維の臨界長さの二点である。必ずしも，連続繊維のように長繊維形状でなくてもよいことが興味深い。

10.3.4　繊維強化プラスチック材料の成形
（a）型成形

　型成形(matched-die molding method)は最も一般的な成形法であって，FRP成形のための型を利用する方法である。型の上に中間基材であるプリプレグシート(pre-preg sheet)を所定の配向角をもたせて積層し，プレスによって温度と型締め力を制御して成形する（図10.11(a)）。型の形状に合わせて成形され，成形の自由度が高い。大量生産に適した成形法であるといえる。

　片方だけの型にて，プレス機を用いないで手作業で行う成型のことをハンドレイアップ法(hand lay-up method)と称する。この場合は中間基材を使うことはなく，型の上に強化繊維を置いて刷毛やローラーなどを用いて樹脂を含浸させる工程をとる。試作段階や精度があまり要求されない部材に対してはよく

10.3 複合材料

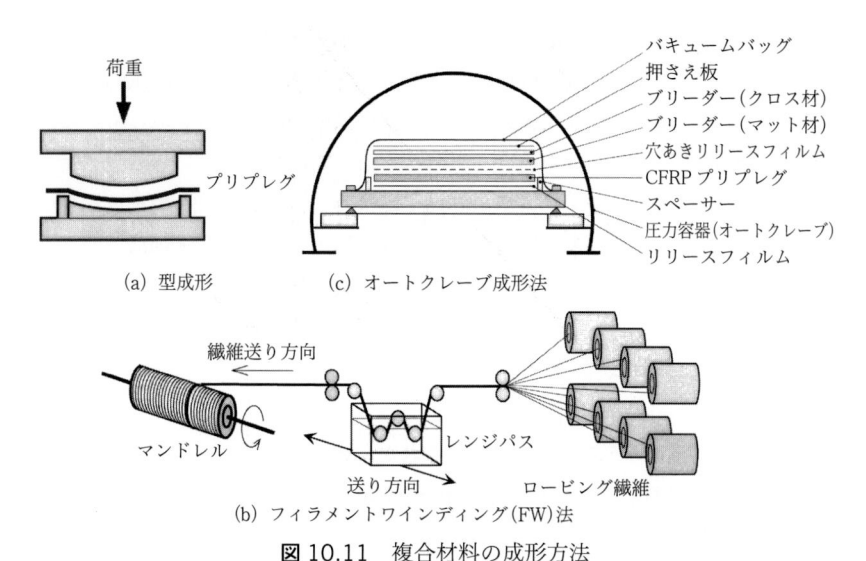

図 10.11 複合材料の成形方法

(a) 型成形
(b) フィラメントワインディング(FW)法
(c) オートクレーブ成形法

用いられる成形法である。また，樹脂を含浸させた繊維を，型の間を通過させる間に硬化させる方法として引抜き法(pultrusion method)がある。引き抜く速度と型の温度を制御して成形する。この方法は連続成形であって，一方向材（一方向のみに強化材が配列した複合材料）のみならず，織物材（繊維を織物状にした強化材で二方向強化）も成形可能である。

(b) フィラメントワインディング法

フィラメントワインディング法(filament winding method)は複合材料の成形において独特な成形法として知られている。回転するマンドレル（円筒状の金型）に樹脂を含浸させた繊維を巻き付け，硬化後に脱形し，パイプ状あるいは球状の複合材料を成形する方法である（図10.11(b)）。通常，FW法ともよばれている。繊維を巻き取る速度（マンドレルの回転速度）と送り速度を調節することによって，所定の巻き角度を有し，かつ数メートルもある長尺形状の複合材料部材の成形ができる。CNG（圧縮天然ガス）タンク，固体ロケット，宇宙用衛星などの構造部材はこの方法で成形されている。

(c) オートクレーブ成形法

オートクレーブ成形法(autoclave method)は型成形法の一種であるが，大がかりな装置（オートクレーブ）を用いることから別の分類とした。型の上に中間基材を積層するまでは同じであるが，真空バッグにて積層品を覆い，型ごと

窒素ガスを充満したオートクレーブに入れて，加圧・加温する．成形品の高精度化を目的として開発された成形法である（図 10.11(c)）．(a)の機械的に荷重をかける方法と違って，ガス圧力にて均一に圧力をかける方式を取っている．また，成形にさいして余分な樹脂を吸収するための副試材を用いることも特徴的である．主として航空・宇宙用の部品や構造物の成形，レース用ヨットのマストなどに利用されている．樹脂の硬化温度を検出して，加圧・加温するプロセスが制御されていて，成形の再現性も極めて高い．また，型の熱変形による形状の誤差を極力避けるため，線膨張係数の小さな CFRP による型なども利用されている．

10.3.5 繊維強化プラスチック材料のこれからの課題

「軽くて強い材料」として登場した複合材料は，約半世紀の歴史を持つ材料に成長した感がある．口絵6に高強度化，軽量化のため複合材料を各所に使用しているリニアーモーターカー，図 10.12 にはボート，スポーツ用品，航空機の使用例を示す．しかし，複合材料にはこれから解決すべき問題もたくさんある．例えば，耐食性に優れる利点がリサイクルの問題を複雑にしている点，成形に関しては複雑な工程を必要としない反面，成形時間がかかる点，単一材料でないため破壊形式が複雑で統一的な寿命予測を立てづらい点などがある．

一方で，複合材料を知的な材料（intelligent materials あるいは smart materials）とみなして，破壊の起点となる欠陥の検出や自己修復特性を複合材料そ

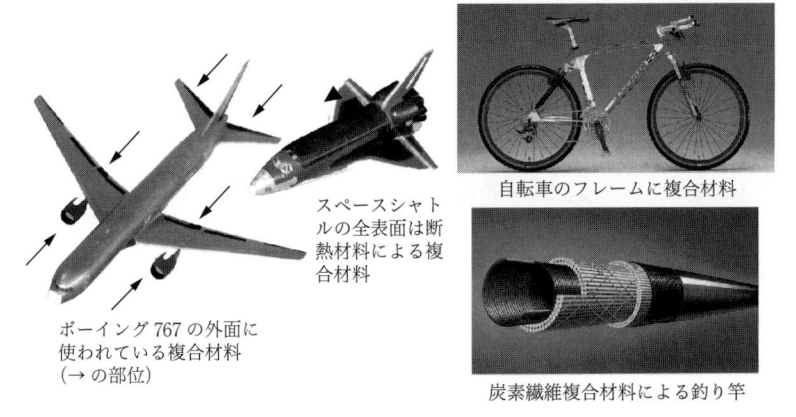

図 10.12　複合材料の使用例（ふぇらむ，Vol. 4, No. 3, 1999, p. 2-6）

ボーイング 767 の外面に使われている複合材料（→の部位）

スペースシャトルの全表面は断熱材料による複合材料

自転車のフレームに複合材料

炭素繊維複合材料による釣り竿

のものの機能に盛り込む研究も展開されている。現在，基礎研究段階から構造物への実機試験へと発展している。これは強化繊維に人間の神経に具備されているセンシングの機能を期待する技術であって，複合材料に独特の考え方である。今後の発展が期待される。

10.4 基礎材料

10.4.1 石　　材

石材(stone)は機械構造物の安定性を確保し，振動を防止するための基礎を支える材料となる。わが国では花崗岩や安山岩が多く用いられる。**花崗岩**(granite)は御影(みかげ)石ともよばれ，長石と石英を多く含む火成岩で，圧縮強さが170 MPa，比重は2.65である。**安山岩**(andesite)は鉄平石ともよばれ，黒っぽくきめの細かい火山岩で，おもに斜長石と黒雲母や角閃石からなっている。圧縮強さが115 MPa，比重は2.55である。一般に石材の引張強さは圧縮強さの1/10〜1/20で非常に弱く，引張応力または曲げ応力の働く部分には使用できない。

10.4.2 セメント

セメント(cement)とは，やわらかな状態で塗布または充填したのち硬化し，強力な接着力をもつ材料すべてをいう。一般に水と混合すると硬化する粉末状の石膏や**ポルトランドセメント**(Portland cement)をさす。この中でも石灰石を原料とする各種の材料を特にセメントとよぶ。ポルトランドセメンとは全セメントの生産額の8割以上を占め，主原料は粘土・石灰石でこれにけい石・酸化鉄を配合し，回転釜(ロータリーキルン)により1,400〜1,500℃の温度で焼成する。

コンクリート(concrete)は，セメントに砂と砂利を混ぜて水でよく練った複合材で，その配合割合は容積比にして1:1:2程度が最も圧縮強さが高く水密性が大きい。コンクリートの圧縮強さは10〜40 MPa以上あるが，引張強さはその1/10である。コンクリートは強度部材に使用されるだけでなく，化学的な腐食防止や耐火のためのコーティング剤としての役割もある。膨張率は1×10^{-5}/℃で鋼材とほぼ等しい。このため鉄筋コンクリートは鉄筋が引張強さ，コンクリートが圧縮強さを受け持つための汎用部材であるとともに，温度変化

にも追随できる複合材料といえる。

モルタル(mortar)はセメントと小砂を容積比にして１：２〜１：３の割合で混ぜ，水で練った材料で，機械の据付け，煉瓦の接合，床や壁の上塗りなどに使われる。

10.4.3　ガ ラ ス
（１）　ガラスの性質

ガラスは，**石英**(SiO_2)を主成分とするけい砂や**石灰**($CaCO_3$)および**ソーダ灰**(Na_2CO_3)などを加熱溶融して得られる，**非晶質**(non-crystalline, amorphous)の透明な固体物質である。ガラスの分子構造は結晶のように規則正しくないが，分子間の結合力は大きいため液体のような自由度がなく，機械的な強さがある。図 10.13 に温度と体積の関係をグラフにした，ガラスと結晶の特性の相違を示す。結晶構造をとる物質は，高温の液体の状態から冷却していくと，a→b→e→fのように温度が低くなるにつれ体積が減少する。b→eは凝固点である。凝固点では液体から固体に変化するときに凝固熱が奪われるため，温度が一定で体積だけが減少する。一方，ガラスには明確な凝固点がなく，cのガラス転移温度があるだけである。そのため，高温から冷却していくと，さらりとした液体から粘りの強い状態，やがて固体へと連続して変化する。ガラスは，液体状態の原子配列を維持したまま固体に変化する。

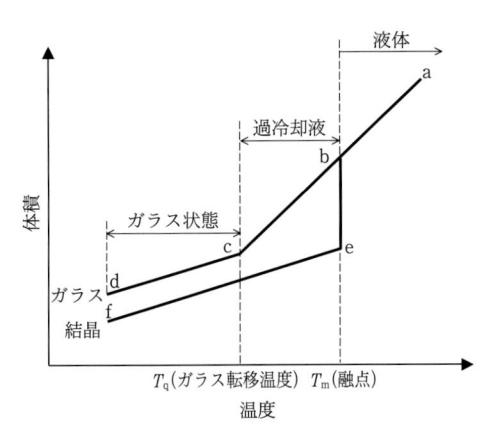

図 10.13　ガラスと結晶の特性の相違

(2) 無機ガラス

ガラスは無機ガラスと有機ガラスに分けられる。**無機ガラス**(inorganic glass)には，以下の種類がある。① **ソーダガラス**：普通の板ガラスや，器具・瓶類に使用され，けい砂・**石灰**(CaO)・ソーダ(Na_2O)からなる。② **カリガラス**：ソーダ灰の代わりに**木灰**(K_2CO_3)を用いて作られたガラスで，熱膨張係数が小さく，熱的強度もかなり大きいため化学容器，真空管，高級ガラス製品(たとえばボヘミアグラス)として使用される。③ **石英ガラス**：石英・水晶など純度の高いけい素 Si を 1,600℃ で溶かして固めたガラスで，るつぼ，温度計，理化学容器などに用いられる。④ **鉛ガラス**：酸化鉛(PbO)添加の効果により光の屈折率が大きくとれるので，光学用ガラスのほか，クリスタルガラスとして装飾用に広く用いられている。⑤ **強化ガラス**(tempered glass)：自動車・電車・航空機に使用される。600℃ に加熱したのち空気などを吹き付けて急冷することにより，圧縮残留応力(約 250 MPa)が付与される。このほか，2 枚のガラスの間に透明なプラスチックの中間膜を挟んで密着した合わせガラスもある。⑥ **長繊維ガラス**(グラスファイバー)：無アルカリガラスで，電気絶縁性と耐腐食性にすぐれ，高い引張強さ(1,500〜3,000 MPa)を持つ。耐腐食性，不燃性などの化学的特性があり，繊維強化プラスチック(FRP)として利用される。特殊紙やゴム(タイヤや自動車などのタイミングベルトなど)の補強材，絶縁材としても利用されている。⑦ **光ファイバー**(optical fiber)：1950 年代に開発され，わが国が先導して各種の内視鏡用として画期的な成果をあげてきた。屈折率の高いグラスファイバーの周囲を屈折率の低いガラスの薄い層で覆った光ファイバーでは，ファイバーが曲がっていても光が外に洩れにくく，光の減衰も非常に小さい。情報・通信の高速化・高密度化に伴い，急速な需要拡大を迎えている。

(3) 有機ガラス

有機ガラス(organic glass)の代表例は，アクリル樹脂(acrylic resin)製のプラスチックガラスである。アクリル樹脂であるポリメタクリル酸メチルは，メタクリル酸メチル $CH_3=C(CH)_3COOCH_3$ をモノマー(単量体)とした重合体である。透明度が高く，無機ガラスよりも強靱で，重さはガラスの半分程度，着色，加工は容易である。一方，硬度が低く傷つきやすく，70〜100℃ で軟化しやすいなどの欠点がある。航空機，自動車の風防ガラス，照明器具のカバー，水族館の水槽，サングラスやコンタクトレンズなどに利用される。細く成

形したものは通信用の光ファイバーとして使われる。そのほか、着色して建築材料や義歯などにも利用されている。

10.4.4 皮・ゴム・木材
(1) 皮 革

皮革(leather)は、なめしという化学的な処理・加工によって腐敗を防ぎ、強くてしなやかな素材にした動物の皮である。なお毛皮(fur)とは毛をつけたままなめした広義の皮革である。皮革は靴・かばん・衣服・スポーツ用品・馬具など広い範囲の製品に使用されている。強い皮は機械部品にも多用されており、機械のベルト、エンジンのガスケット用材料、ハーネスや靴の底革など耐久性が必要な製品につかわれる。

合成皮革はプラスチック、塩化ビニール、結合剤でかためた不織布などの合成物質で、本皮に比べ皮革の通気性、しなやかさ、弾力性に欠けるが、生産コストが安価という利点がある。

(2) ゴ ム

天然ゴム(natural rubber)は、ゴムの木の幹から分泌する**ラテックス**(latex)とよばれる乳液に酢酸、硫酸、クエオソートを加え凝固させた生ゴムから出発する。これを板状に圧延し折り畳んで運搬しやすいようにして出荷した後、各工場では生ゴムに硫黄を加え(加硫)混練後、型の中に入れ $100 \sim 150°C$ の熱を加えて必要なゴム部品形状に成形する。画期的な加硫法は1930年代、米国のC.グッドイヤー(C. Goodyear)ほかによって発明された。硫黄の量が15%以下であれば、弾力性に富んだ柔軟なゴムができる。硫黄を30%以上加え、長時間加熱するとエボナイトという硬質のゴムになる。機械装置の中でも他の部品に比較し最も劣化しやすい。そのため、天然ゴムの代用としてブナ、ネオプレン、チオコールなどの各種合成ゴムが生産されている。ゴムの弾性は衝撃、振動の吸収に適しており、自動車・車両用のタイヤとしての用途が他を圧倒している。ゴムの気密性を利用してガス用ゴム管、ゴム風船、ゴムボートなど、ゴムの防水性からレインコートや潜水用具、電気絶縁性から電線被覆や電気工事用の安全手袋、安全靴などに使用される。工業用品ではコンベアベルト、ゴムホース、各種ロール、家庭用品としては靴底、消しゴム、スタンプ、ゴムボールなどに使用されている。液状の天然ゴムラテックスは、接着剤、粘着剤にも利用される。

表 10.5　木材の機械的性質

木　材	密度 g/cm³	ヤング率 GPa		強度 MPa 木目に平行		破壊靭性 MPa·√m	
		木目に平行	木目に垂直	引張り	圧縮	木目に平行	木目に垂直
バルサ	0.1-0.3	4	0.2	23	12	0.05	1.2
マホガニー	0.53	13.5	0.8	90	46	0.25	6.3
ダグラスもみ	0.55	16.4	1.1	70	42	0.34	6.2
スコットランドまつ	0.55	16.3	0.8	89	47	0.35	6.1
かば	0.62	16.3	0.9	—	—	0.56	—
とねりこ	0.67	15.8	1.1	116	53	0.61	9
オーク	0.69	16.6	1	97	52	0.51	4
ぶな	0.75	16.7	1.5	—	—	0.95	8.9

(Michael F Ashby, 堀内良ほか訳：材料工学, 1992, 内田老鶴圃, p.325)

（3）木　材

　機械装置では，**木材**(wood)を金属材料に対する補助材料として使用することがある．表10.4に主な木材の機械的性質を示す．木材は丈夫であり，均質で軽く工作しやすく安価であることが望ましい．機械工場で使われる工作台，金敷台・機械土台にはケヤキが多く用いられる．カシは硬い特性を生かして工具の柄・車輪類・荷送り用コロなどに用いられる．

10.5　まとめ

1. セラミックスはイオン結合や共有結合により原子間結合が強固である．そのため融点・弾性率・硬度が高く，化学的に安定である．一方，平均原子間距離が大で，密度と熱膨張係数が低い．転位が起こりにくいため脆性破壊しやすい．
2. 酸化物系セラミックスには最も大量に使用されるアルミナ(Al_2O_3)，耐摩耗性に優れるジルコニア(ZrO_2)などが代表例である．高温酸化雰囲気中で安定，かつ安価である．炭化物系セラミックスのSiCは高温強度が高く，高硬度，耐酸化性，耐摩耗性に優れ，工具鋼の表面コーティング用にはTiCが多用される．窒化物系セラミックスのSi_3N_4は高温強度，耐熱衝撃性，強度信頼性に優れ，自動車部品やダイスなどに使用される．耐摩耗性コーティング材としてはTiNが代表例である．ホウ化物系セラミッ

クスの TiB₂ は熱的・化学的に安定で SiC につぐ有望材料。B₄C はダイヤモンドについで硬度が高く，研磨剤や切削工具などに使用される。

3. プラスチックとは，原子の共有結合により分子を構成する合成高分子化合物である。軽く（鉄の比重の1/8〜1/6），耐食性に優れ，任意の形状に容易に成形加工できる。一方，熱に弱く熱膨張係数は鉄鋼の10倍以上，環境温度の変化にも敏感で，精密さを要求される製品・部品には不向きである。燃焼時に有毒なガスや煙が出る難点がある。

4. 加熱による性質の違いから，不溶・不融性の物質に変化した熱硬化性プラスチックと，加熱によって軟化し流動しやすくなる熱可塑性プラスチックに大別される。代表的な熱硬化性プラスチックにフェノール樹脂(PF)，メラミン樹脂(MF)，ユリア樹脂(UF)，エポキシ樹脂(EP)，ポリウレタン樹脂(PUR)などがある。熱可塑性プラスチックにはポリエチレン，ポリプロピレン，ABS樹脂，ポリ塩化ビニル，フッ素樹脂などがある。

5. 複合材料とは，性質の異なる2種類以上の材料を組み合わせ，単一材料には無い特定方向に高い比剛性・比強度特性を発揮する異方性材料であり，繊維強化プラスチック(FRP)と繊維強化金属(FRM)に分類される。FRPの代表例は，ガラス繊維強化材とポリエステル樹脂母材を複合したGFRPと，炭素繊維を強化材としたCFRPである。特にCFRPは宇宙・航空分野での利用が拡大している。

参 考 書

1) W. D. Kingery ほか，小松和蔵ほか訳：セラミックス材料科学入門(基礎編)，内田老鶴圃(1984)．
2) 守吉佑介：セラミックスの基礎科学，内田老鶴圃(1989)．
3) 浜野健也・木村脩七：ファインセラミックス基礎科学，朝倉書店(1990)．
4) 松尾陽太郎："セラミックス先端材料"第4章，日本セラミックス協会編，オーム社(1991)．
5) 西田俊彦，安田榮一編：日刊工業新聞(1989)．
6) 中村次雄，佐藤功：初歩から学ぶプラスチック，工業調査会．
7) 日本塑性加工学会編：プラスチックの溶融・固相加工(1991), 2, コロナ社．
8) 最新塑性加工要覧2版，(2000), 342, 343−344, コロナ社．
9) 同上：プラスチック成形加工データブック(1988), 7, 日刊工業新聞社．
10) 日本複合材料学会：複合材料ハンドブック，日刊工業新聞社．
11) 本田英昌，小林和夫編，「ハイテク炭素材料」，工業調査会，(1987)．
12) P. K. Mallick: "Fiber Reinforced Composites", Marcel Dekker, Inc., (1993)．
13) 複合材料学会編：「複合材料ハンドブック」，産業調査会，(2001)．

演習問題

- **10.1** セラミックスが基本的に脆性である理由を示せ。
- **10.2** セラミックを構造材料として使用するとき圧縮に強いが引張りに弱いといわれる。その理由を説明せよ。
- **10.3** セラミックと金属の結晶構造を比較し，① なぜセラミックの密度が小さいか，② なぜ塑性変形しにくいか，を考察せよ。。
- **10.4** 熱硬化性プラスチックおよび熱可塑性プラスチックの種類，構造，特性の相違点を簡潔に述べよ。
- **10.5** 溶融プラスチック(樹脂)をキャビティーへ射出成形する場合，スクリュー径：25 mm，ストローク：50 mm のときの射出容積 $V\,(cm^3)$ を求めよ。
- **10.6** 自動車の外装品に使われているプラスチックの例を挙げその用途・特徴をあげよ。
- **10.7** 電子部品にどのようなプラスチックが使われているか調査せよ。
- **10.8** プラスチック加工と金属加工の類似点および相違点を述べよ。
- **10.9** 複合材料における複合則について説明せよ。
- **10.10** 複合材料は異なる材料の組み合わせで創生される材料であるが，金属材料における合金鋼のそれとは本質的に異なる材料と言われている。その理由を述べよ。
- **10.11** 一般の材料は引張りと圧縮でほぼ同じ強度を有するが，複合材料は圧縮に弱い。その理由を，強化材と強化形態の観点から説明せよ。

11

機能性材料

11.1 金属間化合物と非晶質合金

機能性材料とは特殊な機能・用途に特異な性能を発揮する材料と定義できる。さらにこれらは力学系機能材料と電磁気・熱光学系機能材料とに大別できる。力学系機能材料は，外力や環境に対して特異な変形や強度・耐久性を発揮する材料である。一方，電磁気・熱光学系は外からのエネルギーに対して電気，磁気，熱，光学的な出力を発生する機能を特徴とする材料といえよう。本章では，まず特異な結晶構造をもつ金属材料として金属間化合物と非晶質合金について説明し，つぎに機能・用途別に沿って機能性材料の概要を述べよう。

11.1.1 金属間化合物

金属系機能性材料の多くは通常の合金であるが，**金属間化合物**(inter metallic compound)も多く含まれている。これは2種以上の金属元素が規則正しく配列している合金で，構成元素とは異なる物性と，通常の金属や合金にみられない特有の機能や機械的性質を持つことが多い(表11.1)。金属間化合物は原子結合様式がセラミックのようにイオン結合や共有結合の性格を示すので，原子間結合力は結晶粒内で強くなる。一方，原子配列の乱れた結晶粒界で相対的に弱くなるため，脆性破壊を起こしやすい。したがって，その製造方法や加工法が難しく，その物性も十分解明されていない。しかし，結晶粒界の原子構造制御による延性化技術により，2,000℃以上の使用に耐える航空宇宙用材料として期待されている。

11.1　金属間化合物と非晶質合金

表 11.1　金属間化合物の材料としての用途

用途		金属間化合物名
構造材料	耐熱材料	Ni_3Al, TiAl, $MoSi_2$
	耐食耐酸酸化材料	$MoSi_2$, NiAl
	耐照射材料	Zr_3Al
	高硬度材料	TiC, BN, WC
機能材料	形状記憶材料	TiNi, CuAlZn, Fe_3Pt
	超伝導材料	Nb_3Ge, V_3Ga, V_2(Hf, Nb)
	磁性材料	Fe_3(Al, Si), FeCo, MnAl
	水素吸蔵材料	FeTi, $CaNi_5$, Mg_2Ni
	半導体材料	$FeSi_2$, PbS, InSb

(打越二弥：機械材料, 1996, 東京電機大学出版局)

11.1.2　非晶質合金

通常，金属や合金は溶融状態から冷却すると凝固点で結晶構造を持つ固体となる．一方，冷却速度を極めて大きくすると，凝固点を過ぎても結晶化せず，ガラスのように配列したまま固体となる．このような固体金属（合金）を非晶質すなわち**アモルファス**(amorphous)**金属**（合金）という．アモルファス合金と結晶質合金の原子構造を比較すると，図 11.1 のような模型で表される．最も多く製造に使用されている液体急冷法は，図 11.2 に示すように高速回転する熱伝導性のよい円筒に，溶融金属をノズルから吹き付け，線材・帯板の形でコイル状に連続的に巻き取る方法である．これにより厚さ 30 μm，幅 250 mm

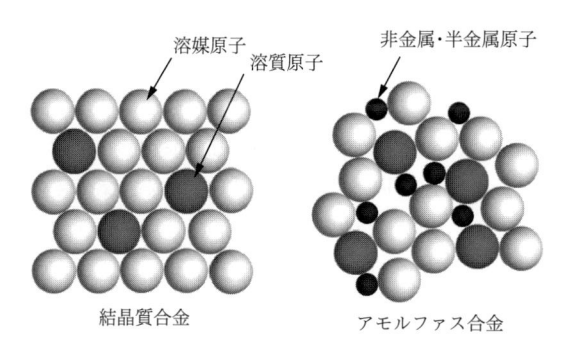

図 11.1　アモルファス合金と結晶質合金の原子構造比較

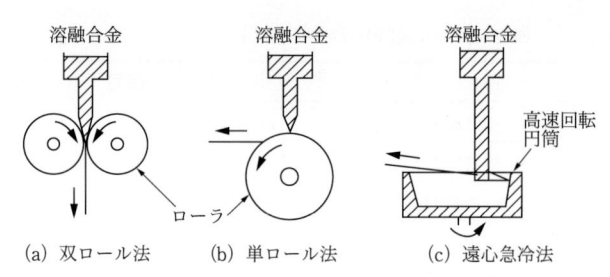

図 11.2 アモルファス合金リボンの製造方法(液体急冷法)
(宮川大海・吉葉正行：よくわかる材料学，1996，森北出版(株)，p.235)

のアモルファス合金コイルを数十 m/s の速度で量産できる．アモルファス合金の引張強さは Fe 系合金で 3 GPa 以上と高く，4.5 GPa に達する合金もある．Al 系では超々ジュラルミンの 2 倍の引張強さを示す．用途は構造物の強化材のみならず優れた耐食性や磁性を示す．特に磁心材料として用いることにより従来のけい素鋼板に比べ鉄損が 1/4 に軽減できる．ただし熱的にはきわめて不安定なため，高温では容易に結晶化してその特性を失ってしまう．

11.2 力学系機能材料

11.2.1 形状記憶合金

形状記憶合金(shape memory alloy)とは高温状態の形を憶えていて，低温(一般的には室温)以下で変形しても，加熱するともとの形に戻る合金をいう．形状記憶合金は変態における自由エネルギー差が少なく，ほとんど可逆的な性質を示す．すなわち，低温相(マルテンサイト)が変形を受けた後，再加熱によって容易に高温相に逆変態することができる．1960 年代初めに，米国において艦船材料を開発中に，Ni と Ti の合金に形状を記憶する機能のあることを発見したのが始まりである．図 11.3 に**形状記憶**(superelasticity)および**超弾性**(pseudoelasticity)効果の生じる機構を示す．代表的な合金としてニチノール(Ni-Ti 合金)やベータロイ(Cu-Zn-Al)が実用化されている．

宇宙機器として月面アンテナ，人工衛星用アンテナ，さらに自動車用ファンクラッチ，コーヒーメーカーなどの温度制御部品，締結部品，歯列矯正，人工心臓弁，固体熱エンジンなど応用分野は広い(図 11.4 参照)．原理は異なるが高分子材料(ポリマー)においても形状記憶機能を有するポリウレタン，ポリア

11.2 力学系機能材料

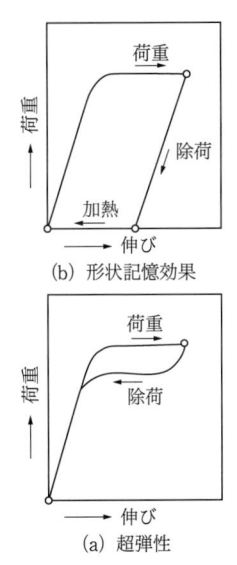

(b) 形状記憶効果

(a) 超弾性

図 11.3 形状記憶および超弾性と形状記憶効果の生じる機構

(a) 温水中のばねの伸縮作動

(b) 流湯式縦型熱エンジンの作動原理(本間)

図 11.4 形状記憶効果の応用事例
(住友金属工業(株)および宮川大海・吉葉正行：よくわかる材料学，森北出版(株)，p.249)

ミドなどが開発されている。具体的応用は今後の課題である。

11.2.2 超塑性合金

チタン合金，アルミニウム合金，ニッケル合金などでその融点(絶対温度)の1/2程度の高温で変形させると，数百％伸びる性質を持つ合金がある。この異常伸びを**超塑性**(superplasticity)，その合金を超塑性合金とよぶ。超塑性は，その発現メカニズムにより微細粒超塑性と変態超塑性に分類される。

微細粒超塑性が生じるための必要条件としては，①結晶粒の平均粒径が5μm以下の等軸晶であること，②加工温度が高いこと，③ひずみ速度が小さいことが挙げられる。図11.5に示すように，粒界すべりと結晶の重なりや空げきを埋めるための粒内拡散によって伸びることができる。一方，変態温度を上下するような熱サイクルを加えると，大きな異常伸びを生じる場合を**変態超塑性**(transformation superplasticity)とよぶ。難加工材料，複雑部品，マイクロ加工に応用が期待されている。

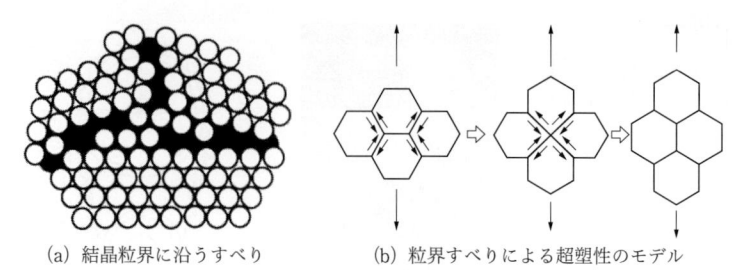

(a) 結晶粒界に沿うすべり　　　(b) 粒界すべりによる超塑性のモデル

図 11.5　超塑性発現のモデル
(鈴木秀人ほか：工業材料, (1996), オーム社, p.162)

11.2.3　制振材料

制振材料(high damping material)は，機械構造物の騒音，振動を減らすために制振性を高めた機能材料で，乗り物・家庭電気機器などにおける騒音の低減，精密加工・精密測定などにおける外部・内部振動の低減に活用される．制振材料では，振動エネルギーを吸収して熱エネルギーに変える．振動エネルギーを吸収するメカニズムとして，① 二相混合組織界面や積層材界面での粘性流動による吸収，② 熱弾性マルテンサイト変態による吸収，③ 強磁性材料での磁壁の移動による振動エネルギーの吸収，などがある．樹脂複合系鋼板の拘

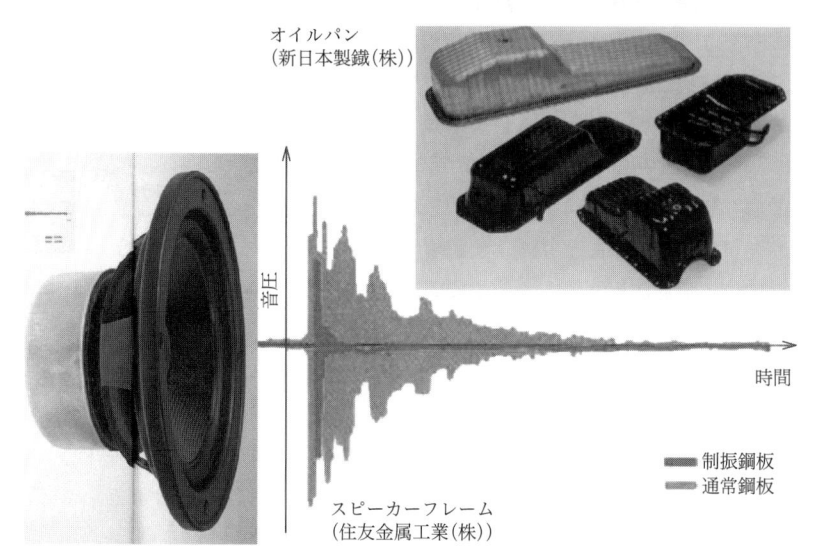

図 11.6　制振鋼板の振動吸収性

11.3 電気系機能材料

束型制振鋼板の例では，鋼板間に 50 μm 程度の粘弾性樹脂をサンドイッチした三層構造とし，曲げ振動により樹脂がせん断変形を繰り返す際に振動エネルギーを熱エネルギーに変換し振動を減衰させる。各種パネル，建材の防音ドア，屋根および電気機器ではエアコン，モータケース，スピーカフレーム，自動車のオイルパン (図 11.6) などに適用される。6.3.2 項に示したように，片状黒鉛鋳鉄 (Fe-C-Si 合金) は複合組織型の制振合金である。

11.3 電気系機能材料

11.3.1 超伝導材料

金属は電気抵抗があるため，電流を流せば電力の消費が起こる。ある種の合金や金属間化合物では，絶対零度に近い温度になると電気抵抗が零になる状態が起こる。この状態を**超伝導** (superconductivity) という。超伝導状態の電線を使用すれば，電力消費なしに大電流の輸送や強い磁界を発生させることが可能なため，その材料開発は極めて有用である。超伝導を示す材料として Nb，V の合金やその化合物，Nb-Ti 合金や Nb_3Sn，V_3Ga 等の線材が開発されている。その他 Nb_3Ge，$Nb_3(Al, Ge)$，V_2Hf 等の超伝導材料や酸化物セラミックス系の超伝導材料も研究されている。超伝導材料は実用的な低温状態で機能を発揮する材料開発のみならず，材料を細く引き延ばし電線化する加工技術や部品組立てのための接合技術も実用化にとって重要である。

11.3.2 半導体

半導体 (semiconductor) は，単にその電気抵抗率 ($10^{-2} \sim 10^4$ Ω・m) が導体 ($10^{-6} \sim 10^{-8}$ Ω・m) と絶縁体 ($10^8 \sim 10^{16}$ Ω・m) の中間にあるというだけではなく，電気を流すしくみが導体とは根本的に異なり，ある条件下でのみ電流を流す点に最大の特徴がある。半導体にはシリコン (Si)，ゲルマニウム (Ge)，セレン (Se) などがあるが，このほか化合物半導体としてはガリウム・ひ素 (GaAs) が注目されている。GaAs は高い周波数でも安定に動作するため，高速演算用コンピュータの半導体に使用されている。これらは単結晶のインゴットとして製造され，薄くスライスしたウェハー (図 11.7) 上に集積回路を組んだチップとして使用される。

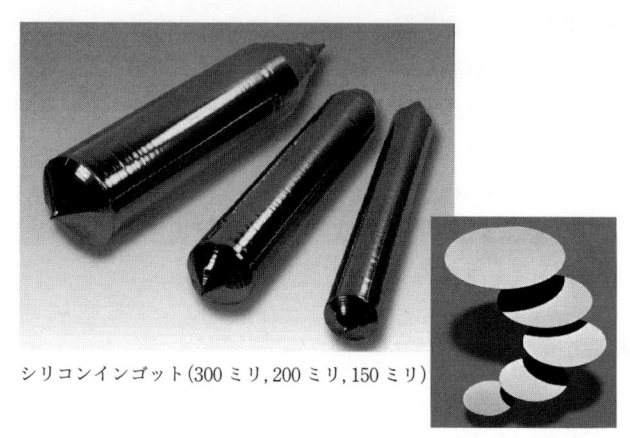

図 11.7　シリコンインゴットとウェハー（住友金属工業(株)）

11.3.3　導電性ポリマー

プラスチック系機能材料の中に**導電性ポリマー**(conducting polymers)がある。ポリマーであるにもかかわらず電気が流れる素材で，ポリアセン(PAS)がすでにリチウム電池の電極として実用化されている。電気を蓄える能力が高く大幅に電池サイズを小型化できる上に，高い電圧をかけても性能の劣化がないなどの優れた特性を発揮する。また電極に重金属を使わずに済むようになるため環境汚染の心配が不要で，理想的な次世代型電池として期待されている。

11.4　磁気系機能材料

11.4.1　軟磁性材料
(1)　鉄-ニッケル合金(パーマロイ)

図 11.8 に示すように，**軟磁性材料**(soft magnetic material)はB-H曲線において磁場を減じたときの残留磁化(B_r)が小さく，一方，**硬磁性材料**(hard magnetic material)は$B=0$になっても Hc の保磁力を示し**ヒステリシス**(hysteresis)ループを描く。軟磁性材料である 50〜90 mass%(以下％と略記)の Ni を含む Fe-Ni 合金，特に 78% Ni 合金は，初透磁率(B/H, initial permeability)が高い。さらに，Fe-Ni 合金は 1,000℃以上から冷却中に磁界をかけると著しく透磁率が増加する。このため，高い感度と忠実度が要求される通信機器に用いられる。**パーマロイ**(permalloy)の透磁率が高い理由は，結晶の

11.4　磁気系機能材料

磁気異方性が非常に小さく，また，磁気ひずみがゼロで磁壁の移動がきわめて容易であるためである．

（2）　方向性電磁鋼板

変圧器，発電機および電動機の積層鉄心用に，大量の**方向性電磁鋼板**(grain-oriented electrical steel)が使用されている．最大約 3.5% の Si を含むため，**けい素鋼板**(silicon steel plate)ともよばれる．積層構造で使用する理由は，薄くして渦電流損を減らすためである．

1882 年，ハドフィールド(R. Hadfield, 英)は，Fe に Si を加えると磁気ひずみが減るため透磁率が向上し，ヒステリシス損もかなり減少すること，また，電気抵抗が急増する事実を発見した．けい素鉄は，1900 年，変圧器用熱間圧延電磁鋼板として工業化された．1934 年，アームコ社(米)のゴス(N. P. Goss)は方向性電磁鋼板を発明し，磁気異方性を工業的に利用することに成功した．これは，図 11.9 に示すように，圧延方向に〈001〉，板面に(110)をそろえた集合組織(Goss texture)を有する電磁鋼板である．結晶の磁化容易方向〈100〉が圧延方向にそろっているため，圧延方向に磁場が加わると磁壁は直ちに追い出され，容易に飽和磁化(B_s)に達する．板厚は 0.2～0.3 mm であるが焼鈍により結晶粒は著しく大きく，数 mm から数 10 mm にもなる．結晶粒が大きくなると逆に渦電流損が増大する．そこで，1970 年代，渦電流損低減技術として表面被膜による張力付与や，レーザ照射による磁区細分化技術が開発されている．磁性研究の進歩および電磁鋼板製造技術の発達により，変圧器の鉄損(ヒシレリシス損＋渦電流損)は，過去 100 年間で約 1/10 に減少した．

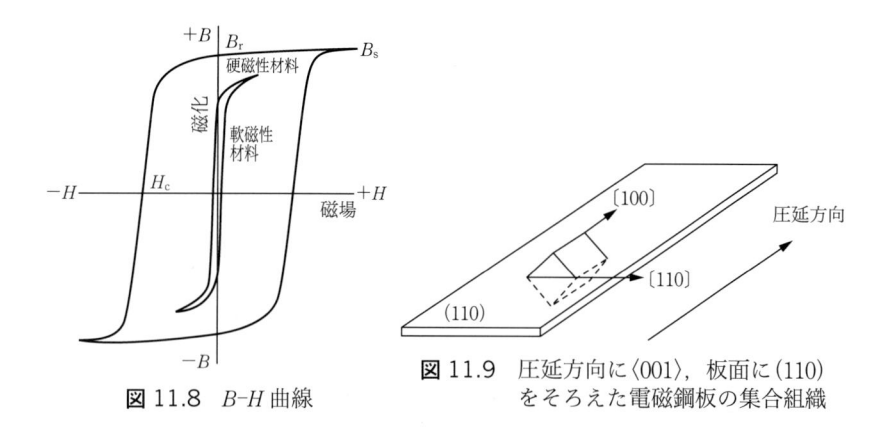

図 11.8　B-H 曲線

図 11.9　圧延方向に〈001〉，板面に(110)をそろえた電磁鋼板の集合組織

(3) アモルファス合金

11.1.2項で示したように**アモルファス合金**(amorphous alloy)は原子の配置に規則性が無く，結晶磁気異方性が本質的にない。Co基アモルファス合金は硬度が高く，高透磁率を示すことから磁気ヘッド材料に使用されている。

11.4.2 硬磁性材料
(1) 永久磁石

硬磁性材料は，いわゆる**永久磁石**(permanent magnet)として，マグネットクリップなどの日用品，メーター，モーター，スピーカー，電磁スイッチなどに用いられる。硬磁性材料は，最大エネルギ積$(BH)_{max}$を高めるように設計されている。鉄系磁石としては，磁壁移動抵抗を高めた**KS磁石**(Co-W-Cr-Fe)，析出物を磁壁移動の障害とした**MK磁石**(Ni-Al-Fe)，アルニコ磁石(MK磁石にCoを添加)，および鉄の酸化物の一つであるフェライト系(Fe_2O_3)などが発展してきた。しかし，近年Fe, Co, Niなど3d遷移金属に対して，4f非閉殻電子の希土類金属すなわち**レアアースメタル**(rare earth metal)がより大きい原子磁気モーメントを有することがわかってきた。サマリウムコバルト(Sm-Co)磁石，ネオジウム鉄ボロン(Nd-Fe-B)などは，従来のアルニコ磁石に比べ保持力，最大エネルギー積で5倍以上の性能を出している。

(2) 磁性流体

磁性流体(magnetic fluid)とは，直径が約100Åの粉末状粒子を水または油に分散させたコロイド状の液体である。Fe, Ni, Coおよびこれらの合金を高温に加熱して蒸発させ，金属の蒸気を微粉末とする方法(アトマイズ法)が開発されている。また，薬品のキャリヤーとして体内に入れて，磁界によって患部へ誘導し効果的に作用させるなど，医療への応用も研究されている。

11.4.3 磁気センサー

物質の持つ磁気的性質を利用して感磁反応，磁気読取りなどに使用される素子を**磁気センサー**(magnetic sensor)とよぶ。基本動作は磁気量の検知と電気量への変換であり，①電磁誘導の利用：磁気ヘッド，②ホール素子：GaAs，③磁気抵抗素子：In-Sb，パーマロイ薄膜，④PN接合形感磁性素子：Si，⑤ファラデー素子：Y_3-Fe_5-O_{12}，⑥磁歪素子：アモルファスFe-Co-Si-B系，希土類元素，などへ適用されている。

11.5 熱・光電系機能材料

11.5.1 温度センサー

温度変化による物質の電気抵抗変化，あるいは異なる物質の接合点の電流変化を利用する。**サーミスタ**(thermistor, thermally sensitive resistor)は，トランジスタ回路などの温度補償回路に用いられる電子部品で，遷移金属からつくられた半導体が負の温度係数を持つことを利用している。温度変化を電気抵抗変化に変換する。**熱電対**(thermocouple)は工業的によく利用される測温素子で，温度差による起電力により温度検知を行なう。二種類の金属(合金)の二つの接合点に温度差を与えると，起電力が発生する。これを**ゼーベック効果**(Seebeck effect)とよび，熱電対に適用している。逆にこの接合点に電流を流すと両接合点に温度差が発生する。これを**ペルチェ効果**(Peltier effect)と称し電子冷凍への適用がある。このように，熱と電気が互いに作用しあう現象を**熱電効果**(thermoelectric effect)と呼ぶ。

11.5.2 光センサー

フォトダイオードは，**光起電力効果**(photovoltatic effect)を利用したセンサーで，けい素 Si による pn 接合の順方向の通電が光の入射によって行なわれるようにした部品である。光の吸収により光信号を電気信号に変換する。pn フォトダイオード，pin フォトダイオードがあり，アバランシェフォトダイオード(APD)ではダイオードの逆方向に電圧をかけておき，光の励起によって生じる電子なだれを利用し高感度センサとしている。フォトトランジスタは，けい素の pnp 接合または npn 接合における通電が，光の入射よって生ずるようにした部品である。光によってベース内で，電子・正孔対を作り自身の増幅作用で光センサーになる。光通信，ディスクメディアの光ピックアップ，設備機械，建物などで障害物を非接触で検出する計測器などに使用される。

11.6 力学・電気系機能材料：圧電素子

力学・電気系機能材料として圧電素子(ピエゾ素子)がある。電圧を印加すると機械的ひずみを生ずる素子であり，板状の圧電素子を多数積層することにより，印加される電圧に応じて伸縮するアクチュエータとして機能させることができる。互いにたわみ方向が反対になるように 2 枚の板状素子を貼り合わせる

と，電圧の印加によりたわみ変形を発生させることもできる．圧電素子は小型で微小変位が可能であり応答性も高いため，精密位置決め機構に適用されている．また，音声電圧と音声振動相互の変換を利用して，携帯電話などの小型マイクおよびスピーカにも利用されている．一方，機械的ひずみに応じて電圧を発生するため，圧力センサとしても利用されている．代表的な圧電素子として，PZT（チタン酸ジルコン酸鉛，$Pb(Zr, Ti)O_3$）がある．

11.7　化学系機能材料：水素吸蔵合金

水素を金属中に吸収させて貯蔵し，必要時に放出させることのできる合金を**水素吸蔵合金**(hydrogen-storing alloy)とよんでいる．1960年代後半にオランダと米国で発見された．希土類系，Mg，Ti，Zr，V，Nb，合金混合物(La・Ni，Ti・Fe)系などがある．ガス状水素(常温・常圧)の1,000倍も水素を吸収させることができる．La-Ni系合金，Ti-Mn合金，Ti-Fe系合金，Ti-Zr-Mn-V-Cr 5元系合金などが知られている．これらの合金では圧力操作によって水素を貯蔵する．水素吸蔵平衡圧(P_1)以上の圧力の水素を印加すれば金属中に水素が侵入し，この圧力に保持しておけば吸蔵された水素を貯蔵することができる．また脱蔵平衡圧(P_2)以下にすれば金属中の水素は外部に放出される．水素は，図11.10の黒丸のある格子間位置に侵入し，水素化合物として吸蔵される．水素吸蔵合金と水素との反応は，一定温度で圧力を増加すると吸蔵量が増加する．水素燃料電池自動車への適用が期待されている．

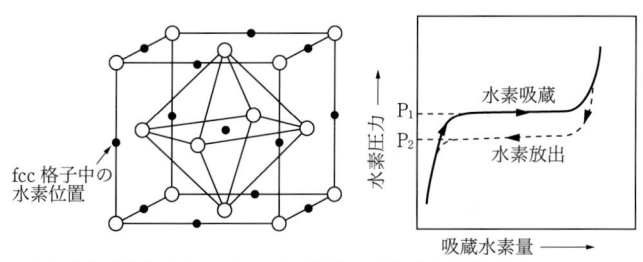

(a) 水素吸蔵合金中の水素原子の位置　　(b) 水素吸蔵・放出のサイクル

図11.10　水素吸蔵合金

11.8 まとめ

1. 機能性材料は力学系と電磁気・熱光学系とに大別できる。通常の結晶金属のほか金属間化合物および非晶質(アモルファス)合金がある。Fe系アモルファス合金の引張強さは 4.5 GPa に達する場合もあり,優れた耐食性,磁性や機能性を示し,けい素鋼板に比べ鉄損が1/4に軽減できる。
2. 形状記憶合金は低温相(マルテンサイト)が変形を受けた後,再加熱によって高温相に逆変態する現象を利用している。超弾性,擬弾性効果も示し,ニチノール(Ni-Ti合金),ベータロイ(Cu-Zn-Al)が実用化されている。
3. 制振材料では振動エネルギーを吸収して熱エネルギーに変える。樹脂複合系鋼板は鋼板間に粘弾性樹脂をサンドイッチした三層構造を有し,樹脂が振動を減衰させることができる。
4. 電気系機能材料には超伝導材料,半導体,導電性ポリマーなどがある。磁気系機能材料には初透磁率が高いパーマロイ(鉄-ニッケル合金),変圧器,発電機および電動機の積層鉄心用に大量に使用されている方向性電磁鋼板(けい素鋼板)などがある。化学系機能材料としては水素を金属中に吸収させて貯蔵し,必要時に放出させることのできる水素吸蔵合金がある。
5. 半導体の温度特性を利用したサーミスタは,温度変化を電気抵抗変化に変換する。熱電対はゼーベック効果を利用した測温素子であり,ペルチェ効果は電子冷凍に利用される。PZTに代表されるピエゾ素子は,電圧をひずみに変換する素子であり,精密位置決め用アクチュエータ,小型マイクおよびスピーカー,圧力センサーなどに利用される。

参 考 書
1) 打越二弥:機械材料,東京電機大学出版局(1996).
2) 宮川大海・吉葉正行:よくわかる材料学,森北出版(1996).

演習問題
11.1 バイメタルを使用して,身近な日用品に活用する方法を考えよ。
11.2 力学系機能材料を2例挙げよ。また,それらは材料のどのような性質を利用しているか説明せよ。
11.3 形状記憶合金の機械部品としての応用法を考えよ。

12

機械材料の選び方

12.1 機械設計における材料選び

12.1.1 機械材料選定の基本

　自動車，航空宇宙機器，産業機械，電子機器などあるゆるものづくりは，まず機械技術者の設計から始まる．設計者はどのような目的で，どのような機能を備え，いかなる形体にするか構想を練り，設計図という具体化した記号に翻訳する．機械の設計では，需要家の目的・要求にあった性能を発揮することはもちろん，各材料に対して，比重，強度，剛性，耐食・耐熱性，成形加工性，品質の安定性，リサイクル性，そして価格の各項目に対して，必要な条件を満たすような材料を適材適所に使うことが要求される．表12.1に今まで学習した各種工業材料の降伏応力 σ_Y，引張強度 σ_B，比強度，比剛性などを比較して示す．

　大量生産される自動車などに使用される機械材料の必要条件は，① 材料が安定して量産供給されること，② 品質が安定，加工性が良好であること，③ 低コストで価格変動が少ないこと，④ 強度，耐熱性，耐摩耗性など設計の必要特性を満たすこと，⑤ 環境への負荷が少なく，再利用可能なこと，⑥ 設備費の低減および短期間で実用化するために既存の加工設備が使用可能なこと，⑦ 市場に多く流通していて，安価に調達可能なこと，などである．たとえ多少材料が過剰品質（オーバースペック）になる場合でも，少種の普及している材料を選択すればコスト，納期，部品管理の面で圧倒的に有利である．材料の種類が少なければ，設計時間の短縮にもなる．

12.1 機械設計における材料選び

表12.1 各種機械材料の降伏応力(σ_Y), 引張強さ(σ_B), 比強度(σ_Y/ρ), 伸び ε, 比剛性(E/ρ)

材料	σ_Y MPa	σ_B MPa	σ_Y/ρ m	ε %	E/ρ 10^5m
鉄合金(鋼)					
純鉄(99%以上Fe)	166	304	2110	45	2460
S20C(0.2C, 0.5Mn)	297	449	3760	36	2460
S40C(0.4C, 0.7Mn, 1.7Ni, 0.8Cr, 0.25Mo)	1380	1520	17600	12	2460
マルエイジング鋼(18Ni, 48Mo, 8.5Co, 0.7Ti)	1930	2000	25400	10	2460
304ステンレス鋼(18Cr, 8Ni)	193	518	2410	50	2460
ニッケル合金					
ニッケルA(99.4Ni)	138	449	1580	40	2360
モネル(67Ni, 30Cu)	242	518	2770	40	2360
インコネル(76Ni, 16Cr, 8Fe)	276	622	3150	40	2360
ハステロイX(9Mo, 22Cr, 18Fe)	380	774	4340	20	2360
アルミニウム合金					
1100(99%Al)	34.5	89.8	1300	40	2590
2024(4.5Cu, 1.5Mg, 0.6Mn)	345	484	13000	16	2590
6061(1Mg, 0.6Si, 0.25Cu, 0.25Cr)	145	242	5440	22	2590
7075(5.5Zn, 2.5Mg, 1.5Cu, 0.3Cr)	497	566	18500	11	2590
チタン合金					
チタン(99.9%Ti)	138	235	310	54	2620
90Ti, 6Al, 4V	1130	1210	25400	6.4	2620
マグネシウム合金					
AZ61A(6%Al, 1%Zn)	231	315	12900	16	2510
銅合金					
OFHC(99.95%Cu)	69.1	221	787	45	1340
青銅(10Sn)	69.1	256	787	45	1340
黄銅(30Zn)	76	304	864	66	1340
ベリリウム銅合金(1.9Be, 0.2Cu)	898	1210	10200	5	1340
その他					
ナイロン	—	829	—	—	191
ポリエチレン	—	58.7	—	—	338
CFRP(トレカT800H-エポキシ一方向材)	2850	—	18000	—	10300

一方, 最近の「ものづくり」の話題としては多機種少量生産があげられ, 従来の少機種多量生産からの変革が機械技術者に求められている. この点からの材料選択も必要となってきている. また, わが国の消費者は品質に対して世界で最も高い意識を持っており, 高品質かつ低コストを実現する材料の開発・選択と生産方式がより一層求められている.

12.1.2 材料とその加工法を考えた機械設計

図12.1に各種材料の重量あたりの価格を示す。鉄鋼はアルミニウム合金，銅合金およびステンレス鋼に比べてかなり安価で使用率が大きい。ここでの安価・低コストとは，環境負荷を低減する指標とも見ることができる。したがって，材料だけでなく加工プロセスを含めた総合的な費用を考え，設計する部品の材料がどのように製造されるかについても熟知していなければならない。例えば，① 鉄鋼材料では，機械加工性に優れた快削鋼を使用し工具費を低減する，② 焼入焼戻しの省略可能な非調質鋼を使用し，熱処理費用を削減する，③ 素材を最終製品の形状に近づけ(net shape)，加工取り代も削減できるような加工法を選定する，④ 強度部材は材料を強化する前に金型や機械加工を済ませておく，⑤ 一つの材料から異なる機能・性質を発揮する加工法を見いだす，などの工夫が必要である。

最後の⑤の事例として鋼の場合，熱処理法を変化させるだけで同じ材料でも2倍ほどの強度レンジ増が可能である。加工プロセスでの加工硬化も積極的に利用することもできる。ひとつの鋼材で，表面の処理条件を変えるだけで目的の性能を満たすことがある。部品本来の能力を残したまま表面のみ，特殊な条件に対応する表面機能(めっきだけでなく塗装，表面改質を含む)を付加させる。また機械部品に磁性と非磁性が要求される場合，2部品を組み合わせるのではなく，オーステナイト鋼(非磁性)を使用し，必要な部分のみ加工誘起変態

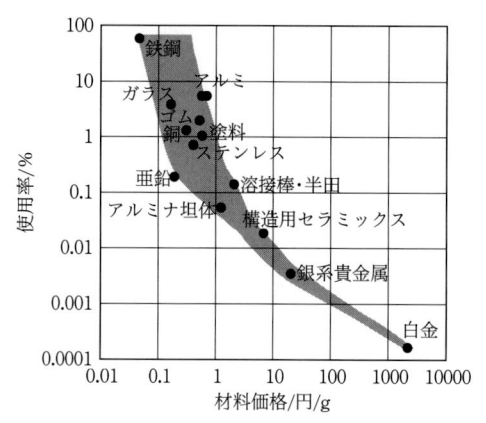

図12.1 工業材料の単位重量あたりの価格
(機械設計便覧(第3版)，機械設計便覧編集委員会編，丸善)

12.1 機械設計における材料選び

(TRIP)によりマルテンサイト化(磁性)する工夫も考えられる。なお，構造用金属材料およびその加工方法における選定の目安についての事例を図12.2，表12.2に示した。

機械技術者の仕事は，材料や部品メーカーの協力なしには成り立たない。材料や専門部品メーカーに設計・製造委託をすることもありうるが，必要な機能を提示するだけでなく，使用環境・条件を明確にするとともに，信頼性目標(保証期間)もはっきり提示しなければならない。このため，メーカーにしっか

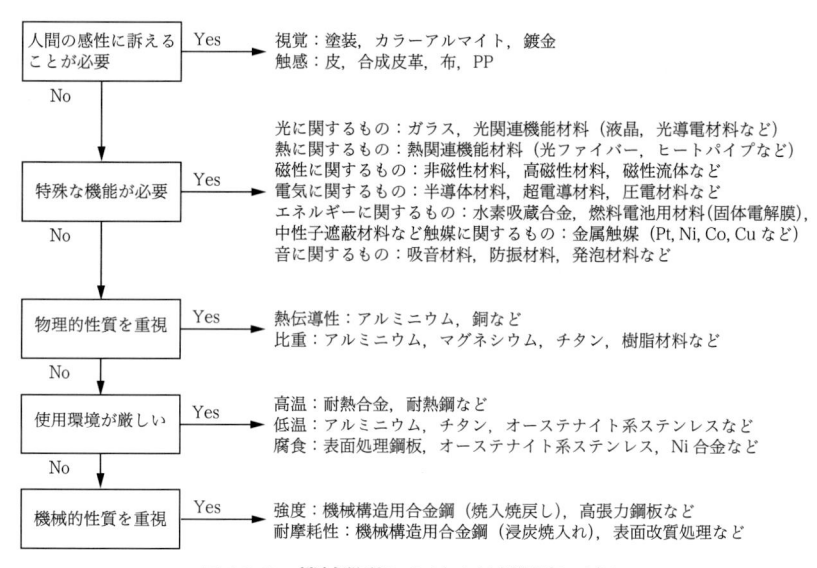

```
人間の感性に訴える     Yes    視覚：塗装，カラーアルマイト，鍍金
ことが必要      ─────▶   触感：皮，合成皮革，布，PP
       │No
       ▼
                              光に関するもの：ガラス，光関連機能材料（液晶，光導電材料など）
                              熱に関するもの：熱関連機能材料（光ファイバー，ヒートパイプなど）
特殊な機能が必要   Yes         磁性に関するもの：非磁性材料，高磁性材料，磁性流体など
             ─────▶         電気に関するもの：半導体材料，超電導材料，圧電材料など
                              エネルギーに関するもの：水素吸蔵合金，燃料電池用材料（固体電解膜），
       │No                    中性子遮蔽材料など触媒に関するもの：金属触媒（Pt, Ni, Co, Cu など）
       ▼                      音に関するもの：吸音材料，防振材料，発泡材料など

物理的性質を重視   Yes    熱伝導性：アルミニウム，銅など
             ─────▶    比重：アルミニウム，マグネシウム，チタン，樹脂材料など
       │No
       ▼
                          高温：耐熱合金，耐熱鋼など
使用環境が厳しい   Yes    低温：アルミニウム，チタン，オーステナイト系ステンレスなど
             ─────▶    腐食：表面処理鋼板，オーステナイト系ステンレス，Ni合金など
       │No
       ▼
機械的性質を重視   Yes    強度：機械構造用合金鋼（焼入焼戻し），高張力鋼板など
             ─────▶    耐摩耗性：機械構造用合金鋼（浸炭焼入れ），表面改質処理など
```

図 12.2 機械設計における材料選定の流れ

表 12.2 機械設計における加工法の選定のめやす

	要因	鍛造	鋳造	焼結	プレス	溶接	切削
量産	切削が困難	○	○	○			
	切削工程を減らしたい			◎	○		
	形状が複雑である		◎		○	○	
	加工性が悪い成分系		○	○			
	高い信頼性が求められる	◎					
非量産			○				○

りと機械のコンセプト，内容を伝達できる基礎知識が必要である．特に開発途上の製品や部品に適した材料を探索してもらうだけでなく，既存の材料を改良あるいは新規材料開発に協力してもらうこともしばしばある．そのためには材料に要求される性能(静的・動的強度，摩耗・耐食・耐熱性など)を提示し，それを的確にメーカーに評価・フィードバックできる関係が不可欠である．

12.2 鉄鋼材料の選び方

12.2.1 SS材とSC材はどこが違うのか

SSとはSteel(鋼)とStructure(構造)の略でSSの後にくる数値は最低引張強さ(MPa)を示す．強さを定めてはいるが，材料成分を規定しているわけではない．したがって，熱処理や浸炭には不向きであるので注意を要する．SC材はSteelとCarbon(炭素)を意味し，SとCの間の数値は炭素量(mass%)の100倍の値を意味している．SS材よりは高価だが，成分が規定されているので炭素量に応じた焼入焼戻し，浸炭処理が可能である．ただし，厚さや径の大きい部品を十分焼入れするためには，やや高価になるが合金鋼を使用することが多い．

12.2.2 鋼材の焼入焼戻しの注意点

鋼材の強度と靱性を調整するための最良の熱処理法は焼入焼戻しである．ここで注意すべきことは，焼入組織は完全なマルテンサイト組織とする必要があることである．不完全マルテンサイト組織は完全マルテンサイト組織に比べて，同一強度に焼戻した場合，靱性が著しく劣る．しかし，太い丸棒では，表面はマルテンサイト化しても，冷却速度の小さい内部はフェライト＋パーライト組織となる場合もある．これを**質量効果**(mass effect)という．大物部品には質量効果を考慮した成分設計が必要である．たとえば，代表的な機械材料であるS45Cの丸棒の理想臨界直径D_I(冷却能が無限大の場合，中心部が50%マルテンサイトとなる臨界直径)を求めると約22 mmとなる．また，実際の水冷条件下(撹拌あり)での臨界直径D_Cを推定すると約8 mmとなる．これより，S45Cは焼入性が小さい(焼きの入る深さが浅い)ために，ねじ類などの小物部品以外には不向きであることがわかる(C：0.45 mass%なのでC量と硬さの関係を示す図4.24より，焼入硬さは十分高い)．したがって，大物部品

12.2 鉄鋼材料の選び方

には焼入性向上元素（Mn, Cr, Mo など）を含む鋼材を使用する必要がある。たとえば，SCM 435（0.35 C-0.8 Mn-1 Cr-0.2 Mo，mass%）(以下%と略記)の場合の D_I は約 90 mm，これより，油冷（攪拌あり）の場合の D_C は約 70 mm となる。D_I や D_C は，材料の化学成分とオーステナイト粒度（通常は粒度番号 8 番程度でよい）から簡単に試算できる。もちろん，CCT 線図があれば臨界冷却速度がわかるので，部品内部の組織と硬さを推定できる。

焼入れではマルテンサイト変態時にともなう熱膨張により，焼入れ部品にひずみや割れが生じることがある。図 12.3 は炭素鋼の円筒状部品を焼入れしたところ，薄いリムの付け根部に亀裂を生じてしまった状況を示す。この機械部品は焼入れ時に肉薄部と肉厚部の体積変化が極端に生じ，その境目から亀裂が生じたのである。熱処理する場合は肉厚に大きな変化を生じないように設計するか，二部品に分割して組み立てるよう設計し直す必要がある。あるいは炭素鋼から，より緩やかな冷却速度でも焼入れ可能な調質鋼に変えるのがよい。

図 12.3 焼入れ時に薄いリム付き根部に生じた亀裂
（大和久重雄：熱処理ノート，1996，日刊工業新聞社，p.102）

通常，焼入れのみで鋼材を使用することはなく，焼入れと焼戻しは組み合わせて使用される。これはマルテンサイトの格子欠陥密度と炭化物の分散状態を制御し，強度だけでなく靱性を確保することを狙いとしている。焼戻し温度の設定は用途により異なる。工具鋼のように特に硬さが求められるものには 200°C 前後の低温焼戻し，強度に加え靱性が重要視される構造用鋼には 400°C 以上の高温焼戻しが施される。

12.2.3 表面改質の活用

熱処理炉による焼入焼戻しまたは焼ならし後，部分高周波焼入れまたは軟窒化処理などの**表面改質**（surface modification）が適用されている。もちろん表面改質は単独でも適用される。中炭素系マンガン鋼およびボロン鋼は，より高い焼入性を必要とする比較的質量の大きな建設機械部品などに適用されている。構造用合金鋼のうち肌焼鋼は，歯車を中心として，ピン，シャフト類のよ

うに表面硬度を必要とする部品に，浸炭焼入焼戻し処理を施して適用されている．強勒鋼は，芯部までの強靱性を必要とされるボルト，アーム，スクリュー，シャフトなどに焼入焼戻しのままで，あるいは焼入焼戻し後に部分高周波焼入れ，軟窒化処理などを組み合わせて実用に供されている．

12.2.4　焼ならし

焼ならし(normalizing)は鋼をオーステナイト域に加熱後，空冷する処理である．空冷段階で，粒界を核とする拡散変態(フェライトおよびパーライト変態)が起こり，結晶粒が微細化される．たとえば，鋳造品内部に含まれる粗大な柱状晶，あるいは，高温鍛造品の粗大結晶粒は焼ならしにより破壊され，均一で微細な組織となる．その結果，機械的性質，特に靱性(衝撃値)は大幅に向上する．最近は圧延工程で焼きならしを行う**調質鋼**(quenched and tempered steels)も多く使用されるようになった．

12.2.5　焼なまし

冷間加工で加工硬化した鋼を，A_1点付近に加熱し再結晶させる処理を**再結晶焼なまし**(recrystallized annealing)という．再結晶により加工硬化した鋼を軟化させる目的に使用する．それ以外にも，優先結晶方位を成長させ，たとえば成形性に優れた自動車用薄鋼板とすることも可能である．

球状化焼なまし(spheroidizing)はパーライトを構成する板状セメンタイトを球状化する焼なましで，主目的は中炭素鋼のような塑性加工しにくい板状セメンタイト(パーライトを構成するセメンタイト)のある鋼材中のセメンタイトを球状化させて，冷間鍛造性および被削性を改善することである．セメンタイト球状化の方法は，A_1点直下で長時間保持する方法とA_1点直上に保持後徐冷しA_1点直下で再び保持する方法がある．焼なまし前の塑性加工は，セメンタイトの球状化を促進させる効果がある．

一方，A_3点以上に加熱し，変態したオーステナイト粒を粗大化させた後，炉冷する方法を**完全焼なまし**(full annealing)とよび，加工前の履歴を完全に消去し，軟化させる目的で行う．

A_1点以下の低温で，変態もさせず，再結晶も起こさせず材料内部の残留応力やひずみを除去する**応力除去焼なまし**(stress relieving)も多く用いられている．図12.4に各種機械構造用鋼およびその熱処理条件と硬さの関係を示

12.2 鉄鋼材料の選び方

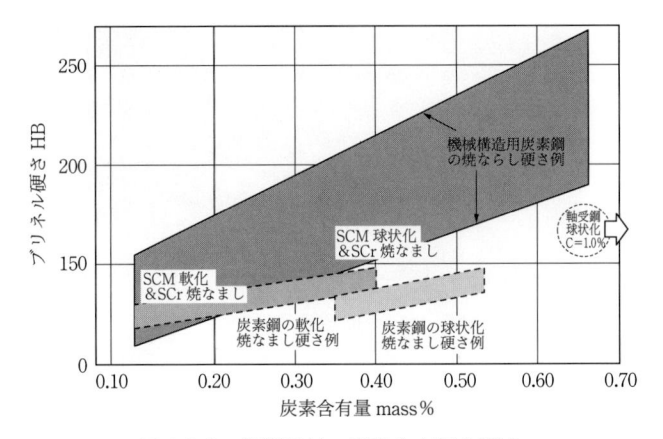

図 12.4 各種鋼材の炭素含有量と硬さ

す。

12.2.6 溶接による鋼材の靱性低下・割れ

溶接部に隣接する母材(HAZ)は鋼の融点近傍まで昇温され，その後急冷されるため，結晶粒の粗大化とマルテンサイト変態が起こる．前者は構造物の靱性低下を，また後者は高張力鋼の溶接割れを引き起こすため，鋼材は特に溶接構造用圧延鋼材(SM材)を使用する必要がある．溶接割れは，溶接棒などから侵入した水素が関与しており，HAZの最高硬さが高いほど発生しやすい．HAZの最高硬さ(マルテンサイトの硬さ)はほとんどC量できまるが，これに焼入性を加味した炭素当量式で最高硬さを制限している．一般的に，Cを0.2%以上含む鋼材は溶接後の靱性低下を招くため注意が必要である．

12.2.7 遅れ破壊の危険性

引張強さ 1.2 GPa 以上の高強度鋼は，通常の使用環境でも**遅れ破壊**(delayed fracture)を起こす可能性があるので十分注意する必要がある．遅れ破壊は静的引張応力を加えられた高強度鋼が，ある時間経過後に突然脆性的に破壊する現象で，必ず鋼中の水素が関与している．図 12.5 に高速道路の橋脚で観察された遅れ破壊によるボルト頭部の欠損事例を示す．水素は鋼材製造工程(精錬，圧延，熱処理)からも使用環境(腐食反応による水素発生)からも鋼中に侵入するので，遅れ破壊の防止はきわめて困難である．清浄な乾燥環境，か

図 12.5 高速道路橋脚で発生した遅れ破壊によるボルト頭部の欠損事例
(住友金属工業(株) 中里氏提供)

つ常時監視できる箇所以外では，1.2 GPa以上の高強度鋼の採用に注意する必要がある。

☕ 高純度鉄と水素 ☕

鉄は水素Hを固溶すると硬化することが知られている。しかし，99.999％の高純度鉄は，常温以下では水素により軟化することが最近の研究で明らかになってきた。硬化は不純物と水素の相互作用の結果だったのである。われわれが常識だと考えていることが高純度鉄の世界では通用しないのである。また教科書に記述してある内容は，ある限定された前提での一つの事実を記載してあるにすぎないことも理解できよう。(まてりあ，Vol. 33, 1994, No. 1, p. 3より)

12.2.8 部品機能に対応した鋼材特性の生かし方

機械装置・器具は個別の部品の集まりであり，機械としての性能を発揮するには，各部品がそれにふさわしい構造・機能を有していなければならない。

部品の製作に当たっては，その役割・機能が何であるかを明確にする必要がある。この要求される機能を基に材料と熱処理の組合せを考え，製造プロセスを想定する。こうして想定された材料とプロセスの経済合理性を検証し，必要であれば材料と熱処理の組合せについて再検討する。こうした検討を繰り返し，経済的な材料とプロセスにまで煮詰めてはじめて，合理的なプロセスによる部品製作が可能になるのである。この考え方の流れを図12.6に示した。

さまざまな構造部品の破損事例によれば，疲労破壊が件数の過半を占めてい

12.2 鉄鋼材料の選び方

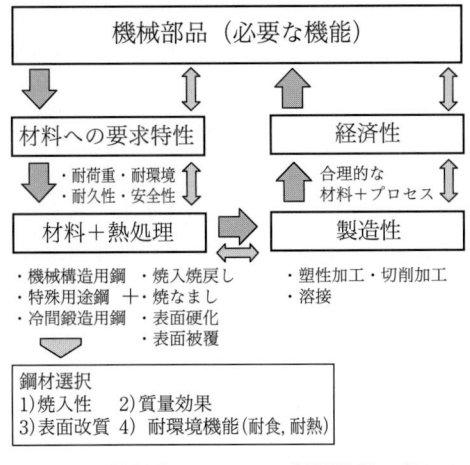

図 12.6 機械部品における鋼材選択の考え方

る。腐食環境，継ぎ手(キー溝，溶接など)部の状況が疲労を誘発している場合が多い。

　動的荷重に対しては，最大荷重で破損しないために十分な強度を確保することが大事である。炭素量を高くすると同時に部品の各部位が芯部まで十分に焼入焼戻しされるように配慮する。

　衝撃荷重，特に低温での衝撃荷重は脆性破壊の可能性がある。これに対しては，延性脆性の遷移温度が低くなるようにすると同時に衝撃値を高めることが重要である。衝撃値は硬さが低く，炭素量含有量が少ないほど高くなる。また延性脆性遷移温度は十分に焼きを入れて，微細な焼戻しマルテンサイト組織にするほど低くなる。鋼材成分としては，焼入性を調整することのほかに，Niの添加(1% 以上)が有効であるが，残留オーステナイトの生成，変態温度の低下など用途によっては注意を要する。

　疲労強度はほとんどの部品で非常に重要であるが，鋼材成分による積極的な向上策はない。HR 硬さが 44 程度を上回らなければ，硬いほど疲労強度は上昇の方向にある。また，炭素鋼の熱処理品では，疲労限は引張強さの 45% が目安である。また切り欠き部の疲労強度は大幅に低下する。切り欠き部の減少と隅部の R に対する配慮が必要である。

　溶接作業においても切り欠きが発生しやすい。板厚の異なる鋼板の溶接においては，段差が生じないように工夫する必要がある。

表面改質によって表層部に生じる圧縮の残留応力は,処理条件によって大幅に変動する。浸炭処理で200〜400 MPa,高周波加熱焼入れで600〜900 MPa,ばねのショットピーニングで1,000〜1,200 MPaとのデータが報告されている。これらの残留応力は400℃を越える焼戻しによってほとんど消滅する点で注意が必要である。

ねじり,曲げ強度には表層部の性状が大きな影響をおよぼすため,表面研磨や表面改質を施すことが有効である。残留応力は硬化層深さと芯部径の比の影響を受けるので,その管理が重要である。歯車の歯元曲げ疲労強度改善やばねの疲労強度改善にショット・ピーニングが適用されている。深さ数十 μm までの浅い部分での圧縮残留応力が得られ,疲労強度向上に顕著な効果を発揮する。

転がり疲労強度の改善には,ピッチング発生に有害とされる介在物の減少が特に重要である。高面圧下で作動させる用途には,鋼中酸素レベルを低く管理した軸受鋼,耐転がり性・耐衝撃性が必要な場合は浸炭処理した肌焼鋼が使用される。

耐熱鋼は温度によって使い分けられている。大略の目安として,450℃以下には低炭素鋼が,600℃以下にはCr-Mo鋼が使用されている。さらに高温になった場合は,オーステナイトステンレス鋼にMo,Ti,Nbなどの添加された鋼種が使われている。800℃を越える高温域での使用には,Ni合金,超合金,酸化物分散合金などが使用されている。

各種の腐食環境下に適したさまざまな鋼材が開発されている。最も注意すべきことは,腐食環境下での疲労強度は静的引張強さにほとんど無関係ということである。

思わぬ部分に発生する結露による腐食などが想定される場合は,メッキや塗装,換気などで対処する必要がある。軸受部では硬質クロムメッキが有効である。

摩耗に対しては,硬さが高いこと,炭化物が多いことなどが有効で,Cr炭化物が多い軸受鋼の活用,表面改質,溶射などが有効である。

12.3 鋳鉄の選び方

複雑形状部品を複数個製造する最も経済的なプロセスは鋳造である。代表的

な鋳鉄である**ねずみ鋳鉄**は，硬さ，耐摩耗性，被削性，耐食性，振動減衰能，熱伝導率などがいずれも高く，多くの長所を具えた材料だが，欠点は延性や靱性が低いことである。延性や靱性が必要な場合には**球状黒鉛鋳鉄**を選ぶことができる。黒鉛形態の変化は延性・靱性以外の特性にも影響を与えるが，基本的にはねずみ鋳鉄の長所が失われることはない。

　ねずみ鋳鉄は肉厚の違いによる鋳造時の冷却速度の差から，残留応力が生じやすく，そのまま加工すると寸法に狂いが出やすい。そこで450～550℃の低温焼きなましをする。あるいは「**枯らし**」とよび，長時間放置して応力の消えるのを待つ必要がある。ねずみ鋳鉄は抗折力，衝撃力が著しく低い。一方，抗圧力は引張強さの3～4倍あるので，圧縮力が作用するような部品や部位に使用するのが望ましい。

12.4　焼結合金の選び方

　焼結合金(sintering alloy)は粉末の金属を混合，圧縮成形，焼結すると，ほとんど後加工なしに製品の形状そのもの，すなわち**ネットシェイプ**(net-shape)とすることができる。この長所は，①溶融状態からは合金化しない材料成分でも成型可能で，合金だけでなく金属とセラミックとの複合材料を作り出すこともできる，②量産も可能で材料の歩留まりもよい。短所としては，①原料の粉末が高価で，部品のコストも高くなる場合がある，②空孔が残留し衝撃値が小さい，③焼結中に収縮するため，寸法精度を確保することが難しい，などが挙げられる。焼結合金はブレーキ用摩擦材，フィルタ材，軸受材（焼結合金に潤滑油を含浸），**超硬合金**(cemented carbide)すなわちWC粉末にCo粉末を混ぜ焼成した合金など，特殊用途品が多かった。最近は自動車用コネクティングロッドなどの構造部材にも適用が広まってきている。

12.5　非金属の選び方

12.5.1　セラミックスの選び方

　セラミックスは化学的には非常に安定な結合をもっているために耐熱性は高いが，総じて脆い。しかし，ガラスに比べて**窒化けい素**などの高強度材は10倍近い破壊靱性を持っているので，適した設計法が確立されていれば，構造材

料としてのセラミックスの重要性が認識されるに違いない。すでに工業材料としては，絶縁性を利用した碍子，摺動性を利用した軸受，耐熱性と軽量性を活かしたターボチャージャーローターなどに利用されている。セラミックスの長所を生かすためには，セラミックスの短所である引張りの応力集中をさける設計にしなければならない。例えば，①隅部のRを大きくする，キー溝部は半円形に近くし隅部を作らない，②体積が大きくなればボイドや表面疵による破壊の確率が高くなる，③先端部には原料粉末が充填しやすく，形が正しく強度が正常値になるよう大きく丸める工夫をする，④金属などの補強部材との接合部における熱膨張率の違いに注意する，⑤機械加工は焼結による収縮を見込んでおく，などに留意する必要がある。

12.5.2　プラスチックの選び方

　一方，セラミックスの対角的な位置にいるのが**プラスチック**すなわち高分子材料である。自然界にはない無限の種類の高分子材料を作り出すことができる。日常生活で身近に手にする衣服とか家，車の内装材などは，ほとんどが石油を出発原料とする高分子材料ということになる。

　しかし，高分子材料は化学的に炭素―炭素間，あるいは炭素―水素間の結合で，それほど強固ではないために熱によって容易に分解するし，紫外線のエネルギーでも分解しやすい。また種類によっては水によっても分解してしまうこともあり，本質的に劣化し易い欠点をもっている。したがって，長所ばかりでなく多様な欠点をよく理解する必要があり，ユーザーの要求に合わせた形状と耐荷重，使用される温度域（高温で流動，熱分解），環境（水，油，薬品，紫外線）などが設計上重要な観点となる。

　プラスチックの耐力設計にさいしては，十分なマージンを確保しておかなければならない。形状設計では，応力が発生し易くなる角部にRを取る，熱を押さえるための遮熱板の設定，などの配慮が必要である。

12.6　環境・リサイクルからの材料の選び方

　地球環境問題の中でも，廃棄物対策は材料を扱う技術者として非常に重要な問題である。廃棄物対策には，①Reduce：廃棄物の発生そのものを抑制する，②Reuse：使用済み製品を回収し，洗浄，滅菌処理して再利用する，③

Recycle：原材料として再生する材料リサイクルと，エネルギー源として再利用する熱リサイクルがある．これらのいずれでも処理できなかった材料が最終廃棄物として，埋め立て処分されることになる．例えばアルミニウムは電解精錬法により，約4トンのボーキサイトから2トンのアルミナ，さらに1トンのアルミニウムが得られる．この消費電力は約13,000 kWhとなる．一方リサイクルの場合，新アルミニウム生産時のわずか3%のエネルギーで再生が可能である．地球環境の保護・保全が要求されるなかで，アルミニウムのリサイクルは今後ますます重要になってくる．

12.6.1　自動車材料の環境・リサイクルへの取組み

　ここでは最も多品種，多量の材料が消費されている自動車材料に注目し，**環境・リサイクル**への取組みについて紹介しよう．使用済み自動車については現在多くの部品，材料がリサイクルされている．リサイクルされない残余物（シュレッダーダスト）は現状ほとんどが埋め立て処分されており，この**シュレッダーダスト**（shredder dust）の発生量，有効活用が緊急の課題となっている．

　現在，日本の車両保有台数は約7千万台で，その内の約500万台が使用済み車両として毎年発生している．その使用済み車両の回収，リサイクルフローは図12.7に示すように，台数でほぼ100%がディーラー，自動車専業者等を経由して回収され，解体事業者に運ばれる．解体事業者では，中古部品および材料として再使用可能なエンジン，トランスミッション，ディファレンシャルギヤー，タイヤ，触媒などが取り外され，残ったボディーほかはシュレッダー事業者へ渡される．ここで，車両は破砕され，その中から鉄，アルミなどが選別，回収される．

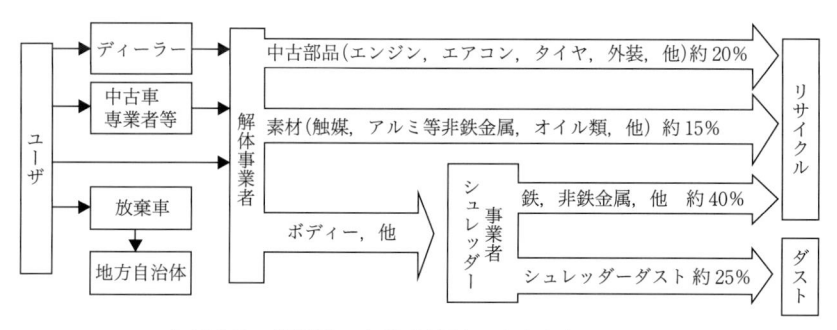

図12.7　使用済み自動車材料のリサイクルフロー

このように，使用済み自動車は重量にして約75~80%が部品および材料として回収，リサイクルされ金属材料のリサイクルシステムはほぼ完成の域に達している。金属回収後の残余物は，プラスチック，ガラスなどが主体で，シュレッダーダストとよばれている。一部は有機物を溶解時に燃焼させ，エネルギーとして回収されているが，大部分はそのまま埋め立て処分される。その量は年間約80万トンと推定され，産業廃棄物の総埋め立て量に占める割合は1.2%である。このダストの低減およびその再資源化に向けた車両，部品，材料の開発がさらに必要である。

12.6.2 リサイクルが容易な設計

自動車に限らずリサイクルを推進し定着させるためには，素材メーカーから製造，販売，再生処理まで関係業界の協力，連携が必要である。この全体システムを適正循環させるため，①製品が解体，リサイクルし易い設計(材料，構造)であり，例えばダストの減量化，環境負荷物質の低減，液抜き性に配慮することなど，②リサイクル技術の開発，例えばプラスチック部品の場合，種類の選別，異物除去，粉砕，洗浄，などかなり広範囲のプロセス開発がともなっていること，③無交換，長寿命化の工夫がされていること，④リサイクル対象部品を大量，安価に回収するシステムの構築，⑤経済的に成立するために再生品の用途開拓，などが必要である。

12.6.3 環境負荷物質の低減

リサイクルの推進とともに，リサイクル工程で発生する有害物質や埋め立て処分されるシュレッダーダストに含まれる鉛，水銀，カドミウムなどの**環境負荷物質の低減**が重要課題になっている。例えば，鉛を主材としたろう材を用いていたラジエータ・ヒータコアは，アルミニウム化することによって**鉛フリー**化されている。また防食性に優れた鉛-錫メッキ鋼板が使用されている燃料タンクについては，各種の代替鋼板が開発され実用化の段階に近づいている。鉛快削鋼も硫黄など他の快削成分に転換中である。電子部品等のハンダ，塗料の防錆鉛顔料等も，現在精力的に代替技術および材料開発を急いでいる。表12.3に，それら鉛使用部品の代替材料技術開発の状況と課題を示す。この中でも鉛フリーハンダは解決すべき点が多く，総力をあげて取り組むべきテーマといえる。

12.7 まとめ

表12.3 鉛使用部品の代替材料

部　品	代　替　材　料	課　題
銅ラジエータ	アルミラジエータ	車両搭載性（放熱効率）
電子基盤はんだ	Sn-Ag-Bi-Cu系合金	融点上昇 組織制御
燃料タンク	アルミメッキ Zn-Niメッキ Znメッキ樹脂コーティング	プレス成形性 溶接性 コスト
電着塗料	代替防錆顔料 高防錆樹脂	耐食性 コスト
ワイヤーハーネス被覆	Ca-Zn系安定剤	耐熱性

水銀はリレースイッチの接点として優れた特性を有しているが，環境問題から自動車部品としては使用されていない。蛍光管(車室内照明用，メーター表示・ナビ表示のバックライト)や最近普及しつつある高輝度前照ランプには最近まで水銀が使用されてきたが，現在では表示用発光素子や水銀フリー光源の開発が進み，水銀を一切使用しない自動車製造へと進んでいる。

12.7 まとめ

1. 量産される材料に必要な条件は，①安定して供給される，②品質が一定で，加工性が良好，③低コストで価格変動が少ない，④強度，耐熱性，耐摩耗性など設計の必要特性を満たす，⑤環境への負荷が少なく，再利用可能，⑥既存の加工設備が使用可能，⑦グローバル調達が可能なこと，などである。
2. 安価であることは環境負荷を低減するきわめて重要な指標である。鉄鋼は他の金属に比べてかなり安価で，機械材料としての使用分率が大きい。
3. 加工プロセスでは，①機械加工性に優れた快削鋼を使用し工具費を低減，②焼入焼戻しの省略可能な非調質鋼を適用，③加工取り代も削減できるような加工法を選定，④強度部材は，材料を強化される前に金型や機械加工を済ませておく，⑤一つの材料から異なる機能・性質を発揮する加工法を見いだす，などが重要である。
4. 溶接部に隣接する母材(HAZ)は鋼の融点近傍まで昇温され，その後急冷

されるため，結晶粒の粗大化とマルテンサイト変態が起こる．一般的に，C を 0.2% 以上含む鋼材は溶接に注意を要する．

5. 遅れ破壊は，静的引張応力を加えられた高強度鋼が一定時間経過後，突然脆性的に破壊する現象で，鋼中の水素が原因である．引張強さ 1.2 GPa 以上の高強度鋼は，遅れ破壊に注意する必要がある．

6. 廃棄物対策には，① Reduce：廃棄物の発生そのものを抑制する，② Reuse：使用済み製品を回収し，洗浄，滅菌処理して再利用する，③ Recycle：原材料として再生する材料リサイクルと，エネルギー源として再利用する熱リサイクルがある．材料の選択に当たっては，① 新材と再生材との消費エネルギー比較，およびエネルギーバランスを考慮する，② リサイクルによって新たな環境への負荷が発生しないこと，③ 市場メカニズムと継続性の視点で考える，などが重要である．

参 考 書

1) 鋼の熱処理：日本鉄鋼協会編，(1969)，丸善.
2) 宗孝：一歩先を行く機械材料選び，技術評論社.
3) 宗孝：続一歩先を行く機械材料選び，技術評論社.

演習問題

12.1 下記に示す 8 種の鉄鋼の材質記号から 4 つ選択し，① その材質が使われている代表的な機械部品名，② その機械的性質や特徴を述べよ．
　(1)　FC 200　(2)　SUS 304　(3)　SUJ 2　(4)　SKH 4
　(5)　S 45 C　(6)　SUH 4　(7)　SUP 9　(8)　SS 400

12.2 SC 材と SS 材における工業材料としての差異を述べよ．

12.3 S 45 C (降伏強度 350 MPa) の棒材を使用してその強度を 10% 以上高めたい．具体的にどのような方法が考えられるか．

12.4 プラスチック，複合材料のリサイクルのあり方について考察せよ．

12.5 金属とセラミック，金属と高分子の結晶構造の違いを説明せよ．

演習問題略解

1章

1.1 例えば瓢箪の外殻構造，亀の甲羅，ペリカンの羽，蜂の巣の構造など．

1.2 例えば，シリンダーブロック：1) アルミ合金，2) 鋳造，3) 耐摩耗および冷却効果．

1.3 参考書：もの作り不思議百科(注射針からアルミ箔まで)参照．

1.4〜1.5 省略

2章

2.1 弾性係数は金属原子間引力に基づく材料固有の性質，強度に比べ大幅な変化は不可能．

2.2 破壊は引張応力が主体，部品内に圧縮応力が残留していると引張応力が緩和される．

2.3 炭素鋼は温度が低くなったり，等方引張り状態になると脆性破壊をする．

2.4 炭素鋼では一定の応力以下では疲労が進展しないが，アルミニウム合金では小さな応力でも疲労が進展する．

2.5 表面硬度の上昇，圧縮残留応力の発生，表面の平滑化など

3章

3.1 面心立方格子：原子半径は $\sqrt{2}\,a/4$ (格子定数 a)．原子の充填率は，
$$\{4\pi/3(\sqrt{2}\,a/4)^3 \times 4\}/a^3 = \sqrt{2}\,\pi/6 \fallingdotseq 0.741$$
体心立方格子：原子半径は $\sqrt{3}\,a/4$．
$$\{4\pi/3(\sqrt{3}\,a/4)^3 \times 2\}/a^3 = \sqrt{3}\,\pi/8 \fallingdotseq 0.680$$

3.2 3.2項参照．fcc の空間の半径 $r = 0.52$ Å，bcc の空間の半径 $r = 0.36$ Å．

3.3 (図略) ミラー指数(326)，逆数をとると (1/3, 1/2, 1/6)，最小整数比に直すと (2, 3, 1)．したがって，xyz 軸との交点がそれぞれ $2a, 3a, a$，となる面．一般に格子定数 a の立方晶における $(h\,k\,l)$ 面は，xyz 軸上でそれぞれ $a/h, a/k, a/l$ 間隔で存在する．こられの面の方程式は，$hx + ky + lz = na$，$(n = 1, 2, 3, \cdots)$，$n = 1$ の場合の原点からの距離が面間距離 d に等しくなる．よって，$d = a/(\sqrt{h^2 + k^2 + l^2})$，(326)面では $d = a/7$，

3.4 省略

3.5 $\tau = \sigma_0/\sqrt{6}$

3.6 省略
3.7 Hall-Petch の法則から粒径は 6 μm，したがって 0.3 倍．
3.8〜3.9 省略

4 章

4.1 省略
4.2 亜共析鋼はフェライト・パーライト組織，共析鋼はパーライト一相，過共析鋼はセメンタイト・パーライト組織，それぞれ冷間鍛造用部品，ロープ，ベアリング・工具鋼など．
4.3 4.3項参照，マルテンサイトはノーズにかからないよう急冷し，パーライトはノーズに入り，出るようにやや徐冷する．
4.4 ①省略，②冷却速度の違いおよびマルテンサイトの体積膨張現象により，そりが発生する．
4.5 標準組織はフェライト・パーライト組織，加熱された組織はオーステナイト(fcc)，焼入れ組織はマルテンサイト，焼戻しは靭性を確保するため．
4.6 TTT 線図において，900°C に加熱されたオーステナイト状の線材を 600°C 前後に急冷し，そのまま保持し，(たとえば塩浴槽など)，P_f(パーライト変体完了)を通り過ぎた後に徐冷する．
4.7〜4.9 省略
4.10 針金はフェライト組織で軟らかい，カッターナイフはマルテンサイト組織で硬く脆い．
4.11 鋼材が引抜き加工を受けると，転位が増殖し塑性変形する．加工が 200°C を超えた温度になると炭素の拡散が活発となり，転位を炭素が固着し(コットレル効果)，急激に硬くなるひずみ時効を誘起しやすい．
4.12 (ヒント)コットレル効果があるとひずみ模様(リューダースバンド)を誘発しやすい．したがって C, N を無くすか無害化することが重要．

5 章

5.1 鉄筋には引張り力，コンクリートには圧縮力が負荷され，それぞれの長所を生かした構造としている．
5.2 (ヒント)SS 材は成分規定なし，SC 材は成分規定有り．
5.3 S 45 C：炭素，0.45% C，SMn 443 H：炭素・Mn，0.43% C，SCr 420 H：炭素・Cr，0.20% C，SNC 631 H：炭素，Ni・Cr，0.31% C，SNCM 420 H：炭素・Ni・Cr・Mo，0.20%C，SMnC 443：炭素・Mn・Cr，0.43% C，焼入れたマルテンサイトの硬さは炭素量に比例するので，高周波焼入れには炭素含有量の高い中炭素鋼が有効である．
5.4 引張り・圧縮の場合，内部が強化されていないので内部から破壊しやすい．
5.5 5.4 まとめ(8)参照

6章

6.1 5.3節参照

6.2 省略

6.3 （ヒント）例えばSUJ2と高速度鋼を例に挙げる。ポイントは大きさ，硬さ，靭性である。

6.4 （ヒント）例えば遅れ破壊についてのべる

6.5 （ヒント）片状黒鉛と球状黒鉛の形状に注目。

7章

7.1 (1)フェライト系，(2)マルテンサイト系，(3)オーステナイト系，(4)オーステナイト・フェライト(二相)系。磁性を示すもの：(1)および(2)，低温脆性を示さないもの：(3)，焼入れにより硬化するもの：(2)，高温構造材料に適するもの：(3)，高強度かつ高耐食性を示すもの：(4)

7.2 不動態被膜が形成されるため。AlやTiも不動態被膜により保護される。

7.3 安定した不動態被膜の形成には12%以上のCrが必要。

7.4 (1)結晶構造をオーステナイトとするため。(2)非酸化性雰囲気での耐食性を高めるため。(3)Crの不動態被膜形成効果を高める。

7.5 塩素イオン(Cl^-)を含む環境では不動態被膜が破壊される。

7.6 粒界腐食，孔食，すきま腐食，応力腐食割れ。

7.7 単結晶の優先方位がクリープなどの材料強度に耐えうる。

7.8 両者とも同じ現象。クリープは一定応力，応力弛緩現象はひずみ一定のときにおきる。クリープはボイラーチューブ，応力弛緩はプリストレス鉄筋で問題になる。

8章

8.1～8.2 省略

8.3 （ヒント）純アルミで表面を覆った複合鋼板とするなど。

8.4 （ヒント）塑性加工性，形状凍結性(スプリングバック)，溶接性，製造コストなどの視点。

9章

9.1 価格/比強度を求めると鉄鋼：1.58，Al合金：5.4，チタン合金：15となる。ただし，高温強度や耐食性が要求される場合はTi合金を考慮する必要がある。

9.2～9.4 省略

9.5 ベリリウム銅は強度が高く(1,000 MPA，黄銅は350 MPA)へたり性，耐摩耗性に優れる。

10章

10.1 セラミックは転位に大きな抵抗を示すイオン結合や共有結合が主体なため，微小欠陥の応力集中が緩和されず破壊をしやすい．

10.2 引張応力に対しては亀裂・微小欠陥から分離・脆性破壊する．一方，圧縮によるすべり変形には大きな抵抗を示す．

10.3〜10.4 省略

10.5 ステアリングホイール(ポリプロピレン)，パネル(塩化ビニール樹脂)，マット(ポリエチレン)など．

10.6 IC パッケージ(ポリエチレン)，プリント基板(エポキシ樹脂)など．

10.7〜10.8 省略

10.9 複合材料は化学的に結合された界面を有する材料であること．

10.10 (ヒント)例えば，炭素繊維は引張強さに比較して圧縮強さが低い点，また，複合材料の圧縮強さは強化繊維の異方性にかかわらず，強化繊維の座屈強さとなっている点など．

11章

11.1 天ぷら鍋の油温測定で2枚の平板を張り合わせて反り具合を温度の関数で定量化，もっとスマートに円盤上の針を回転させて目盛りを読む方法など．

11.2〜11.3 省略

12章

12.1〜12.2 省略

12.3 ① 950℃ に加熱，油中に急冷，500℃ 付近まで再加熱し焼戻す．② 鍛造，引抜きなどで加工硬化させる，など．

12.4 省略

12.5 金属は面心，体心，六方晶など簡単な結晶構造だが，セラミックはやや複雑なイオン結合，共有結合．高分子は長い鎖分子の集合体．

索　引

[欧文索引]

Al-Cu 系合金　147
Al-Li 系合金　150
Al-Mg-Si 系合金　148, 149
Al-Mg 系合金　148
Al-Mn 系合金　147
Al_2O_3　58
Al-Si 系合金　148
Al-Zn-Mg 合金　149
AZ 91　167
bcc　31
bct　85
CaO　58
CCT 線図　88
fcc　31
FCD　124
FSW　156
HAZ　96
hcp　32
KS 磁石　216
K モネル　138
MK 磁石　216
Pb-Sn 合金　58
S 45 C　101
SC　124
SCM　102
SEM　52
SiO_2　58
SKD　116
SKS　116
SKT　116
SM　96
S-N 曲線　23
SNCM　102
SS　94
SUH　135
SUH 600　135
SUS　128
S 曲線　82
Ti-6 Al-4 V　161, 164
TTT 線図　81
ULSAB　19

[和文索引]

あ行

亜鉛　174
亜鉛めっき鋼板　174
亜共析鋼　80
アモルファス合金　216
アルミナ　143
アルミニウム　143
アルミニウム合金　145
　1000 系　145
　2000 系　147
　3000 系　147
　4000 系　148
　5000 系　148
　6000 系　148
　7000 系　149
　8000 系　150
アルメル-クロメル　138
安山岩　201
安全率　21
アンバー　138

イオン化傾向　174
イオン結合　30, 178
一方向凝固翼　139
一般構造用圧延鋼材　94
異方性材料　194
インコネル　138

永久磁石　216
永久ひずみ　13
液相線　56
エッチング　52
エポキシ樹脂　188
延性　14
延性破壊　15

黄銅　171
応力集中係数　25
応力振幅　23
応力比　24
応力腐食割れ　132, 147
遅れ破壊　21, 140, 227
オーステナイト　80
オートクレーブ成形法　199

か行

快削鋼　107
回復　47
過共析鋼　80

拡散　48
拡散係数　48
拡散変態　83
花崗岩　201
加工硬化　13, 145
加工硬化指数　98
硬さ　16
型成形　198
活性化エネルギー　50
カーボンナノチューブ
　　182
枯らし　231
ガラス　202
　　カリ——　203
　　強化——　203
　　石英——　203
　　ソーダ——　203
　　長繊維——　203
　　鉛——　203
　　無機——　203
　　有機——　203
ガラス繊維　195
環境　233
環境負荷物質　235
還元反応　68

機械構造用合金鋼　100
機械構造用炭素鋼　100
貴金属　170
希土類元素　175
機能性材料　208
ギブスの相律　51
吸収エネルギー　15
球状黒鉛鋳鉄　122, 231
強化材　195
共晶系　54
共晶セル　120
共晶反応　54, 120
強靭鋼　105
共析　61
共析温度　80
共析鋼　80
共有結合　30, 178
許容応力　21
き裂　14
金　170

銀　170
金属間化合物　133, 208
金属結合　30, 178
金属光沢　170
金箔　170

空孔　37
くびれ　14
クラーク数　7
クラッド材　147
グラファイト　80
クロム鋼　102
クロムモリブデン鋼
　　102

形状記憶　210
　　——合金　210
形状記憶効果　166
形状係数　25
けい素鋼板　215
恒温変態線図　81
光学顕微鏡　52
合金工具鋼　116
工具鋼　115
高合金鋼　137
交差すべり　76
格子間原子　36
格子欠陥　36
硬磁性材料　214
格子定数　32
高周波焼入れ　108
公称応力　12
公称ひずみ　12
孔食　131
高速度鋼　117
高炭素鋼　100
高張力鋼　96
降伏　18
降伏条件　18
降伏強さ　13
降伏点　13
高炉　58, 66, 68
黒鉛　120, 183
固相線　56
コットレル雰囲気　76

コーティング　119
固溶強化　43
固溶体　35
　　侵入型——　36
　　置換型——　35
固溶体強化　145
コンクリート　201

さ 行

再結晶　48, 97
最小応力　23
最大応力　23
最大せん断ひずみエネルギー　18
材料　7
サブグレイン　47
サブゼロ処理　86
サーミスタ　217
酸化物　114
三軸引張応力　14
残留オーステナイト
　　86, 116

シェフラーの組織図
　　137
時間強度　23
磁気センサー　216
軸受鋼　113
軸比　32
時効硬化　147
自己拡散係数　135
磁性流体　216
質量効果　105, 224
絞り率　14
シャルピー衝撃試験　14
臭化銀　170
集合組織　98
重縮合　187
自由電子　30
自由度　51
18金　43
重付加　188
取鍋精錬　73
ジュラルミン　43, 145
超——　147

索　引

シュレッダーダスト　233
純アルミニウム　144
準安定相　80
準安定平衡　81
純金　170
純酸素転炉法　72
ショア硬さ　16
焼結合金　231
晶出　56
初析フェライト　80
ジョミニ試験　105
真空脱ガス　73
刃状転位　40
靱性　14
浸炭　109
浸炭鋼　105
伸銅品　173
侵入型固溶原子　76

水銀　235
水素吸蔵合金　166, 218
すきま腐食　131
すず　174
すずめっき鋼板　174
ステンレス鋼　127
　　オーステナイト系──127, 129
　　析出硬化型──　133
　　二相──　133
　　フェライト系──127, 129
　　マルテンサイト系──127, 129
すべり　37
寸法効果　26

制御圧延　96
制振材料　212
脆性　14
脆性破壊　14, 15
静的ひずみ時効　78
青銅　171
青熱脆性　78
精密せん断　98
精錬　68

析出　87
析出強化　43
積層欠陥　36
切欠係数　25
切欠効果　25
ゼーベック効果　217
セメンタイト　80
セメント　201
セラミックス　177, 231
　　炭化物系──　180
　　窒化物系──　181
　　非酸化物系──　180
　　ファイン──　177
セル構造　47
セルロイド　186
遷移温度　15
繊維強化金属　193
繊維強化プラスチック　193
遷移曲線　15
銑鉄　64, 68
全率固溶系　53

相　50
走査電子顕微鏡　52
双晶　37
相変態　83
相律　51
塑性　13

た　行

耐久限度　23
耐食性　128
体心正方格子　85
体心立方格子　31
耐熱鋼　133
ダイヤモンド　182
耐力　13
多結晶　34
縦弾性係数　12
タフピッチ銅　173
ダマスカス鋼　68
炭化けい素　181
炭化チタン　181
炭化物　114

タングステン・カーバイト　181
単結晶　34
単結晶翼　139
弾性　13
弾性限　13
炭化けい素　180
炭素系薄膜　182
炭素工具鋼　116
炭素繊維　183, 195
　　──強化プラスチック　196

チタン　160
　　──α合金　43
　　──α-β合金　164
　　──合金　164
　　──β合金　164
窒化　109
窒化けい素　181, 231
鋳鋼　58, 124
鋳造用アルミニウム合金　150
鋳造用合金　145
中炭素鋼　100
鋳鉄　58, 70, 119
超硬合金　231
調質鋼　87, 226
超塑性　211
超弾性　166, 210
超伝導　213
超伝導材料　166

低炭素鋼　13, 100
てこの法則　51
鉄鉱石　58, 68
転位　36, 39
転位密度　43
電気アーク炉　73
展伸用合金　145
天然ゴム　204
転炉　70

銅　171
銅-コンスタンタン　138
動的ひずみ時効　78

導電性　170
導電性ポリマー　214
等方性材料　194
特殊鋼　100
トタン　99

な行

鉛　174
鉛フリー　235
軟鋼　100
軟磁性材料　214

ニアネットシェイプ　180
二次精錬　73
24金　43, 170
ニッケル基超合金　140
ニッケルクロム鋼　102
ニッケルクロムモリブデン鋼　102
ニモニック　138

猫のひげ　47
ねじり試験　12
ねずみ鋳鉄　119, 231
熱間圧延機　97
熱間静水圧プレス　180
熱処理型合金　145
熱電効果　217
熱電対　171, 217

伸び剛性　20
伸び率　14

は行

破壊　18
破壊靱性　21
バーガースベクトル　40
鋼　70
白鋳鉄　122
薄鋼板　97
破損　18
肌焼鋼　105
破断　14

白金　170
白金族金属　170
パドル法　69
パーマロイ　214
バルク　98
はんだ　58
半導体　213

皮革　204
光起電力効果　217
引抜き法　199
比強度　20
非金属介在物　114
非晶質　202
ヒステリシス　214
ひずみ誘起変態　131
非調質鋼　108
ビッカース硬さ　16, 24
引張試験　12
引張強さ　14
非鉄金属　13
非熱処理型合金　145
標点間距離　14
表面改質　225
表面効果　26
表面処理鋼板　99
疲労　17, 21
　――強度　21, 24
　――限度　23
　――限度線図　24
　――試験　21

フィックの第一法則　48
フィックの第二法則　49
フィラメントワインディング法　199
フェノール樹脂　188
フェライト　80
フェライト系磁石　216
深絞り　98
複合材料　193
複合則　196
腐食疲労　27
普通鋼　100
フックの法則　12
物質　7

フッ素樹脂　190
不動態　129
不動態被膜　129
プラスチック　185, 232
　特殊エンジニアリング――　189
　　熱可塑性――　187
　　熱硬化性――　187
　　汎用――　189
　　汎用エンジニアリング――　189
フラーレン　182
フランク・リード源　41
ブリキ　174
ブリネル硬さ　16
分解せん断応力　38
分子結合　178

平均応力　23
平衡状態図　50, 66
ベイナイト　83
平炉　72
へら絞り　98
ペルチェ効果　217
片状黒鉛鋳鉄　119
変態超塑性　211

ポアソン比　13
方向性電磁鋼板　215
包晶系　54
包晶反応　55
包析　61
母材　195
ポリアミド　190
ポリイミド　190
ポリウレタン樹脂　188
ポリエチレン　189
ポリ塩化ビニル　190
ポリオキシメチレン　190
ポリカーボネイト　190
ポリスチレン　189
ポリプロピレン　189
ポリメタクリル酸メチル　190
ポリ四フッ化エチレン

索　引

190
ポルトランドセメント　201
ホール・ペッチの関係　45
ボロン鋼　105
ホワイトメタル　174

ま　行

マグネシウム　167
曲げ剛性　20
摩擦撹拌接合法　156
マルテンサイト変態　84

ミクロ組織　52
ミーゼスの降伏条件　18
ミラー指数　32

無拡散変態　83
無酸素銅　173

メラミン樹脂　188
面心立方格子　31

木材　205
モネルメタル　138

モルタル　202

や　行

焼入性　105
焼付け硬化性鋼板　79
焼なまし　47, 106, 226
　応力除去──　226
　完全──　226
　球状化──　106, 226
　再結晶──　226
焼ならし　96, 226
焼戻し　87
焼戻しマルテンサイト　87
ヤング率　12

融雪塩　58
ユリア樹脂　188

陽極酸化処理　144
溶接構造用圧延鋼材　94
溶接熱影響部　94
溶体化処理　145
横弾性係数　12

ら　行

らせん転位　40
ラメラ構造　82
ランクフォード値　98

リサイクル　233
粒界　34, 36
粒界拡散　50
粒界腐食　131
粒界偏析　35
硫化物　114
粒成長　48
粒度番号　34
リューダース帯　77
臨界分解せん断応力　38
リン脱酸銅　173

レアアースメタル　216
冷間圧延機　98
連続鋳造法　73
連続冷却変態線図　88
錬鉄　69

ロストワックス法　161
ロックウエル硬さ　16
六方最密格子　31

編著者略歴

鈴村　暁男
<small>すず　むら　あき　お</small>

- 1973年　東京工業大学 工学部 生産機械工学科卒業
- 1978年　東京工業大学 大学院理工学研究科 博士課程修了　工学博士
  東京工業大学助手
- 1989年　東京工業大学助教授
- 1994年　東京工業大学教授
- 2000年　東京工業大学大学院教授（理工学研究科 機械宇宙システム専攻）
- 2015年　東京工業大学名誉教授

主要著書

ファインセラミックス＝成形・加工と接合技術（工業調査会，1989，分担）

金属とセラミックスの接合（内田老鶴圃，1990，分担）

最新 接合加工技術とその応用（日刊工業新聞社，1993，編責・分担）

浅　川　基　男
<small>あさ　かわ　もと　お</small>

- 1966年　早稲田大学 理工学部 機械工学科卒業
- 1968年　早稲田大学 大学院理工学研究科 修士課程修了
- 1968年　住友金属工業株式会社 入社
- 1980年　工学博士（早稲田大学）
- 1996年　早稲田大学教授（理工学部機械工学科）
- 2014年　早稲田大学名誉教授

主要著書

最新塑性加工要覧（日本塑性加工学会，2000，分担）

鉄鋼要覧（日本鉄鋼協会，2002，分担）

Ⓒ　鈴村暁男・浅川基男　2005

2005年 4 月21日　初 版 発 行
2024年10月22日　初版第19刷発行

機械材料・材料加工学教科書シリーズ 1
基礎機械材料

編著者　鈴村暁男
　　　　浅川基男
発行者　山本　格

発行所　株式会社　培風館
東京都千代田区九段南4-3-12 ・ 郵便番号102-8260
電話(03)3262-5256(代表) ・ 振替 00140-7-44725

中央印刷・牧 製本
PRINTED IN JAPAN

ISBN978-4-563-06921-6 C3353